高职高专规划教材
浙江省示范性高等职业院校生化制药技术专业建设成果

制药公共设备操作

范长春　主编

化学工业出版社
·北京·

本书以制药生产过程常见的公共类设备操作及制药过程的基本工艺管路与基本工艺流程为主要学习对象，采用从整体认识制药过程与基本设备到工艺流程图绘制、各种常规设备基本操作的训练，目的是培养企业一线具有综合工程素养的技术骨干。

全书采用任务化编排方式，分七个操作任务，包括制药管路、设备、管件及仪表的认识；工艺流程图、仪表流程图及设备布置图识别与绘制；管路拆装；液体输送操作；气体输送操作；换热器操作；反应釜（搅拌容器）操作。本书注重培养学生的绘图、工艺计算、设备选型基本功和实际操作与应用能力。

本教材适用于高职高专制药技术类相关专业的教学，也可用于制药企业培训教材或自学教材，还可作为相关技术人员的参考书。

图书在版编目（CIP）数据

制药公共设备操作/范长春主编.—北京：化学工业出版社，2016.2（2022.1重印）
高职高专规划教材
ISBN 978-7-122-25989-9

Ⅰ.①制… Ⅱ.①范… Ⅲ.①制药工业-化工设备-操作-高等职业教育-教材 Ⅳ.①TQ460.3

中国版本图书馆 CIP 数据核字（2016）第 004447 号

责任编辑：刘心怡　窦　臻　陆雄鹰　　　　装帧设计：刘丽华
责任校对：王素芹

出版发行：化学工业出版社（北京市东城区青年湖南街 13 号　邮政编码 100011）
印　　装：涿州市般润文化传播有限公司
787mm×1092mm　1/16　印张 11½　字数 294 千字　2022 年 1 月北京第 1 版第 3 次印刷

购书咨询：010-64518888　　　　售后服务：010-64518899
网　　址：http://www.cip.com.cn
凡购买本书，如有缺损质量问题，本社销售中心负责调换。

定　价：29.80 元　　

前言

本教材以高职高专制药技术类专业学生的培养目标为依据，本着从企业实际需求出发为原则，注重培养学生的专业基本功与实际应用能力。

随着2010版GMP贯彻落实的深化，医药企业的技术进步全面提升，生产规模及自动化水平越来越高，对学生的综合制药工程素养与过程设备操作能力提出了更高的要求。

本教材在编写中以实际应用为目的，以基础综合能力培养为落脚点。教材内容从管路、设备、管件、仪表等最基础的实物认识开始，再到相对抽象的流程图、布置图的绘制与识读；从管路拆装这些最基础操作，到流体输送、传热、反应釜的认识、操作及基本计算。所涉及的虽然都是制药过程中最通用的基本点，但与一般的制药或化工单元操作类教材相比具有更多的应用实例、照片、图示、工作细节与综合计算，能够更紧密地与制药过程及GMP相结合，涉及更多的实用新技术，这些都便于学生更加扎实地打好制药过程的基本功，更好服务于企业生产实际。

本教材由台州职业技术学院范长春担任主编，袁旭宏、陈建军、潘万贵参与编写。

由于编者水平所限，书中难免有疏漏之处，欢迎读者和专家批评指正。

编者

2015年11月

目录

任务1

制药管路、设备、管件及仪表的认识

一、制药管路的认识

制药生产包括原料药和制剂两部分。制药工业与化学工业、食品工业、冶金工业等都属于过程工业，通过物质的化学、物理或生物转化，制造新的物质产品，生产连续操作，使用大量的管道进行流体输送和处理，见图 1-1。

图 1-1　制药车间

1. 管道标示

制药车间中的管路应该按照 GB 7231《工业管道的基本识别色、识别符号和安全标识》（见表 1-1）等规定标示基本识别色、介质名称及流向指示，还可标上压力、温度。由于介质的种类很多，有关标准和规范中没有规定的，企业可自行规定。双向流动的管道，要标示双向箭头。

表 1-1 GB 7231 对管道中常见介质的颜色标示规定

物质	识别色	颜色标准编号	箭头颜色
水	艳绿色	G03	白色
水蒸气	大红色	R03	白色
空气	淡灰色	B03	白色
气体	中黄色	Y07	白色
酸和碱	紫色	P05	白色
可燃液体	棕色	YR05	白色
其他液体	黑色	—	白色
氧气	淡蓝色	PB06	白色

自来水管涂绿色，压缩空气管道可刷淡灰色，真空管道涂刷白色，消防管道刷红色，排污水管刷黑色，热水管刷橙色。不锈钢管、蒸汽保温管、冷冻水保温管外壳均不刷颜色，但刷基本识别色环，用箭头符号标明流向，再用汉字符号标明管内流体名称，见图1-2。如：工艺物料管道刷黄色色环，饮用水管道用淡绿色色环，蒸汽管道用红色色环，压缩空气用淡蓝色色环，纯化水管道用深绿色色环，冷冻水管道用草绿色色环，真空管道用深蓝色色环，溶媒管道用棕色色环，酸管道用紫色色环，碱管道用粉红色色环，电线套管用红色色环等。

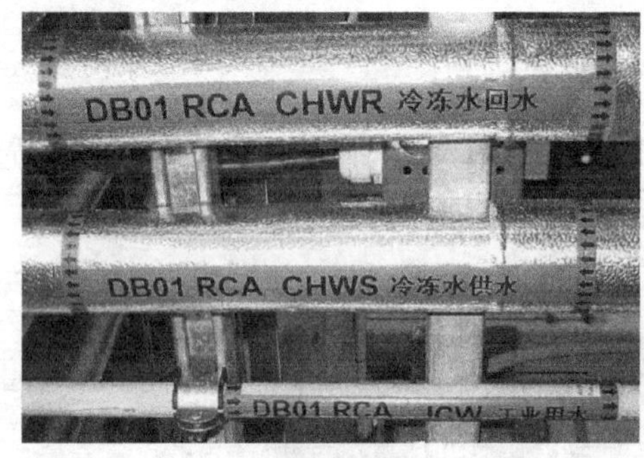

(a) 保温管路标示

(b) 不锈钢管路标示

图 1-2 制药管路标示

2. 管道安全等级

工程管道按服务对象分为工业管道（输送工业生产介质）和卫生工程管道（卫暖管道或水暖管道）两大类。GB/T 20801 将工业压力管道按照设计压力、设计温度、介质毒性、火灾危险性将管道分为 GC1、GC2、GC3 三个安全等级。GC1 级用于输送毒性程度为极度危害介质、高度危害气体介质、高度危害液体介质、火灾危险性为甲乙两类可燃气体或甲类可燃液体且设计压力大于等于 4.0MPa 的、设计压力大于或者等于 10.0MPa、设计压力大于或者等于 4.0MPa 且设计温度大于或者等于 400℃的管道。GC3 级用于输送无毒、非可燃流体介质，设计压力小于或者等于 1.0MPa，并且设计温度大于－20℃但是小于 185℃的管道（常见的是：1.0MPa 以内的常温压缩空气、氮气，设计压力小于或者等于 1.0MPa，并且设计温度小于 185℃的蒸汽管道）。除 GC3 级管道外，介质毒性危害程度、火灾危险性（可燃性）、设计压力和设计温度小于 GC1 级管道属 GC2 级（主要有燃气、油品管道，设计压力超过 1.0MPa 的蒸汽管道，或设计压力虽小于等于 1.0MPa，但设计温度达到 185℃以上的过热蒸汽管道）。

一般的空调冷热水管道，工艺冷却水管道（PCW），蒸汽凝结水管不属于压力管道。但超过100℃的有压热水管属压力管道。口径不大于 *DN*25 的任何管道都不属压力管道。

3. GMP 对管道的要求

对于制药企业，按照GMP（药品生产质量管理规范）的规定：管道材料应根据所输送物料的理化性质和使用工况选用；采用的材料应保证满足工艺要求，使用可靠，不吸附和污染介质，施工和维护方便；引入洁净室（区）的明管材料应采用不锈钢；输送纯化水、注射用水、无菌介质或成品的管道宜采用低碳优质不锈钢或其他不污染物料的材料；工艺管道上的阀门、管件的材料应与所在管道的材料相适应。

（一）制药典型管路一

液体制剂制备是制药生产中管路比较集中的生产过程，生产过程基本上都在密闭的管道和容器中完成。

纯化水用作固体制剂配料工艺用水及直接接触药品的设备、器具和包装材料最后一次洗涤、原料药精制工艺用水等。纯化水制备系统一般以饮用水为原水，前处理（预处理）去除悬浮物、有机物、胶体、细菌等杂质并脱去余氯，使水的浊度降到1度以下；第二步是脱盐，去除水中以离子形式存在的无机物、二氧化碳和氧气；第三步是后处理（精处理），进一步去除极微细颗粒、细菌和被杀死的细菌残骸。纯化水生产管路及设备见图1-3，生产流程见图1-4和图1-5。

图1-3 纯化水生产管路及设备

（二）制药典型管路二

原料药生产也是典型的包含较多管路的制药生产过程。原料药品种多，生产方法各不相同，有全合成的，有发酵提炼的，有合成与生物技术相结合生产的。原料药生产流程长、工艺复杂，所需的原辅材料种类多，生产过程对劳动保护及工艺和设备等方面有严格的要求。原料药对产品质量要求高（纯度高、杂质可允许的含量极微），对原料和中间体要严格控制其质量。原料药精制、烘干、包装的操作要求在洁净厂房中进行，在GMP及其实施指南中对厂房、设施、管理等软硬件都有严格的要求。原料药精制车间部分管路及设备见图1-6，精制流程见图1-7。

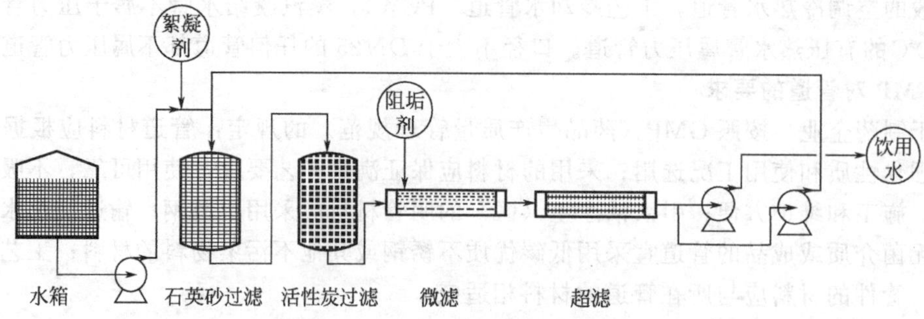

图 1-4　纯化水生产预处理流程图

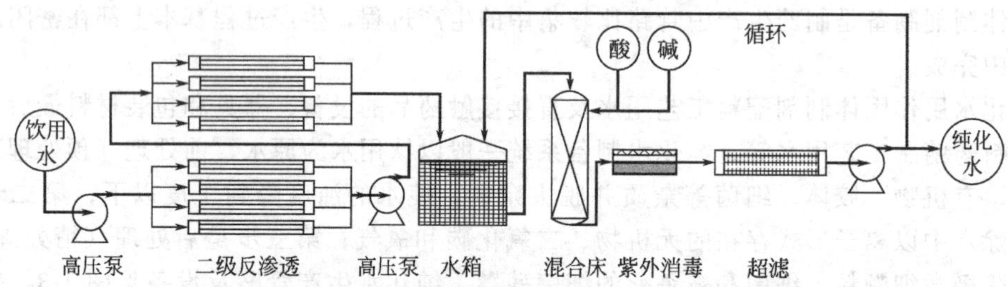

图 1-5　二级反渗透纯化水生产流程图

图 1-6　原料药精制车间部分管路及设备

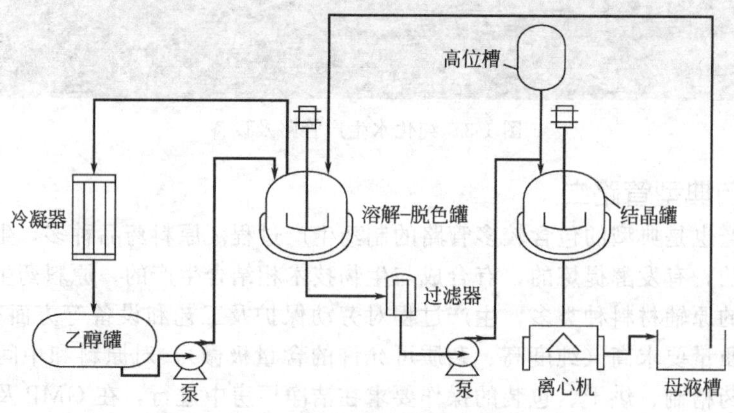

图 1-7　原料药精制流程图

学习任务与训练

1. 参考图 1-5，绘制纯化水制备流程图，给二级反渗透纯化水生产流程图中的设备和管线分别编号，并列表说明各设备和管线的作用。

2. 参考图 1-7，绘制原料药精制流程图，给原料药精制流程图中的设备和管线分别编号，并列表说明各设备管线的作用。

3. 参观制药车间或查阅资料，了解某工段或岗位的生产任务所用设备及管路的连接，画出简化的流程图，并用文字说明各设备及管路的作用，指出哪些是压力管道，压力管道的等级是哪一级。

二、常见制药公共设备的认识

（一）容器类设备

医药化工容器按用途分为反应容器、传热容器、分离容器和储运容器。

1. 反应容器

主要用来完成工作介质的物理、化学、生物反应的容器称为反应容器。如：反应器、发酵罐、合成塔等。

反应釜广泛应用于医药、化工、染料、食品等生产型用户和各种科研实验项目的研究，用来完成水解、中和、结晶、蒸馏、蒸发、储存、氢化、烃化、聚合、缩合、加热混配、恒温反应等工艺过程。反应釜及其与管路的连接见图 1-8。反应釜是综合反应容器，可根据反应条件对反应釜结构功能及配置附件进行设计。进料、反应、出料通过自动化控制仪表能够自动完成预先设定好的反应步骤，对反应过程中的温度、压力、力学控制（搅拌、混合等）、反应物及产物浓度等重要参数进行调控。

图 1-8 反应釜及其与管路的连接

高压反应釜将磁力传动装置应用于反应设备，从根本上解决了填料密封、机械密封无法克服的轴封泄漏问题，无任何泄漏和污染，是进行高温、高压下的化学反应最为理想的装置，特别是进行易燃、易爆、有毒介质的化学反应，更加显示出它的优越性。高压反应釜釜体材料主要采用 1Cr18 Ni10Ti 不锈钢制作。其外形见图 1-9。

发酵罐用来进行微生物发酵，主体一般为不锈钢板制成的圆筒，其容积在一立方米至数百立方米。它能耐受蒸汽灭菌，有一定操作弹性，内部附件少（避免死角），物料与能量传递性能强，并可进行一定调节以便于清洗、减少污染，适合于多种产品的生产。罐体主要用

图 1-9　高压反应釜

来培养、发酵各种菌体，密封性好。罐体当中有搅拌浆，用于发酵过程当中不停的搅拌；底部通气的喷嘴，用来通入菌体生长所需要的空气或氧气；罐体的顶盘上有控制传感器，最常用的有 pH 电极和溶解氧电极，用来监测发酵过程中发酵液 pH 和溶解氧的变化，以便显示和控制发酵条件。发酵车间、发酵罐外形和发酵罐结构组成见图 1-10。

(a) 发酵车间　(b) 不锈钢发酵罐外形　(c) 发酵罐结构组成

图 1-10　发酵车间、发酵罐外形和发酵罐结构组成

2. 分离容器

主要用来完成介质的流体压力平衡、气体净化、分离等的容器称为分离容器。如：分离器、过滤器、缓冲器、洗涤塔、干燥器等。

压缩空气油水分离器（见图 1-11）是由外壳、旋风分离器、滤芯、排污部件等组成。当含有大量油、水及固体杂质的压缩空气进入分离器后，液体沿其内壁旋而下，因所产生的离心力作用，使油水从气流中析出并沿壁向下流到油水分离器底部，然后再由滤芯进行精过滤。气体通过滤芯时，被牢牢的黏附在滤材纤维上，并逐渐增大变成液滴，在重力作用下滴入分离器底部，由排污阀排出。发酵、结晶、干燥、过滤等流程中，尤其在抗生素等药品的生产中，对压缩空气的质量要求极高，不但要求压缩空气中无油水，更重要的是要无尘、无菌。在压缩空气中存在的水分、尘埃、油垢等，如果不能被及时清除干净，会使输气管线锈蚀堵塞，造成气动部件运转失灵，机械密封装置磨损，可能给药品生产企业造成不可估量的损失。

机械过滤器（见图 1-12）用于给水处理除浊，反渗透、离子交换软化除盐系统的前预处理，是纯水制备前期预处理、水净化系统的重要组成部分，过滤器材质有钢制衬胶或不锈钢、玻璃钢等，过滤介质分为天然石英砂过滤器、多介质过滤器、活性炭过滤器等，利用填料来降低水中浊度，截留除去水中悬浮物、有机物、胶质颗粒、微生物、氯及部分重金属离子，是给水得到净化的水处理传统方法之一。也可用于地表水、地下水除泥沙等。机械过滤器进水浊度要求小于 20 度，出水浊度可达 3 度以下。

废气洗涤塔（见图 1-13）是一种气体净化处理设备，广泛应用于工业废气净化、除尘等方面的前处理，净化效果较好。洗涤塔的类型较多，有填料塔、板式塔、喷淋塔等。

图 1-11 压缩空气油水分离器

图 1-12 制药用水制备机械过滤器

图 1-13 废气洗涤塔

3. 储运容器

主要用来盛装原料气体、液体、液化气体的容器称为储运容器。如：储槽、储罐等。

制药生产所用的储运容器种类繁多，不同的介质和用途对容器的形状、结构、材质等均有不同的要求。

低温液体储罐（见图 1-14）为双层筒型结构，内筒及配管均用奥氏体不锈钢，夹层充满珠光砂，并抽真空，同时设置了特殊的吸附剂以延长真空寿命。

注射用水储罐（见图 1-15）采用优质低碳不锈钢（如 316L）。储罐宜采用保温夹套，保证注射用水在 80℃以上存放。无菌制剂用注射用水宜采用氮气保护，不用氮气保护的注射用水储罐的通气口应安装不脱落纤维的疏水性除菌滤器。

学习任务与训练

1. 参考实物或资料，画出反应釜简图，用文字说明各主要结构及部件的作用。
2. 参考实物或资料，画出发酵罐简图，用文字说明各主要结构及部件的作用。
3. 参考实物或资料，用图片和文字说明高压反应釜磁力传动装置的结构和原理。
4. 参观制药车间或查阅相关资料，了解某工段或岗位所用容器类设备的材质、结构及其作用，用简图及文字加以说明。

图 1-14 低温液体储罐

图 1-15 注射用水储罐

（二）流体输送类设备

在制药生产过程中，流体输送是最常见的单元操作。流体输送机械就是向流体做功以提高流体机械能的装置，因此流体通过流体输送机械后即可获得能量，以用于克服流体输送过程中的机械能损失，提高位能以及提高液体压强（或减压等）。通常，将输送液体的机械称为泵；将输送气体的机械按其产生的压力高低分别称之为通风机、鼓风机、压缩机和真空泵。

1. 液体输送设备

输送液体的泵按结构可分为叶片式（动力式）和容积式（正位移式）两大类。

图 1-16 IS 型单吸离心泵

（1）离心泵 离心泵属叶片式泵，如图 1-16 所示的 IS 型单吸离心泵，它具有性能好、结构简单、运转可靠和维修方便等优点，使用最为广泛。如图 1-17 所示，离心泵的主要工作部件是叶轮和泵壳，叶轮由电动机或其他原动机驱动作高速旋转（通常为 1000～3000r/min）。液体受叶轮上叶片的作用而随之旋转。由于惯性离心力作用，液体由叶轮中心流向外缘，在流动过程中同时获得动能和压力能，动能的大部分又在蜗形泵壳中转化为压力能。离心泵主要控制参数为流量 Q、扬程 H、效率 η、功率、转速 n、工作压力、气蚀余量（$NPSH$）等。

多级离心泵（见图 1-18）用于反渗透、纳滤、高楼供水、锅炉给水等需要较高压力的操作过程。

（2）旋涡泵 旋涡泵又叫涡流泵、再生泵等。由于它是靠叶轮旋转时使液体产生旋涡运动而吸入和排出液体的，所以称为旋涡泵。目前，一般旋涡泵的流量为 0.2～27m^3/h。旋涡泵的种类很多，按其结构主要可分为一般旋涡泵、离心旋涡泵和自吸旋涡泵等。不锈钢旋涡泵如图 1-19 所示。

（3）转子泵 转子泵又称胶体泵，三叶泵等，属回转式容积泵。依靠两同步反向转动的转子（齿数为 2～4）在旋转过程中于进口处产生吸力（真空度），从而吸入所要输送的物料。卫生转子泵如图 1-20 所示。该泵的特点有：输送流量可以较精确控制，也可制成变量泵；转子泵的转速很低（200～600r/min），被输送的物料的成分不会受到强剪切力的破坏，特别适用于输送混合料甚至含有固体颗粒的物料；可输送黏度很高的物质，所以又称胶体泵；产生的压力较高，可达 15MPa，适宜于长距离或高阻力定量输送。

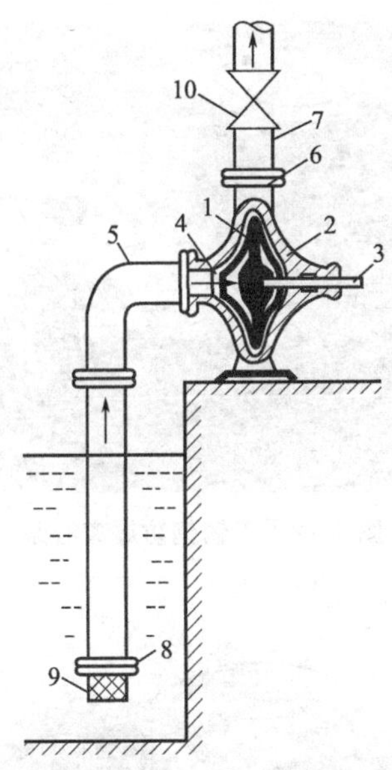

图 1-17 离心泵装置简图

1—叶轮；2—泵壳；3—泵轴；
4—吸入口；5—吸入管；6—排出口；
7—排出管；8—单向底阀；9—滤网；10—出口阀

图 1-18 多级离心泵

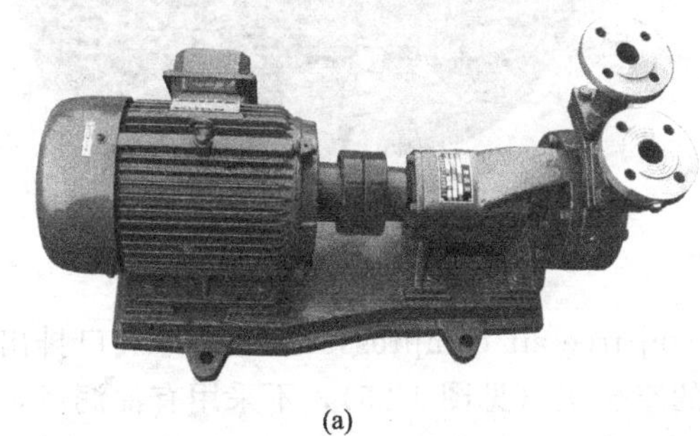

(a)

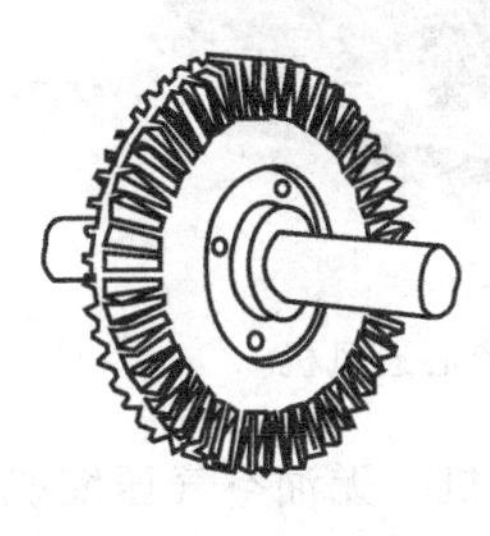

(b) 叶轮形状

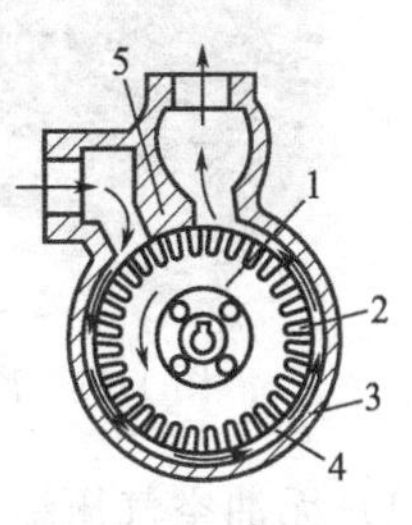

(c) 内部示意图

图 1-19 不锈钢旋涡泵

1—叶轮；2—叶片；3—泵壳；4—流道；5—隔舌

（4）卫生泵　卫生泵（见图 1-21）用于如药品、乳品、饮料、食品、化妆品、食品添加剂等与人体接触的产品的输送。卫生泵的材质为 316L 不锈钢，泵腔内无卫生死角，可在线清洗(cleaning in place，CIP)；密封材质为食品级材料，如丁腈橡胶，氟橡胶，乙丙橡胶，特氟龙等；泵的种类有离心泵、转子泵、螺杆泵等，其中离心泵的叶轮必须为开式叶轮。

防爆离心泵采用防爆电机及防爆接线盒，运行时不产生电火花，能保证易燃易爆环境下的安全，如图 1-22 所示。

2. 气体输送设备

气体输送设备按结构可分为离心式和体积式；按出口压力分为通风机（终压不大于 14.71kPa，压缩比小于 1.15，见图 1-23 和图 1-24)、鼓风机（终压 14.71～292kPa，压缩比小于 4)、压缩机（终压大于 292kPa，压缩比大于 4)、真空泵（终压接近于 0，压缩比由真空度决定，用于从设备中抽出气体)。

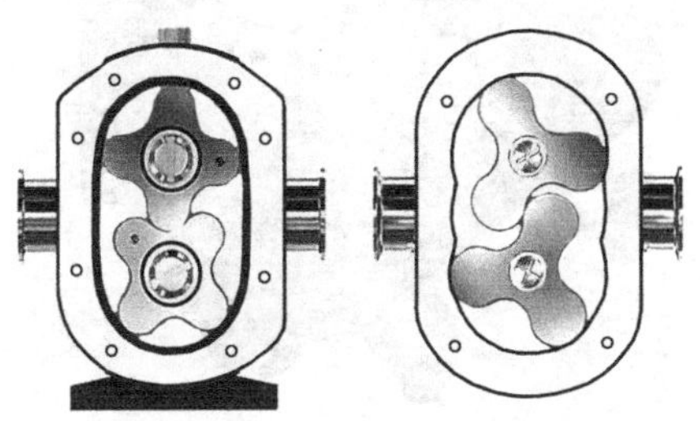

图 1-20 卫生转子泵

图 1-21 不锈钢卫生泵

图 1-22 不锈钢防爆离心泵

图 1-23 离心通风机

图 1-24 轴流通风机

(1) 无油空气压缩机 无油空气压缩机（oil-free air compressor）是指排气口排出气体的含油量低于0.01×10^{-6}的空压机。全无油的空压机（见图 1-25），不采用有油润滑，而是采用树脂材料等其他润滑方式，最终排出的气体不含油。国内一般以有油润滑的无油空压机为主。在制药企业中无油压缩空气主要用于液体制剂中的灌装机，固体制剂中的制粒机、加浆机、填充机、包装机、印字机，提取工艺中的提取罐，生物发酵等；此外，还用于化验中试用气、粉体物料、气动仪表元件、自动控制用气的输送、干燥、吹料吹扫等。

图 1-25 全无油空压机

(2) 水环真空泵 水环(液环)真空泵见图 1-26 是制药企业常用的真空泵，内装有带固定叶片的偏心转子，将水（液体）抛向定子壁，水（液体）形成与定子同心的液环，液环与转子叶片一起构成可变容积的一种旋转变容积真空泵。水环泵的有点有：结构简单、紧凑，无减速装置，排气量较大；无须泵内润滑，磨损很小，密封可直接由水封来完成；吸气均匀，工作平稳可靠，操作简单，维修方便；气体压缩是等温的，故可抽除易燃、易爆的气体，此外还可抽除含尘、含水的气体。水环真空泵的缺点是效率低（一般在30%左右，较好的可达50%）、真空度低（极限压强只能达到2000～4000Pa，用油作工作液，可达130Pa）。

(a)

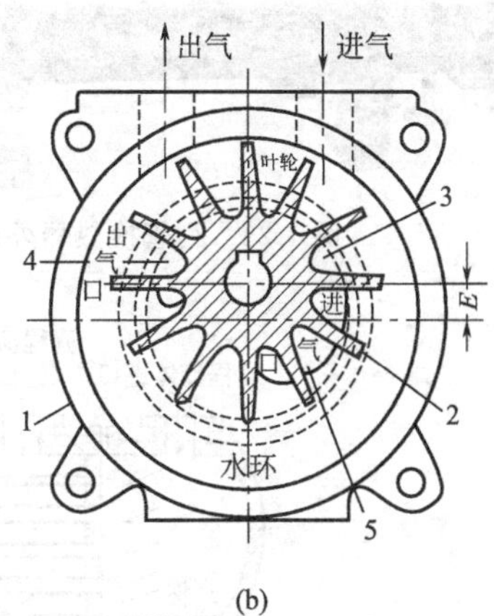

(b)

图1-26 水环真空泵

1—外壳；2—叶片；3—水环；4—出气口；5—进气口

（3）水力喷射真空泵 水力喷射真空泵（见图1-27）是具有抽真空、冷凝、排水三种效能的机械装置。由于喷射水流速度很高，于是周围形成负压使器室内产生真空。具有：体积小、重量轻、结构紧凑；效能较高，耗电量低于真空泵系统，投资省；操作简单，维修方便，噪声低，不需消耗润滑油；可以室外低位安装，占地面积少等优点。

学习任务与训练

1. 参考实物或资料，画出离心泵简图，用文字说明各主要结构及部件的作用。

2. 参考实物或资料，用图片和文字说明卫生泵在材质、结构等方面保证清洁卫生的原理、特点等。

3. 参考实物或资料，画出水力喷射真空系统流程简图，用文字说明各主要结构及部件的作用。

4. 参观制药车间或查阅相关资料，了解某工段或岗位所用流体输送设备及其作用，用简图及文字加以说明。选择其中一个流体输送设备，画出包含与其连接的上下游设备的流程简图。

图1-27 水力喷射真空泵

（三）传热类设备

换热器（heat exchanger）又称热交换器，是将热流体的部分热量传递给冷流体的设备。换热器按用途分为加热器、冷却器、冷凝器、蒸发器和再沸器等。换热器热量交换的原理和方式基本上可分三大类，即：间壁式、混合式和蓄热式，其中间壁式换热器应用最多。

1. 列管式换热器

列管式换热器又称管壳式换热器（见图1-28～图1-30），是生产上应用最广的一种换热器，它由壳体、管板、换热管、封头、折流挡板等组成。换热时，一种流体由封头的连结管处进入，在管流动，从封头另一端的出口管流出，这称之管程；另一种流体由壳体的接管进入，从壳体上的另一接管处流出，称为壳程。

图 1-28　列管换热器外形

图 1-29　列管换热器换热管排列

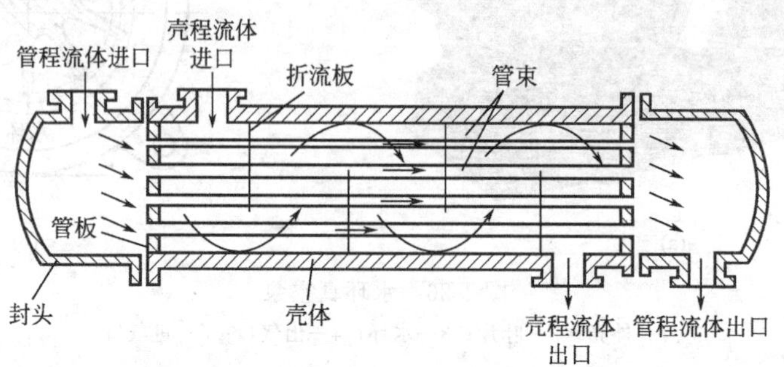

图 1-30　列管式换热器基本结构及流程

2. 板式换热器

板式换热器（见图 1-31）是由一系列具有一定波纹形状的金属片（板片）叠装，各种板片之间形成薄形通道，通过板片进行热量交换。它具有换热效率高、热损失小、结构紧凑轻巧、占地面积小、安装清洗方便、应用广泛、使用寿命长等特点。在相同压力损失情况下，其传热系数比管式换热器高 3～5 倍，占地面积为管式换热器的 1/3，热回收率可高达 90%以上。缺点是使用温度及压力不能太高，流道小，易堵塞。广泛应用于食品、制药等领域。其内部流动状况及板片结构如图 1-32 所示。

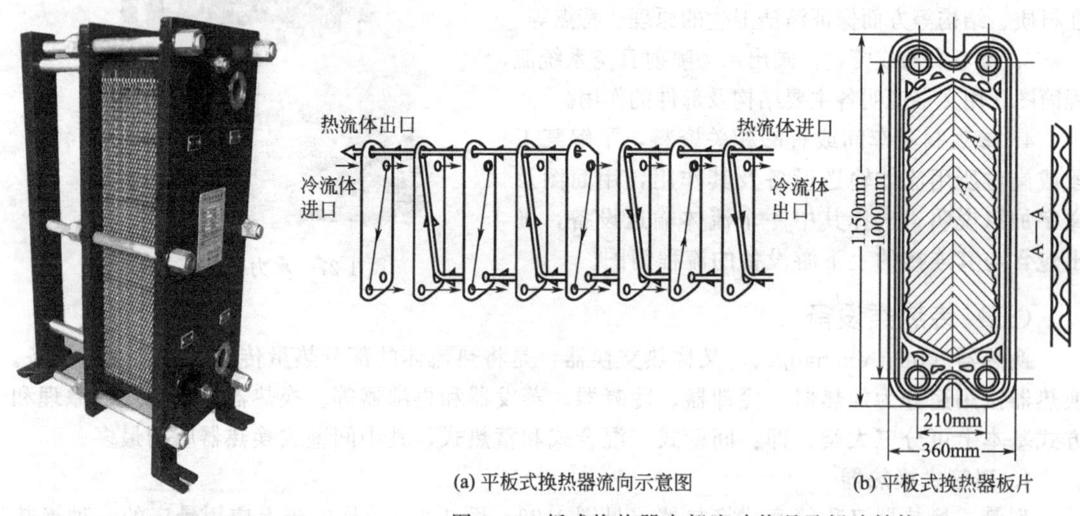

(a) 平板式换热器流向示意图　　(b) 平板式换热器板片

图 1-31　板式换热器

图 1-32　板式换热器内部流动状况及板片结构

3. 螺旋板式换热器

螺旋板式换热器（见图 1-33）是一种高效换热器设备，按结构形式可分为不可拆式螺旋板式及可拆式螺旋板式换热器。该换热器由两张金属板卷制成，形成了两个均匀的螺旋通道，两种传热介质可进行全逆流流动，由于螺旋通道的曲率是均匀的，液体在设备内流动没有大的转向，总的阻力小，因而可提高设计流速使之具备较高的传热能力。可拆式螺旋板换热器其中一个通道可拆开清洗，特别适用有黏性、有沉淀液体的热交换。其优点是制造简单，结构紧凑，传热面积大，传热效率高，不易结垢，可用于带颗粒的物料。缺点是不耐高温高压，不可拆式检修，清洗困难。其内部结构如图 1-34 所示。

图 1-33 螺旋板式换热器

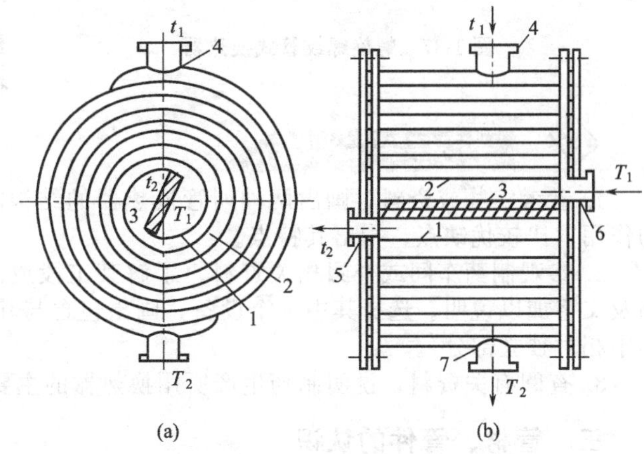

图 1-34 螺旋板式换热器内部结构

1—金属板；2—流道；3—中心隔板；

4—冷流体进口；5—冷流体出口；6—热流体进口；7—热流体出口

4. 翅片式换热器

翅片式换热器（见图 1-35）主要用于空气加热，设备空气散热。为了降低气体一侧的热阻，在换热管的表面通过加翅片增大换热管的外表面积。加热用时，采用的热介质可以是蒸汽或热水，也可用导热油，蒸汽的工作压力一般不超过 0.8MPa，加热后空气的温度一般在 150℃以下。翅片管按形状和构造分为：方翅管、螺旋翅片管、纵向翅片管、螺旋锯齿状翅片管等。翅片管形状与结构见图 1-36。

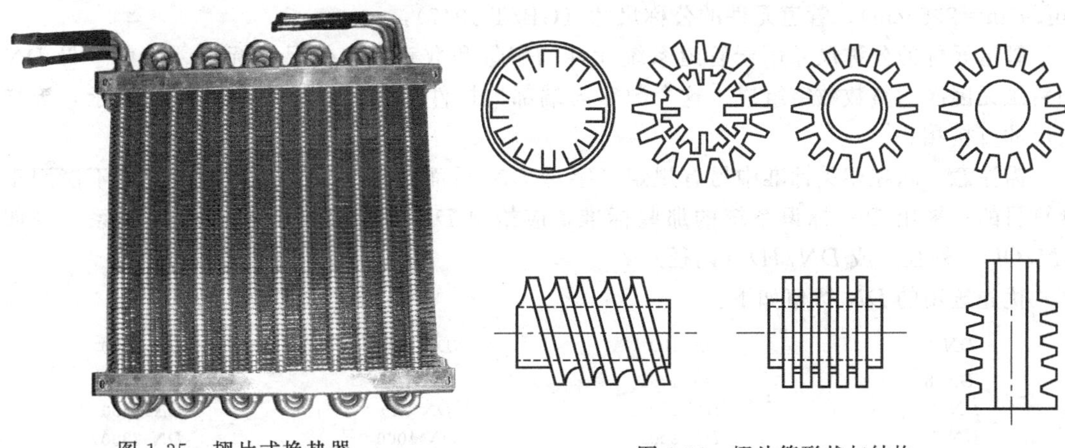

图 1-35 翅片式换热器

图 1-36 翅片管形状与结构

5. 螺旋螺纹管式换热器

螺旋螺纹管式换热器（见图 1-37）是近年来推出的一种新型换热设备，其换热系数，为传统管壳式换热器的 2～3 倍（可以达到 14000W/m²·℃），体积和重量仅为传统管壳式换热器的几分之一。换热器由芯体和壳体两部分组成，芯体主要由换热管组成，壳体由筒体和

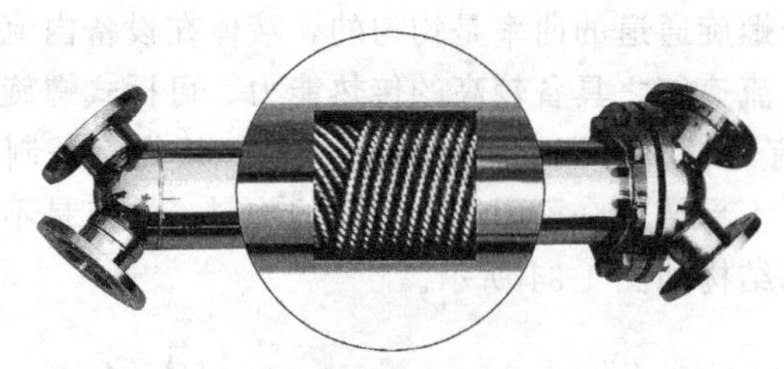

图 1-37 螺旋螺纹管式换热器

封头等组成，上下封头各设两个开口，同一封头上的开口中心呈 90°角，使换热器全部参与换热，无死区。螺旋螺纹管式换热器具有高效的换热性能，在汽-水换热领域表现极佳，广泛应用于暖通和生活热水方面，在化工和医药等方面取得了广泛应用。缺点是该换热器管程阻力较大。

学习任务与训练

1. 参考实物或资料，画出两种列管换热器的结构简图，用文字说明各主要结构及部件的作用，比较优缺点，指出其特点。

2. 参观制药车间或查阅相关资料，了解某工段或岗位所用换热类设备及其作用，用简图及文字加以说明。选择其中一个设备，画出包含与其连接的上下游设备的流程简图（选择其中相对独立部分）。

3. 查阅有关资料，说明制药生产所用换热器的主要种类及各自应用场合。

三、管材、管件的认识

（一）管材、公称尺寸与公称压力

1. 管材分类

管材按材质分为金属管和非金属管。金属管分钢管、铸铁管和有色金属管等；非金属管有塑料管、玻璃钢管、陶瓷管、橡胶管、玻璃管等。

有缝钢管是用钢板或钢带经过卷曲成型后焊接制成的钢管。镀锌焊管又称白管，即常见的水煤气管；不镀锌的焊管俗称黑管。

常见管材的特性及主要用途如表 1-2 所示。

2. 公称尺寸

公称直径是近似普通钢管内径的一个名义尺寸。公称直径的单位是毫米（mm）或英寸（in，1in=2.54cm）。管道元件的公称尺寸（GB/T 1047）：

管道元件的公称尺寸用于管道系统元件的字母和数字组合的尺寸标识。它由字母 *DN* 和后跟无因次的整数数字组成。这个数字与端部连接件的孔径或外径（用 mm 表示）等特征尺寸直接相关。

需注意，除在相关标准中另有规定，字母 *DN* 后面的数字不代表测量值，也不能用于计算目的；采用 *DN* 标识系统的那些标准，应给出 *DN* 与管道元件的尺寸的关系，例如 *DN*/*OD*（外径）或 *DN*/*ID*（内径）。

优先选用的 *DN* 数值如下：

DN 6	*DN* 100	*DN* 700	*DN* 2200
DN 8	*DN* 125	*DN* 800	*DN* 2400
DN 10	*DN* 150	*DN* 900	*DN* 2600
DN 15	*DN* 200	*DN* 1000	*DN* 2800
DN 20	*DN* 250	*DN* 1100	*DN* 3000
DN 25	*DN* 300	*DN* 1200	*DN* 3200
DN 32	*DN* 350	*DN* 1400	*DN* 3400
DN 40	*DN* 400	*DN* 1500	*DN* 3600
DN 50	*DN* 450	*DN* 1600	*DN* 3800
DN 65	*DN* 500	*DN* 1800	*DN* 4000
DN 80	*DN* 600	*DN* 2000	

表1-2 常见管材的特性及主要用途

分类			图片	特性及主要用途
金属管	碳钢管	焊接钢管		是用钢板或钢带经过卷曲成型后焊接制成的钢管，又称为水煤气管。有缝钢管多数是用低碳钢制作的焊接管，通常用在压强较低的水管、暖气、煤气等管路中。有缝钢管还可以分为镀锌的白铁管和不镀锌的黑铁管；带螺纹的和不带螺纹的；普通的、加厚的等。普通管的极限工作压强为1MPa，加厚管的极限工作压强为1.6MPa
		无缝钢管		无缝钢管是化工生产中使用最多的一种管型，它的特点是质地均匀、强度高。可用于压强较高、无腐蚀性以及温度较高的流体输送，可以在435℃下输送水蒸气、高压水、液态或气态有机物、非腐蚀性无机物的物料。输送流体用无缝钢管代表材质（牌号）为20、Q345等。低中压锅炉用无缝钢管主要用于工业锅炉及生活锅炉输送低中压流体的管道，代表材质为10、20号钢
	合金钢管	不锈钢管		不锈钢管是最常见的合金钢管，制造时加入不同的金属元素分别能提高管子的耐受大气及酸碱腐蚀、耐高温性能。常用的有304不锈钢(06Cr19Ni10)、316L(022Cr17Ni12 Mo2)。316L是继304之后，第二个得到最广泛应用的钢种，主要用于食品工业、制药行业和外科手术器材，添加钼元素使其获得一种抗腐蚀的特殊结构，由于较之304其具有更好的抗氯化物腐蚀能力
		其他合金钢管		主要牌号有16Mn，用于中高压管道；12(15)CrMo，用于高温高压水蒸气、中温中压含氢气体、高温油气等；12CrMoV，用于输送高温高压水蒸气；12Cr2MoWVB和12Cr3MoVSiTiB，用于输送高温高压水蒸气和制造高压化肥管道，Cr2(5)Mo（见左图），用于输送高温油气和氢氮腐蚀介质
	铸铁管			是指用铸铁浇铸成型的管子。铸铁管用于给水、排水和煤气输送管线
	有色金属管			有色金属管有铜管、铅管、铝管等。铜管的导热性能好，适用于换热器的管子；由于铜管容易弯曲成形，可用于油压系统或润滑系统。铅管性软，容易锻制和焊接，能抗酸性，常用于硫酸工业，但机械强度差；铝管能耐酸腐蚀，广泛用于浓硝酸和浓硫酸的输送。左图为紫铜管
非金属管	塑料管		 	塑料管最为常见，常用的有聚氯乙烯(PVC)管、聚乙烯管(PE)、聚四氟乙烯(PTFE)管等。塑料管具有质轻、抗腐蚀，价格低、易加工等优点，但其耐热性能差，强度低。一般用于常温常压酸碱的输送。左1为PPR水管及管件，左2为钢衬聚四氟乙烯管
	陶瓷管		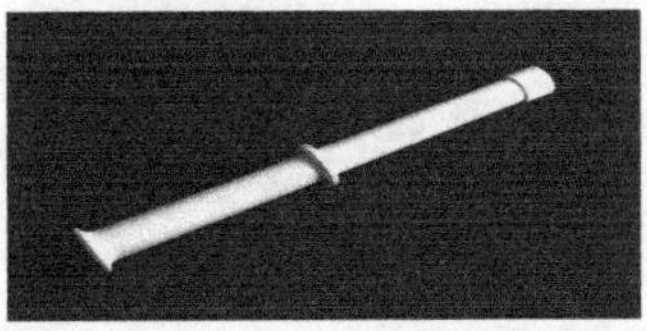	陶瓷管化学性质稳定性最好，除对氢氟酸、磷酸及碱类耐腐蚀较差外，对其他物料耐腐蚀性很强，但陶瓷材质较脆，机械强度低，不耐温度剧变，多用于腐蚀性液体和气体的排放

一般钢管的公称直径、实际内外径及壁厚尺寸关系如表1-3所示。

表1-3 常见钢管的公称直径、实际内外径及壁厚尺寸关系

公称直径 DN /mm	相当的管螺纹 /in	外径 /mm	壁厚 /mm	内径 /mm
8	1/4	13.50	2.25	9
10	3/8	17.00	2.25	12.5
15	1/2	21.25	2.75	15.75
20	3/4	26.75	2.75	21.25
25	1	33.50	3.25	27.00
32	$1\frac{1}{4}$	42.25	3.25	35.75
40	$1\frac{1}{2}$	48.00	3.50	41.00
50	2	60.00	3.50	53.00
65	$2\frac{1}{2}$	75.50	3.75	68.00
80	3	88.50	4.00	80.50
100	4	114.00	4.00	106.00
125	5	140.00	4.50	131.00
150	6	165.00	4.50	156.00

流体输送用无缝钢管（GB/T 8163）主要用于工程及大型设备上的流体输送，代表材质（牌号）为20、Q345等。流体输送用无缝不锈钢管（GB/T 14976）主要用于输送腐蚀性介质的管道，代表材质为0Cr13、0Cr18Ni9、1Cr18Ni9Ti、0Cr17Ni12Mo2、0Cr18Ni12Mo2Ti等。

流体输送用无缝钢管的规格尺寸在GB/T 17395中有详细规定，其中外径有1、2、3三个系列，系列1为推荐系列，系列2为非通用系列，系列3为少数特殊及专用系列。普通钢管的外径分为系列1、系列2和系列3，精密钢管外径分为系列2和系列3，不锈钢管的外径分为系列1、系列2和系列3。系列1尺寸排列为：10（10.2）、13.5、17（17.2）、21（21.3）、27（26.9）、34（33.7）、42（42.4）、48（48.3）、60（60.3）、76（76.1）、89（88.9）、114（114.3）、140（139.7）、168（168.3）、219（219.1）等，括号内尺寸为相应的英制单位。在实际应用中一般以外径×壁厚表示，如系列2中外径为25mm，壁厚为3.0mm，可以表示为25×3。

3. 公称压力

管道元件的公称压力（GB/T 1048）*PN* 数值应从以下系列中选择[1]：

DIN系列	ANSI系列
PN 2.5	*PN* 20
PN 6	*PN* 50
PN 10	*PN* 110
PN 16	*PN* 150
PN 25	*PN* 260
PN 40	*PN* 420
PN 63	
PN 100	

[1] 必要时允许选用其他 *PN* 数值。

4. 管径选择与壁厚的选择

确定流速时，应在满足制药工艺条件的前提下，在操作费用和基建费用之间通过经济核算来确定适宜流速，使操作费用和基建费用的总和最小，进而确定管子的直径。流体在管道中的适宜流速，与流体的性质及制药工艺条件有关，对于制药生产中的圆形管道：

$$d=\sqrt{\frac{4Q}{\pi u}}$$

式中 d——圆管内径；

Q——流体体积流量；

u——流体流速。

管子的计算厚度是满足管子承受介质压力的强度要求所必需的厚度，在确定管壁厚度时，还要考虑介质腐蚀和管子制造负偏差等因素的影响，应该在计算厚度的基础上加上厚度附加量，并据此按钢管规格标准选取管子厚度。

$$\delta=\frac{pd_{\mathrm{i}}}{2\sigma\phi-p}$$

式中 δ——圆管壁厚；

p——管子内部压力；

d_{i}——管子内径；

σ——管子允许应力；

ϕ——管子允许应力修正系数。

（二）管件

管路要通过各种管件进行连接。管件的作用有：使管路改变流向、延长管路、分路与汇集、扩大与缩小管路、堵塞管路等。

管路连接包括：管子与管子的连接，管子与管件、阀门的连接，管子与设备的连接。连接方法有：法兰连接、螺纹连接、承插连接、卡箍连接、焊接连接。

(1) 法兰连接 是制药工艺管路中应用最广的连接方式。在需要经常拆装的管段处和管道与设备相连接的地方，大都采用法兰连接。法兰连接强度高、拆卸方便、适应范围广。

(2) 螺纹连接 是一种广泛使用的可拆卸的固定连接，具有结构简单、连接可靠、装拆方便等优点。螺纹连接是通过内外管螺纹拧紧而实现的。螺纹连接有三种形式：①两段外丝管通过管内丝的连接（内牙管连接），②内丝管通过外丝的连接（外牙管连接），③通过活管接的连接。

(3) 焊接连接 是通过加热的方法，使两个管子间结合而连接成整体的过程。焊接连接密封性能好、连接强度高，可适用于承受各种压力和温度、无须经常拆卸的管路上。焊接连接，既可用于金属，也可用于非金属。

(4) 承插连接 适用于压力不大，密封性要求不高的场合。连接时，一般在承插口的槽内先填入麻丝、棉线或石棉绳，然后再用石棉水泥或铅等材料填实，还可在承插口内填入橡胶密封环，使其具有较好的柔性。

(5) 卡箍连接 也叫沟槽管件连接。卡箍连接具有操作简单、不影响管道原有的特性、施工安全及维修方便的优点。起连接密封作用的沟槽连接管件主要由三部分组成：密封橡胶圈、卡箍和锁紧螺栓。

常见管道的连接方式及管件的主要用途如表 1-4 所示。

表 1-4 常见管道的连接方式及管件的主要用途

连接方式	各连接方式的应用	连接方式介绍	管件的作用及图片	
承插连接	嵌缝材料 密封填料 刚性接口嵌缝与密封 柔性机械性接口 大型水管承插连接	承插式连接主要用于铸铁管、塑料管等之间的连接，是将一根管子的端口插入另一根管子或管件的插套内，在管端与承插所形成的环形空间内填入填料以达到密封的目的	改变流向	
			延长	
			分路与汇集	
			扩大与缩小	
			堵塞管路	

续表

连接方式	各连接方式的应用	连接方式介绍	管件的作用及图片	
螺纹连接	 	螺纹常用于小直径管、水煤气管、压缩空气管及低压蒸汽管路。连接的密封方法是采用内、外螺纹之间敷以白漆加麻丝或聚四氟乙烯薄膜等密封介质	改变流向	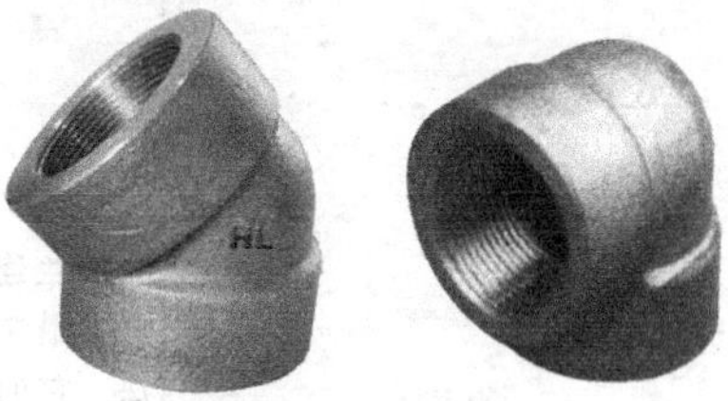
			延长	
			分路与汇集	
			扩大与缩小	
			堵塞管路	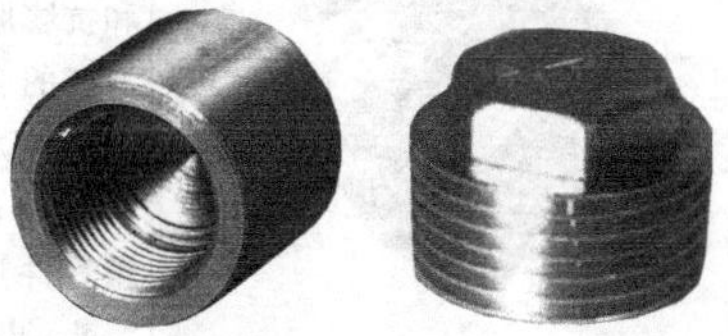

续表

连接方式	各连接方式的应用	连接方式介绍	管件的作用及图片
法兰连接		法兰连接是化工生产中最常见的接管方法。它的优点是拆装方便，密封性好，适用的压力、温度和管径范围大；缺点是材料消耗多，费用大。 按照密封面结构特征，分为平面法兰、凹凸法兰、榫槽法兰	    堵塞管路  
焊接连接	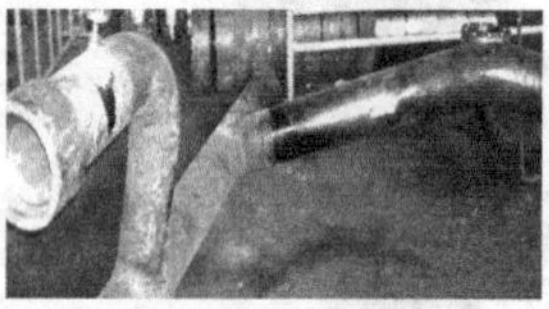 用焊接连接的高压管道	焊接法比螺纹连接和法兰连接的成本都要低，且连接方便，适用面广，钢管、有色金属管与塑料管均可焊接，比较适用于不需要检修的长管路的连接。焊接连接的管路一旦需要拆装，只能采用切割法	 大型管道焊接  PE管热熔焊接
卡箍连接		有利于安装方便、安全、操作简单；系统稳定性好，维修方便。管路具有抗震动、抗收缩和抗膨胀的能力，适合温度的变化，能保护管路阀件，也减少了应力对结构件的破坏。卡箍管件连接既有钢性接头，也有柔性接头，适应性较强	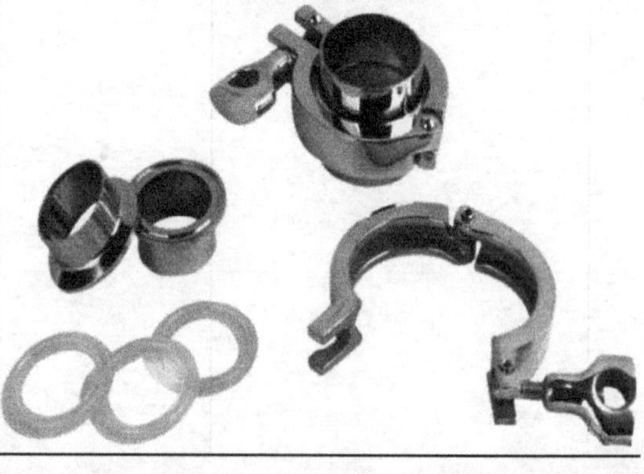

学习任务与训练

1. 查找有关资料说明各三种以上流体输送用的家用管材和化工管材的材质及使用性能。

2. 说出表 1-4 中各图片所表示的管件名称。

3. 查找有关资料，用文字、图片说明化学原料药和药物制剂洁净生产所要求的常用管材和配套管件的材质及结构形式。

4. 参观制药车间有关资料或查阅，了解某工段或岗位所用管路中的管材和管件，用简图及文字说明各管段和管件的用途，列表说明管材和管件的名称、材质、规格尺寸。

5. GMP 对管路材料有哪些要求？

四、常见阀门的认识

管路中用于调节流量、启闭管路以及对管路起安全、控制作用的装置称为阀门。阀门通常用铸铁、碳钢、不锈钢、塑料等材料制成。根据阀门的不同用途可分为以下几种。①开断用。用来接通或切断管路介质，如截止阀、闸阀、球阀、蝶阀等。②止回用。用来防止介质倒流，如止回阀。③调节用。用来调节介质的压力和流量，如调节阀、减压阀。④分配用。用来改变介质流向、分配介质，如三通旋塞、分配阀、滑阀等。⑤安全阀。在介质压力超过规定值时，用来排放多余的介质，保证管路系统及设备安全，如安全阀、事故阀。⑥其他特殊用途。如疏水阀、放空阀、排污阀等。

按照 JB/T 308—2004 规定阀门型号编制方法如下：

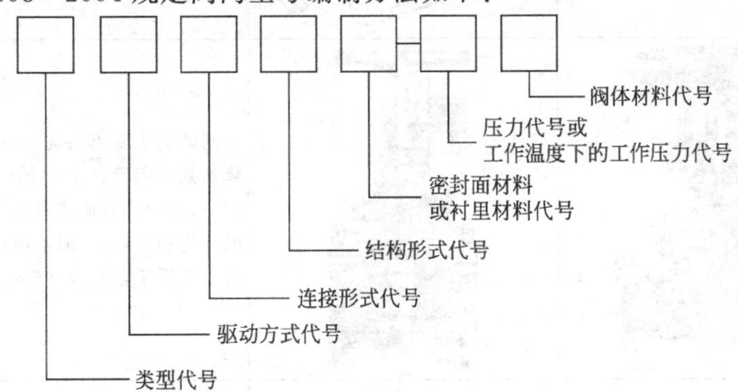

阀门类型代号，驱动方式代号及连接形式代号见表 1-5～表 1-7。

表 1-5 阀门类型代号

阀门类型	代号	阀门类型	代号
弹簧载荷安全阀	A	排污阀	P
蝶阀	D	球阀	Q
隔膜阀	G	蒸汽疏水阀	S
杠杆式安全阀	GA	柱塞阀	U
止回阀和底阀	H	旋塞阀	X
截止阀	J	减压阀	Y
节流阀	L	闸阀	Z

表 1-6 阀门驱动方式代号

驱动方式	代号	驱动方式	代号
电磁动	0	锥齿轮	5
电磁-液动	1	气动	6
电-液动	2	液动	7
蜗轮	3	气-液动	8
正齿轮	4	电动	9

注：(1) 手轮、手柄和扳手传动以及安全阀，减压阀，疏水阀省略本代号。(2) 对于气动或液动：常开式用 6K、7K 表示；常闭式用 6B、7B 表示；气动带手动用 6S 表示，防爆电动用“9B”表示。蜗杆-T 形螺帽用 3T 表示。(3) 代号 1、代号 2 及代号 8 是用在阀门启闭时，需有两种动力源同时对阀门进行操作。

表 1-7　连接形式代号

连接形式	代号	连接形式	代号
内螺纹	1	对夹	7
外螺纹	2	卡箍	8
法兰式	4	卡套	9
焊接式	6	—	—

其余详见 JB/T 308—2004。

常见阀门特点及用途如表 1-8 所示。

表 1-8　常见阀门特点及用途

用途	名称	外形、结构	特点及用途
开断用	截止阀		 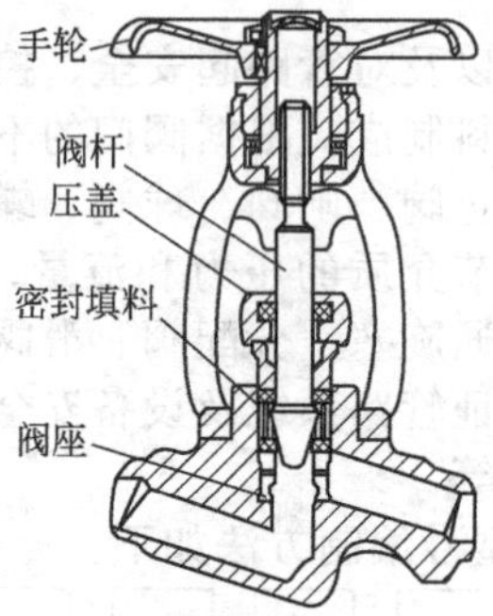 又称为球心阀。其关键部件为阀体内的阀座和底盘，利用手轮的旋转使阀杆上下移动，改变了阀座和底盘之间的距离，从而达到启闭和调节流量的目的。截止阀密封性好，可准确地调节流量，但结构复杂，阻力较大，不适宜用于含有固体颗粒的流体
	闸阀		 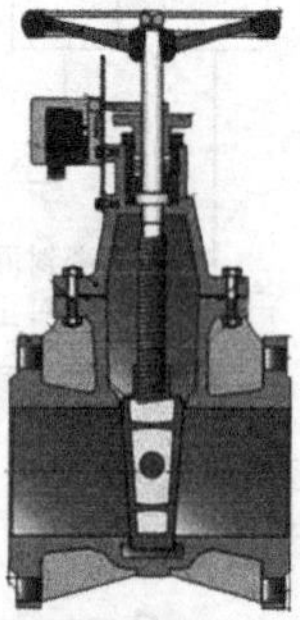 闸阀的主要部件是一个闸板，利用闸板的升降达到启闭管路的目的。闸阀体形较大，造价较高，但全开时流体阻力小，常用于大直径管路的开启和切断，一般不能用来调节流量的大小，也不适用于含有固体颗粒的物料
	隔膜阀		 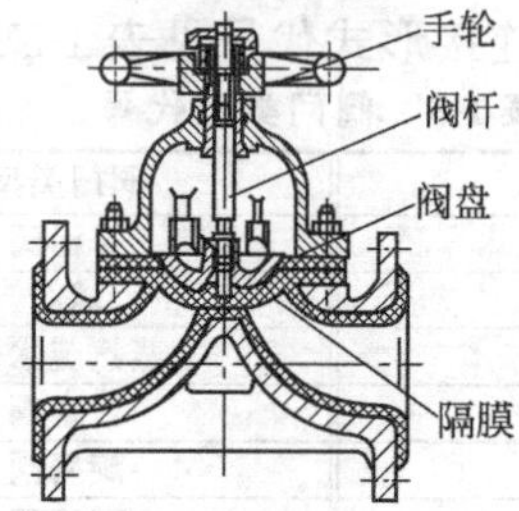 隔膜把下部阀体内腔与上部阀盖内腔隔开，使位于隔膜上方的阀杆、阀瓣等零件不受介质腐蚀，省去了填料密封结构，且不会产生介质外漏。流体阻力小，能用于输送含硬质悬浮物介质的管路，适用于有腐蚀性、粘性大的介质及浆液介质。隔膜阀适用于低压和温度相对不高的场合，不能用于压力较高的场合
	球阀		 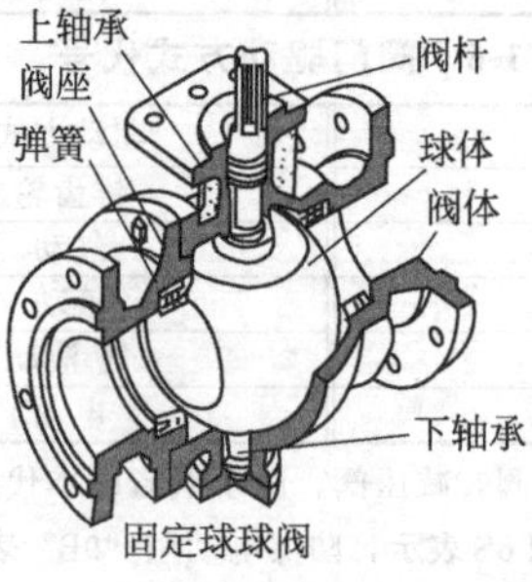 球阀用带圆形通孔的球体作启闭件，球阀由旋塞阀演变而来，利用球体绕阀杆的轴线旋转90°实现开启和关闭。球阀阻力很小、结构简单、密封性能好，易实现快速启闭，易于操作和维修，适用于水、溶剂、酸和天然气等一般工作介质，而且还适用于工作条件恶劣的介质，如氧气、过氧化氢、甲烷和乙烯等

续表

用途	名称	外形、结构		特点及用途
开断用	蝶阀			蝶阀的蝶板安装于管道的直径方向。在蝶阀阀体圆柱形通道内,圆盘形蝶板绕着轴线旋转,旋转角度为0°～90°之间,旋转到90°时,阀门呈全开状态。蝶阀结构简单、体积小、重量轻,只由少数几个零件组成。而且只需旋转90°即可快速启闭,操作简单,同时该阀门具有良好的流体控制特性。蝶阀处于完全开启位置时,蝶板厚度是介质流经阀体时唯一的阻力,因此通过该阀门所产生的压力降很小,故具有较好的流量控制特性。蝶阀有弹性密封和金属密封两种密封型式
止回用	止回阀		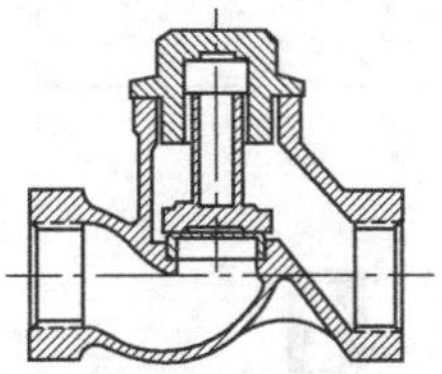 升降式止回阀 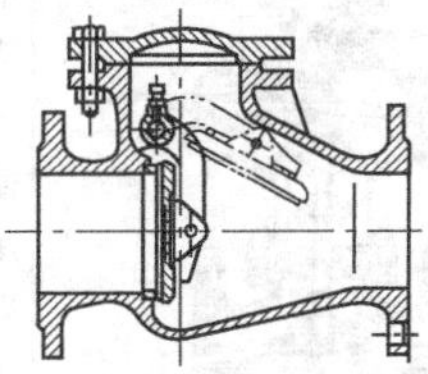 旋启式止回阀	依靠介质本身流动而自动开、闭阀瓣,用来控制流体只能朝一个方向流动,又称逆止阀、单向阀、逆流阀和背压阀。止回阀属于一种自动阀门,其主要作用是防止介质倒流、防止泵及驱动电动机反转,以及容器介质的泄放
调节用	气动调节阀		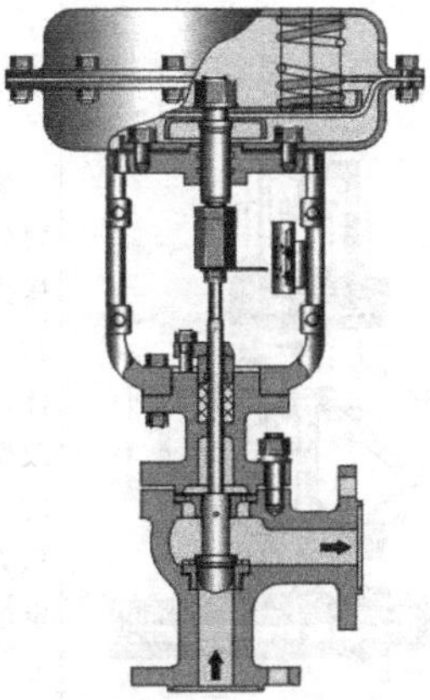	气动调节阀就是以压缩空气为动力源,以气缸为执行器,并借助于电气阀门定位器、转换器、电磁阀、保位阀等附件去驱动阀门,实现开关量或比例式调节,接收工业自动化控制系统的控制信号来完成调节管道介质的流量、压力、温度等各种工艺参数。气动调节阀的特点就是控制简单,反应快速,且本质安全,不需另外再采取防爆措施

续表

用途	名称	外形、结构		特点及用途
调节用	电动调节阀	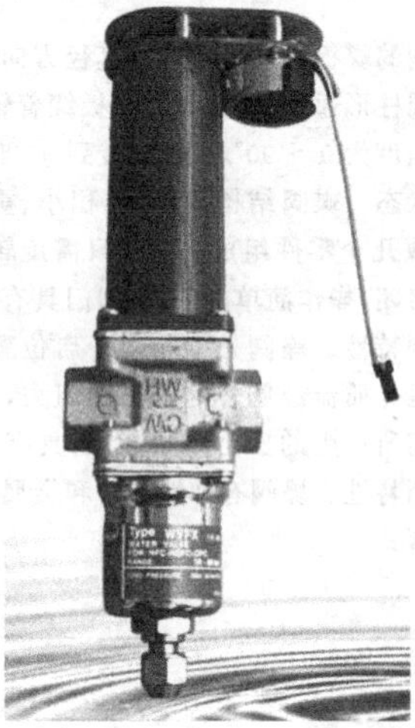	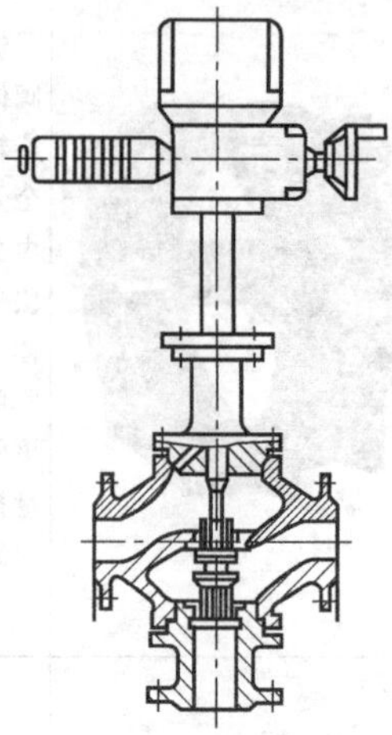	电动调节阀是随工业自动化的发展而发展起来的，因其动力源容易取得，具有一般情况下无需维护的优点，比起气动、液动等不同驱动方式的设备使用更为普遍。电动阀门必须具有更高的可靠性和安全性，在阀门能保证性能和寿命的情况下，电动阀门的安全性与可靠性取决于电动执行器，因此电动执行器的性能、控制水平是电动阀门整机技术水平的综合表现
	压力调节阀		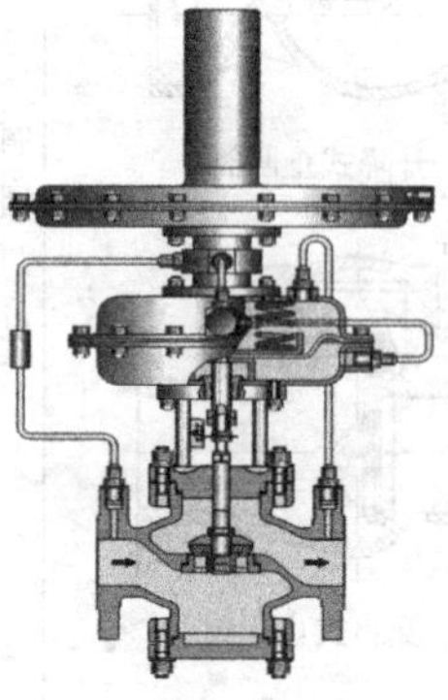	压力调节阀是一种不需外加能源和操作介质，根据被控制流体的能量自行操作并保持阀前或阀后变量恒定的调节阀。用来自动调节温度在200℃以下的非浸蚀气体、石油、蒸汽的压力到给定值，具有结构简单、动作可靠、维护方便、防火防爆和价廉等优点。压力调节阀按作用位置分，有阀后式和阀前式两种。阀后式用来保持调节阀后面的管道压力为恒定值，阀前式用来保持调节阀前面的管道压力为恒定值
	减压阀		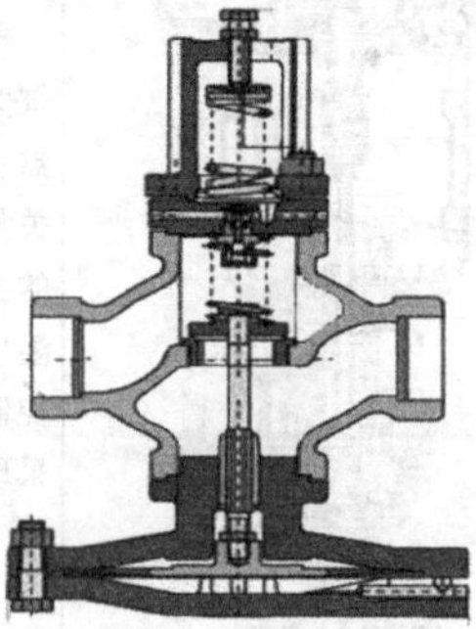	减压阀是通过调节，将进口压力减至某一需要的出口压力，并依靠介质本身的能量，使出口压力自动保持稳定的阀门。从流体力学的观点看，减压阀是一个局部阻力可以变化的节流元件，即通过改变节流面积，使流速及流体的动能改变，造成不同的压力损失，从而达到减压的目的。并且依靠控制与调节系统的调节，使阀后压力的波动与弹簧力相平衡，使阀后压力在一定的误差范围内保持恒定

续表

用途	名称	外形、结构	特点及用途
分配用	旋塞阀	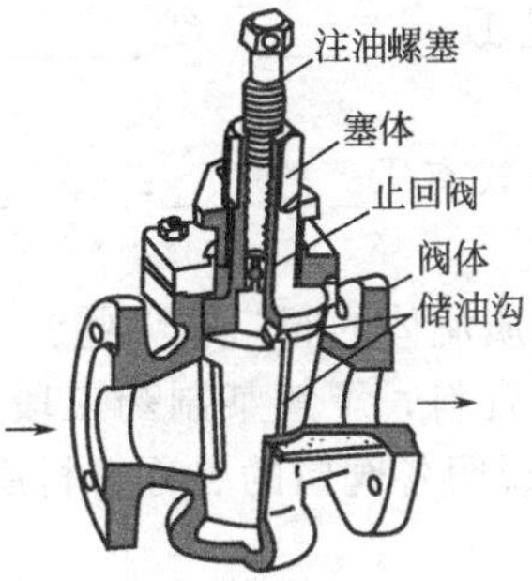 注油螺塞 塞体 止回阀 阀体 储油沟 油润滑旋塞阀	又称考克，主要结构是在一全空心阀体铸件中间插入一个锥形旋塞，旋塞的中间有一通孔，旋塞在阀体内可自由旋转。利用旋塞在阀体内的旋转角度的不同，可启闭和调节流量。旋塞结构简单，启闭迅速，流体阻力小，可适用于带有颗粒的流体，但调节流量不精密，不适用于直径较大、压力较高或温度较低的场合
安全用	安全阀	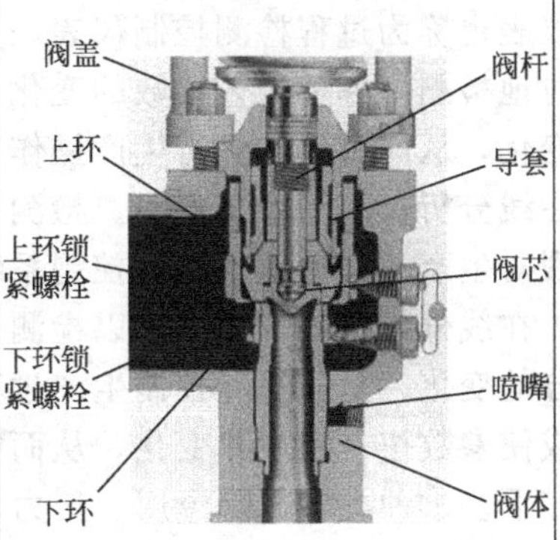 阀盖 上环 上环锁紧螺栓 下环锁紧螺栓 下环 阀杆 导套 阀芯 喷嘴 阀体	用于中、高压设备上，当压强超过规定值时能自动泄压
其他用途阀门	疏水阀	 TOP浮球式疏水阀 热动力蒸汽疏水阀	疏水阀也叫阻汽排水阀、汽水阀、疏水器、回水盒、回水门等。它的作用是自动排泄不断产生的凝结水，而不让蒸汽出来。疏水阀种类很多，有浮筒式、浮球式、钟形浮子式、脉冲式、热动力式、热膨胀式。常用的有浮筒式、钟形浮子式和热动力式
	放空阀 排污阀	 节流截止放空阀 排污阀	这两种阀门并不是特殊结构的阀门。 放空阀其作用是将有压力的气体或者液体，在非工作的时候或者紧急状态通过它排放掉，避免发生其他意外。 排污阀一般用于锅炉排污，主要是快速开关，通常是用手动排污闸阀及高温球阀

学习任务与训练

1. 查找有关资料说明各三种以上常见阀门的特点及适用场合。

2. 工艺管路中阀门的作用是①________；②________；③________。为防止流体逆向流动管路中应安装________阀。

3. 管与管件或阀门的连接方式有①________；②________；③________；④________；⑤________。

4. 不能用于输送含有悬浮物质流体的阀门有哪些?

5. 参观制药车间或查阅相关资料，了解某制药工段或岗位所用管路中的阀门，用简图及文字说明各阀门的用途，列表说明各阀门的名称、材质、规格尺寸。

五、常见仪表的认识

1. 简介

制药及化工过程所用的仪表也称为过程检测控制仪表，是过程工艺参数实现检测和控制的工具，它们能够准确而及时地检测出各种工艺参数的变化，并控制其中的主要参数，使其保持在给定的数值或按规律变化，从而有效地进行生产操作并实现生产过程自动化。各种仪表按功能可分为检测仪表、在线分析仪表和控制仪表。检测仪表用以检测、记录和显示制药及化工过程参数的变化，实现对生产过程的监视和向控制系统提供信息。温度、压力、流量和液位是最常见的测量参数。在线分析仪表，主要用以检测、记录和显示过程物性参数（如浓度、酸度、密度等）和组分的变化，是监视和控制生产过程的直接信息。控制仪表将过程参数保持在规定范围之内，或使参数按一定规律变化，从而实现对生产过程的控制。

制药与化工仪表的特点如下。①种类多。除温度、压力、流量和物位等热工参数外，还有许多与产品质量有关的物性如浓度、酸度、湿度、密度、浊度、热值以及各种混合气体成分等参数。②环境条件要求高。除常温、常压和一般性介质外，还有高温、高压、深冷、剧毒、易燃、易爆、易结焦、易结晶、高黏度及强腐蚀的介质。③性能要求较高。制药与化工参数变化一般较缓慢，但也有不少剧烈、快速反应过程，要求化工仪表具有快速动态响应性能。现在化工（制药）已从过去单参数检测发展到综合控制系统装置，从模拟式仪表发展到数字式、计算机式的智能化仪表。仪表基础元器件正在向高精度、高灵敏度、高稳定性、大功率、低噪声、耐高温、耐腐蚀、长寿命、小型化、微型化方向发展。仪表的结构向模件化、灵巧化等方向发展。

2. 检测仪表准确度（精确度）与精度等级

相对百分误差：

$$\delta=\frac{\text{最大误差}}{\text{测量上限}-\text{测量下限}}\times 100\%$$

量程：

$$Span=\text{测量上限}-\text{测量下限}$$

允许误差：

$$\delta_{\text{允许}}=\pm\frac{\text{最大误差}}{\text{量程}}\times 100\%$$

仪表精度等级用允许误差的绝对值表示，常用仪表等级有：0.005，0.02，0.05，0.1，0.2，0.4，0.5，1.0，1.5，2.5，4.0，5.0等。

3. 常见仪表介绍

常见仪表介绍如表1-9所示。

表 1-9 常见仪表介绍

类型及名称		图片及介绍	
压力测量	压力表、真空表	 弹簧管压力表  数字压力表 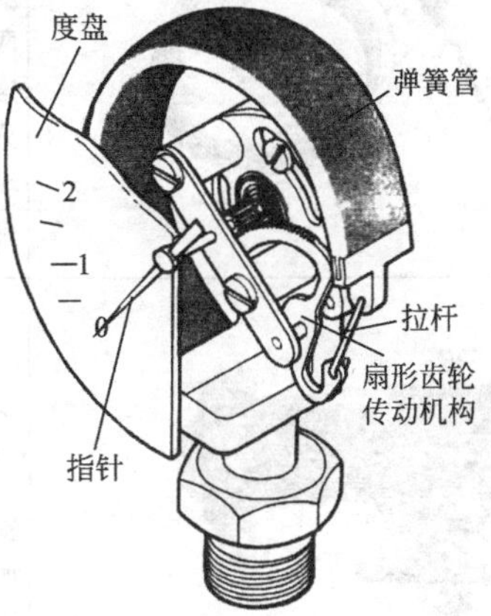	普通压力表通过表内元件（波登管、膜盒、波纹管）的弹性形变，再由表内机芯的转换机构将压力形变传导至指针，引起指针转动来显示压力。 弹簧管压力表的优点是结构简单，价廉；有长期使用经验；量程范围大；精度高。缺点是对冲击、脉动、振动敏感；正、反行程有滞回现象
	压力变送器		压力变送器用于测量液体、气体或蒸汽的液位、密度和压力，然后将压力信号转变成 4～20mA DC 信号输出。压力变送器主要有电容式压力变送器扩散硅压力变送器、陶瓷压力变送器、应变式压力变送器等

续表

类型及名称		图片及介绍	
温度测量	管道用指针式(双金属片)温度计		指针式温度计是一种测量中低温度的现场检测仪表,感温元件一般是双金属片,可以直接测量各种生产过程中的-80~+500℃范围内液体、蒸汽和气体介质温度。主要特点是现场指针显示温度,直观方便;安全可靠,使用寿命长
	热电偶		热电偶是一种感温元件,它把温度信号转换成热电动势信号,通过电气仪表(二次仪表)转换成被测介质的温度。热电偶测温的基本原理是两种不同成分的材质导体组成闭合回路,当两端存在温度梯度时,回路中就会有电流通过,此时两端之间就存在电动势——热电动势,这就是所谓的塞贝克效应。两种不同成分的均质导体为热电极,温度较高的一端为工作端,温度较低的一端为自由端,自由端通常处于某个恒定的温度下
流量测量	孔板流量计		充满管道的流体流经管道内的节流装置,在节流件附近造成局部收缩,流速增加,在其上、下游两侧产生静压力差。节流装置结构易于复制,简单、牢固,性能稳定可靠,使用期限长,价格低廉。标准型孔板计算采用国际标准与加工,应用范围广,全部单相流皆可测量,部分混相流亦可应用。标准型节流装置无须实流校准,即可投用
	文丘里流量计		通过测量收缩管段与进口管道之间的压差来推算管道流量。文氏管流量计的优点:能量损失小,压头损失约为测得压头的10%。缺点:对各部分尺寸都有严格要求,加工需要精细,因而造价较高

续表

类型及名称		图片及介绍	
流量测量	喷嘴流量计		喷嘴流量计的原理与孔板流量计相同，它的特点介于孔板和文丘里流量计之间，制造成本及体积小于文丘里管，流动阻力损失比孔板低很多
	涡轮流量计	 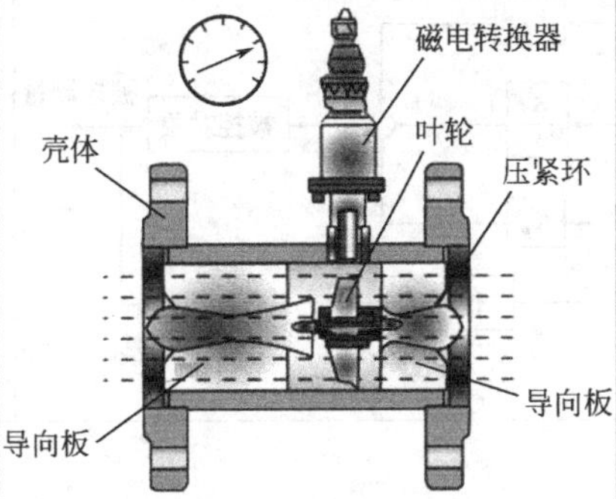 磁电转换器 叶轮 壳体 压紧环 导向板 导向板	在流体流动的管道内，安装一个可以自由转动的叶轮，当流体通过叶轮时，流体的动能使叶轮转动，在规定的流量范围和一定的流体黏度下，转速与流速成线形关系。因此，测出叶轮的转速或转数，就可确定流过管道的流体流量或总量
	转子流量计	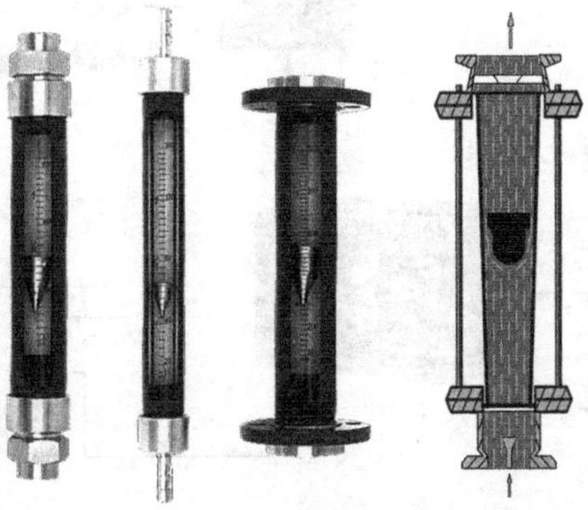	被测流体自锥管下端流入流量计时，由于流体的作用，浮子上下端面产生一差压，该差压即为浮子的上升力。当差压值大于浸在流体中浮子的重量时，浮子开始上升。随着浮子的上升，浮子最大外径与锥管之间的环形面积逐渐增大，流体的流速则相应下降，作用在浮子上的上升力逐渐减小，直至上升力等于浸在流体中的浮子的重量时，浮子便稳定在某一高度上。这时浮子在锥管中的高度与所通过的流量有对应的关系

续表

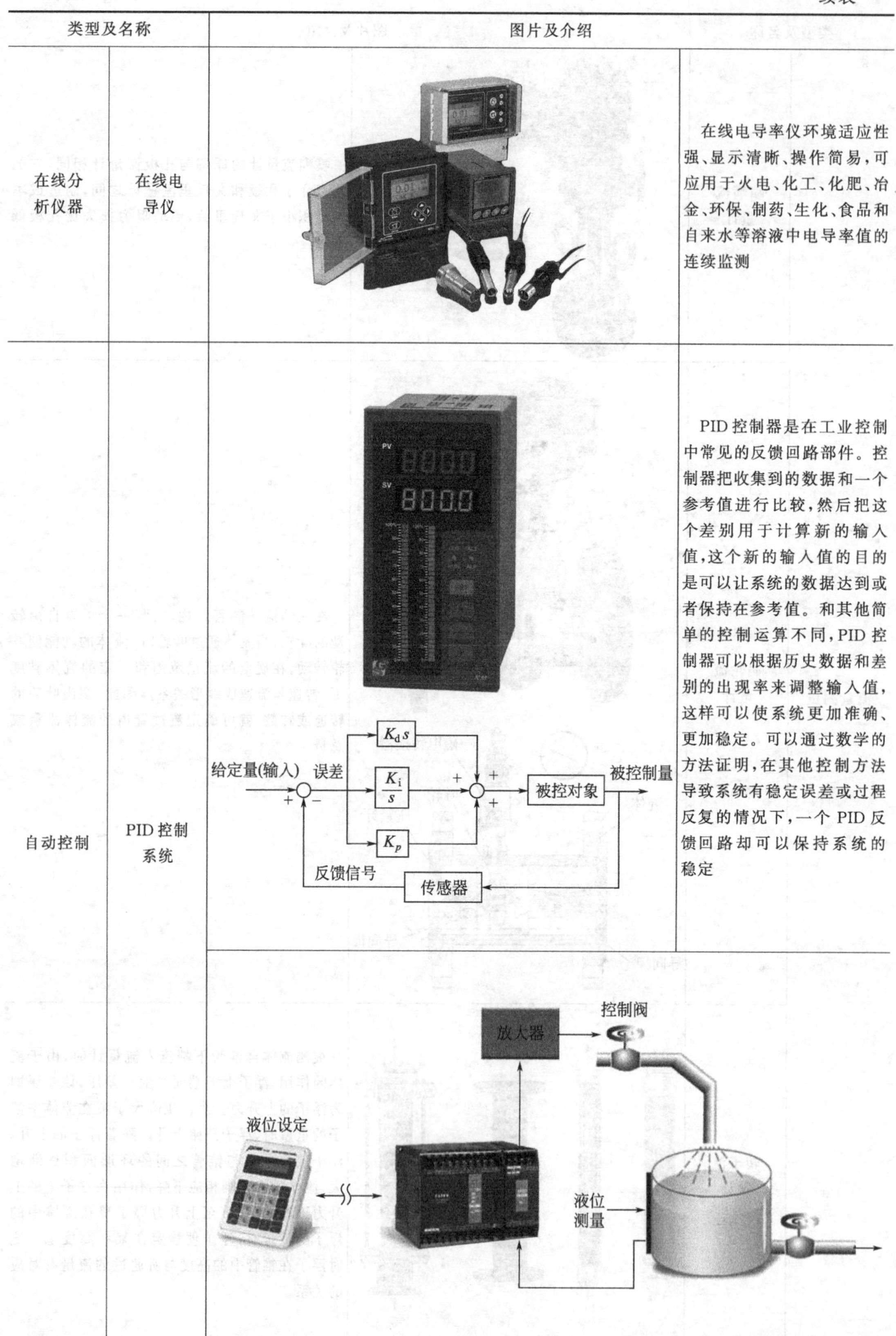

类型及名称		图片及介绍	
在线分析仪器	在线电导仪		在线电导率仪环境适应性强、显示清晰、操作简易，可应用于火电、化工、化肥、冶金、环保、制药、生化、食品和自来水等溶液中电导率值的连续监测
自动控制	PID控制系统		PID控制器是在工业控制中常见的反馈回路部件。控制器把收集到的数据和一个参考值进行比较，然后把这个差别用于计算新的输入值，这个新的输入值的目的是可以让系统的数据达到或者保持在参考值。和其他简单的控制运算不同，PID控制器可以根据历史数据和差别的出现率来调整输入值，这样可以使系统更加准确、更加稳定。可以通过数学的方法证明，在其他控制方法导致系统有稳定误差或过程反复的情况下，一个PID反馈回路却可以保持系统的稳定

续表

类型及名称		图片及介绍
自动控制	DCS控制系统	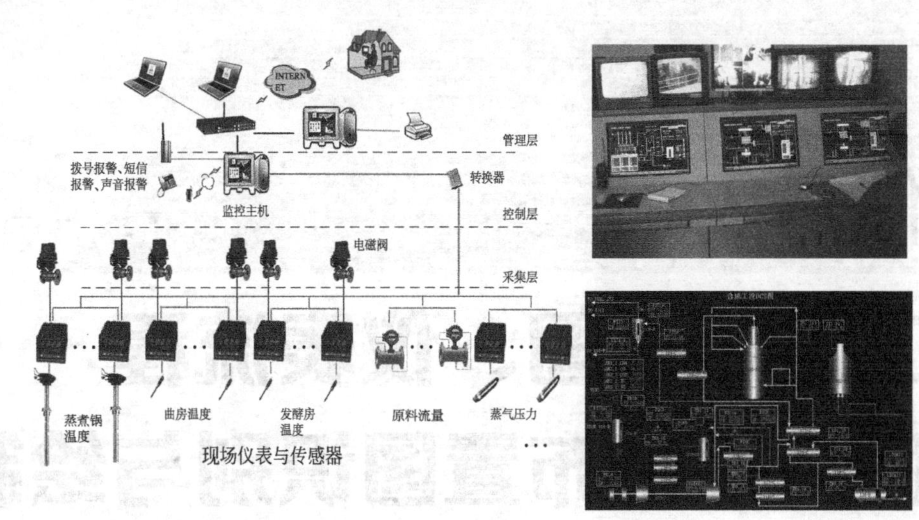 DCS是分布式控制系统(Distributed Control System),在国内又称为集散控制系统。DCS是计算机技术、控制技术和网络技术高度结合的产物,通常采用若干个控制器(过程站)对一个生产过程中的众多控制点进行控制,各控制器间通过网络连接并可进行数据交换。操作采用计算机操作站,通过网络与控制器连接,收集生产数据、传达操作指令。DCS的主要特点是分散控制、集中管理

学习任务与训练

1. 查找有关资料说明热电偶温度计、弹簧管压力表、孔板流量计的工作原理。

2. 在自动控制系统中，仪表之间的信息传递都采用统一的信号，标准电流、标准电压信号的范围是多少？

3. 在自动控制系统中采用的比例、积分、微分控制（PID），它们分别起什么作用？

4. 参观制药车间，了解某工段或岗位所用的仪表，用简图及文字说明各仪表的用途，指出仪表的测量范围及精度。

任务2

工艺流程图、仪表流程图及设备布置图识别与绘制

工艺流程图以形象的图形、符号、代号等表示设备、管路、仪表及自控装置等，表达生产过程中物料流动和生产操作程序，是工艺人员进行工艺讨论、工艺设计的主要内容和技术工具，也是生产人员理解工艺、掌握工艺的重要手段。广义的工艺流程图一般可分为工艺流程框图、工艺流程图和工艺管道及仪表流程图。

一、工艺流程框图（方块物料流程图、方案流程框图）

在工艺设计的可行性研究阶段应用，主要用于工艺及原料路线方案的比较、选择和确定。如图 2-1、图 2-2 分别为阿司匹林生产工艺流程和最终灭菌小容量注射剂洗、灌、封联动工艺流程及环境区域划分框图。按照制药行业要求，物料用圆圈表示，操作用方框表示。

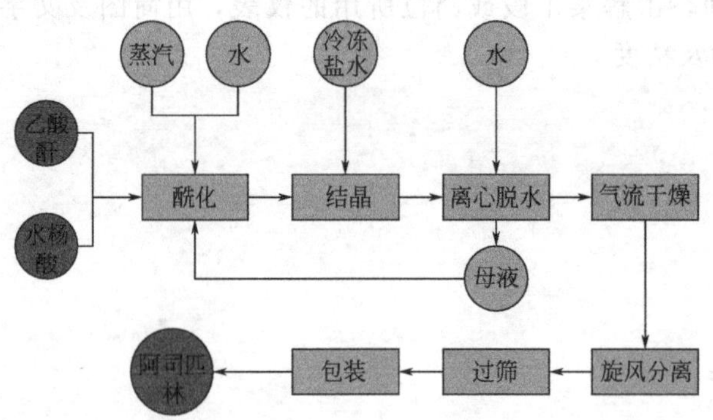

图 2-1　阿司匹林生产流程框图

学习任务与训练

1. 通过参观制药车间或查阅资料画出某一原料药生产全过程或一个车间（工段）的流程框图。

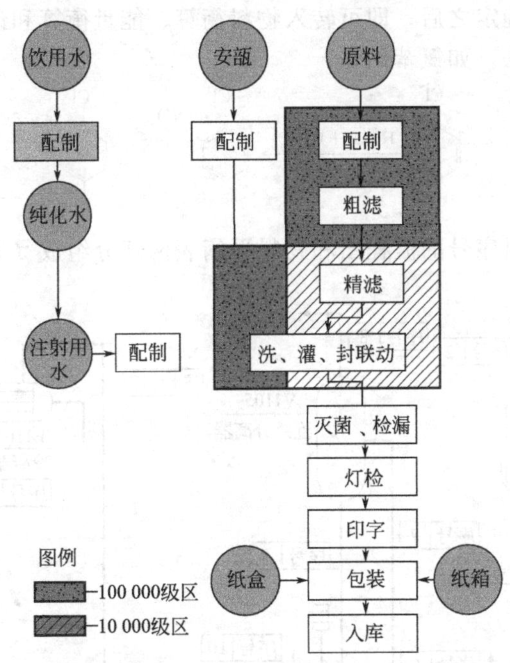

图 2-2　小容量注射剂洗、灌、封联动工艺流程及环境区域划分框图

2. 通过参观只要车间或查阅资料画出某固体制剂生产的流程框图。

二、工艺流程图 PFD（工艺方案流程图，Process Flow Diagram）

在框图的基础上，分析各过程的主要设备，加上必要的文字说明绘制出工艺流程图。如图 2-3 所示的阿司匹林生产工艺流程图。

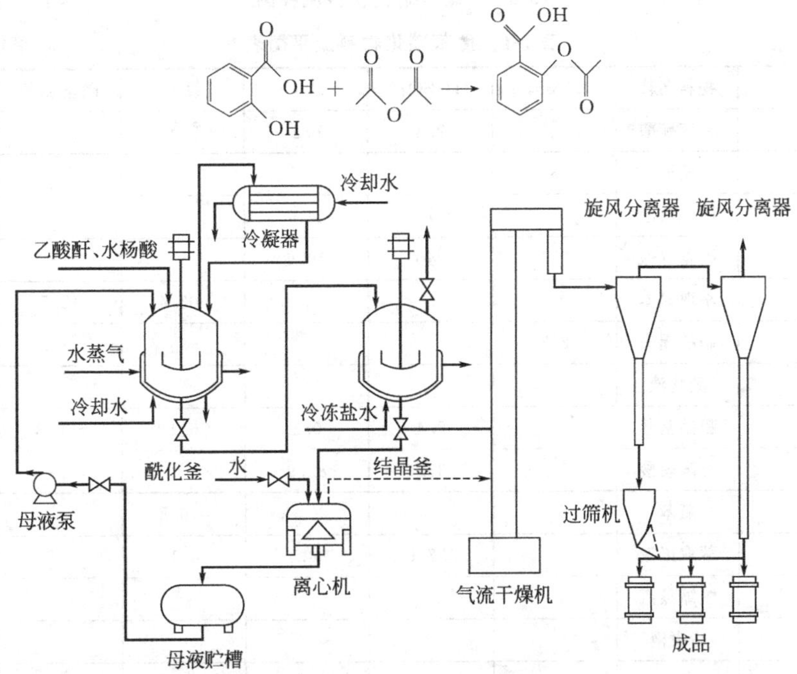

图 2-3　阿司匹林生产工艺流程图

物料流程图属工艺流程图的一种。

当工艺流程示意图确定之后，即可转入物料衡算、能量衡算和设备工艺计算阶段。物料流程图有不同的绘制方法。如氯苯硝化：

$$\text{C}_6\text{H}_5\text{Cl} \xrightarrow{HNO_3 + H_2SO_4} o\text{-ClC}_6\text{H}_4\text{NO}_2 + p\text{-ClC}_6\text{H}_4\text{NO}_2$$

物料流程图用带物料序号的流程图和物料平衡表两部分组成（见图 2-4 和表 2-1）。

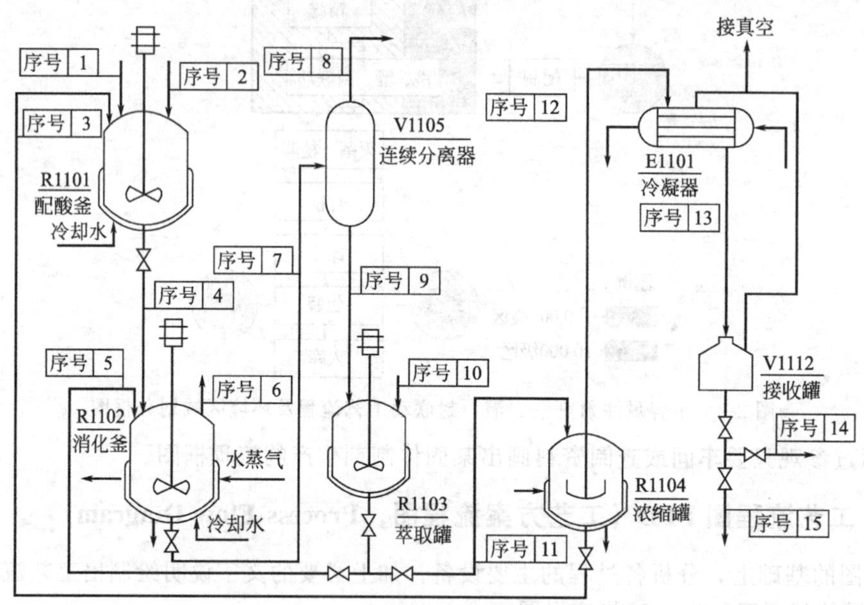

图 2-4 氯苯硝化物料流程图

表 2-1 氯苯硝化物料流平衡表 单位：kg/hr

序号	物料名称	HNO_3	H_2SO_4	H_2O	氯苯	硝基氯苯	总计
1	补充硫酸		2.4	0.2			2.6
2	硝酸	230		4.7			234.7
3	回收废酸		237.6	14.7			252.3
4	配置混酸	230	240	19.6			489.6
5	萃取氯苯				403.4	18.7	422.1
6	硝酸损失	2.3					2.3
7	硝化液						909.4
8	粗硝基苯		2.4	0.2	6.1	569.3	578.0
9	分离废酸	5.2	237.6	82.9		5.7	331.4
10	氯苯				416.8		416.8
11	萃取废液		237.6	84.4	4.1		326.1
12	浓缩蒸汽						73.8
13	冷凝液						73.8
14	废水			69.7			69.7
15	回收氯苯				4.1		4.1

还有一种方法是在上面流程图中，在物料序号位置直接用物料组成、用量来代替。如在序号 1 位置用下列表格代替。

V1101	硫酸	
组成	流量	%
H_2SO_4	2.4	92.3
H_2O	0.2	7.7
合计	2.6	100.0

青霉素提取工段萃取岗位框图形式的物料流程图见图 2-5。

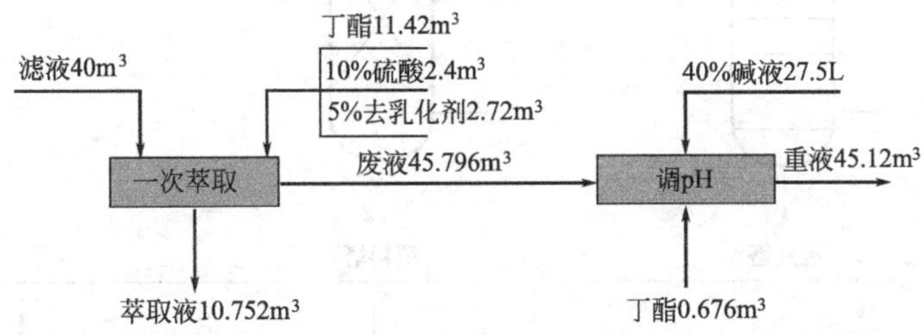

图 2-5 青霉素提取工段萃取岗位框图形式的物料流程图

学习任务与训练

1. 通过参观制药车间或查阅资料画出某一原料药生产全过程或一个车间（工段）的物料流程图。

2. 通过参观制药车间或查阅资料画出某固体制剂生产的物料流程图。

三、工艺管道及仪表流程图 PID（Process & Instrument Diagram，PID）

工艺管道及仪表流程图又称带控制点的工艺流程图或施工流程图，是在方案流程图的基础上绘制的、内容较为详尽的一种工艺流程图。是设计、绘制设备布置图和管道布置图的基础，又是施工安装和生产操作时的主要参考依据。在 PID 中应把生产中涉及的所有设备、管道、阀门以及各种仪表控制点等都画出。除工艺管道及仪表流程图外，还有辅助及公用系统管道及仪表流程图。管道及仪表流程图由工艺专业与自控专业人员共同完成。

（一）PID 的内容

PID 要包括：①带接管口的设备示意图，注写设备位号及名称；②带阀门等管件和仪表控制点（测温、测压、测流量及分析点等）的管道流程线，注写管道代号；③对阀门等管件和仪表控制点的图例符号的说明；④标题栏。

（二）PID 绘制总体要求

1. 比例与图幅

一般采用 1∶100 或 1∶200。设备过大或过小时可单独适当缩小或放大。在保证图形清晰的前提下，图形不必严格按比例绘制，所以标题栏中“比例”一栏，不予标注。图幅多呈长条，一般采用 A1 或 A2。

2. 图线与字体

工艺物料用粗实线，辅助管道用中实线，其他物料用细实线。所用文字写成长仿宋体。

3. 设备画法

设备用细实线绘制，画出能显示形状特征的主要轮廓，常用设备的画法已标准化(HG/T 20519.2)，如表2-2所示。

表 2-2 工艺流程图中常见设备图例

类别	代号	图例				
塔	T	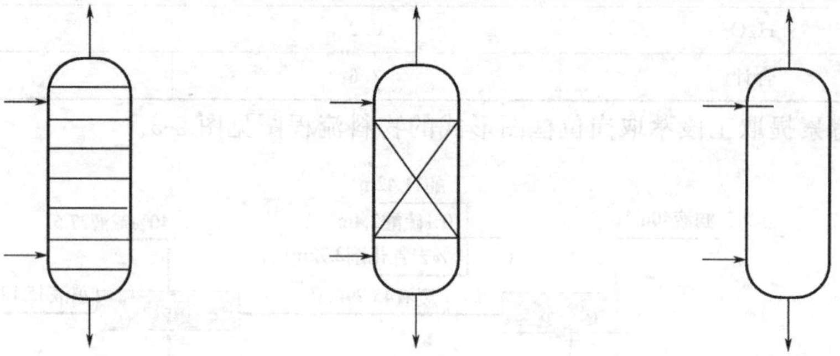 板式塔	填料塔	喷洒塔		
反应器	R	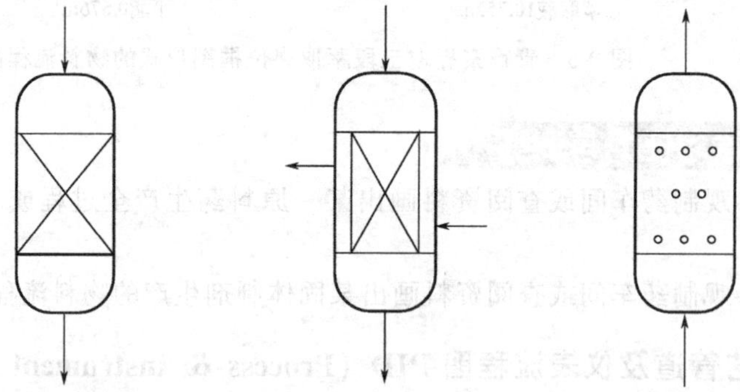 固定床反应器	列管式反应器	流化床反应器		
换热器	E	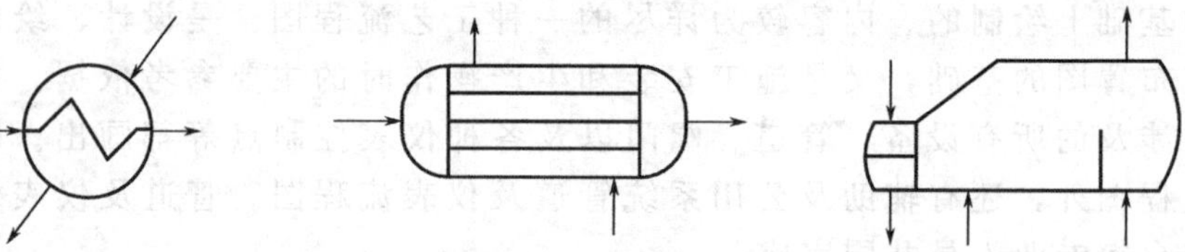 换热器(简图)	固定列管式换热器	釜式换热器		
泵	P	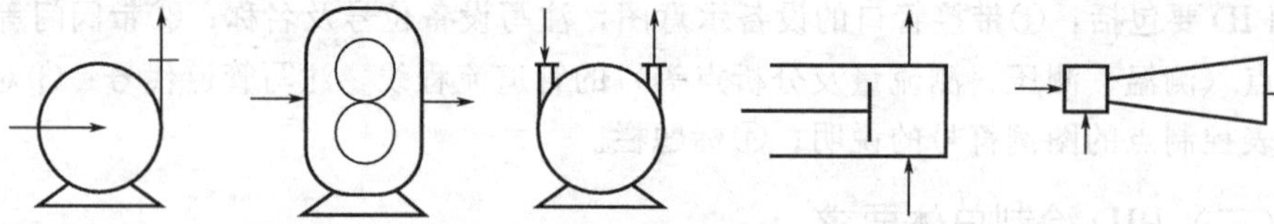 离心泵	旋转泵、齿轮泵	水环真空泵	往复泵	喷射泵
容器	V	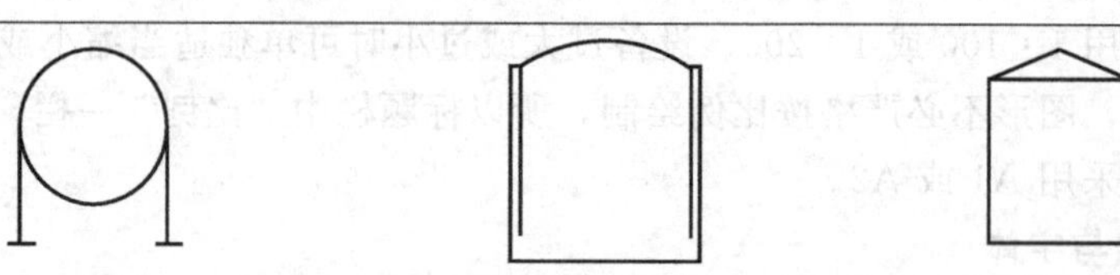 球罐	干式气柜	锥顶罐		

标准中未规定的设备应按实际外形和内部结构特征绘制，但同一设计中同类设备的图形应保持一致。

4. 相对位置

设备之间及设备与楼面之间的相对位置，一般也按比例绘制。低于地面的设备，应画在地平线以下。设备横向间距应适当，使得图面布置匀称，便于标注。设备的横向顺序应与主物料管线一致，不使管线形成过多的往返。

5. 设备位号和名称

应标注在流程线的上方或下方靠近设备的位置，标注应排列成一排，或者在设备内或其近处，此处仅注位号，不注名称。当几个设备或机器为垂直排列时，它们的位号和名称可以由上而下按顺序标注，也可水平标注。设备（机器）的位号和名称标注如图 2-6 所示。设备分类代号如表 2-3 所示。

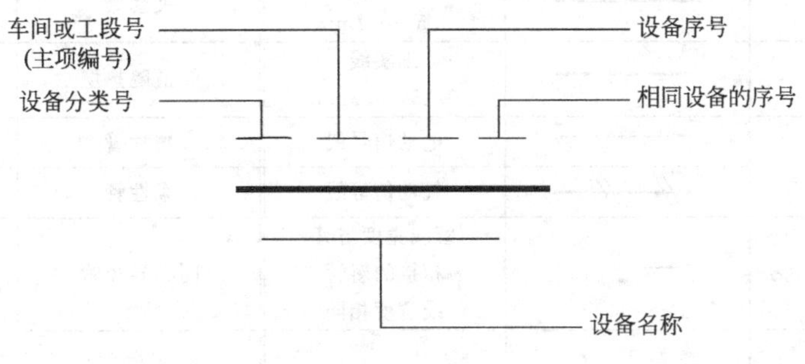

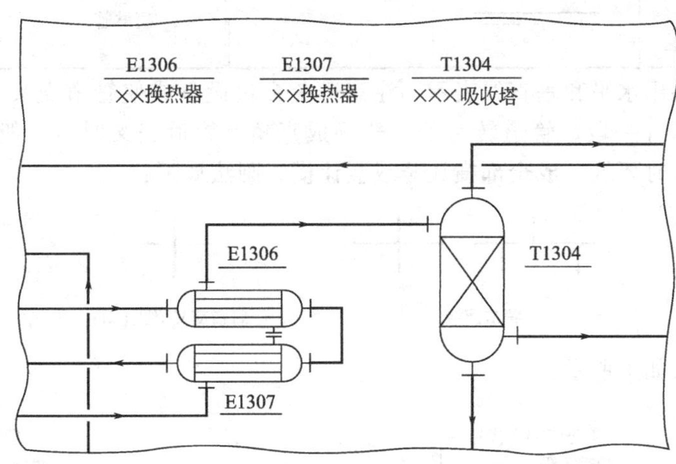

图 2-6 设备的位号和名称标注

表 2-3 设备分类代号

设备类别	代号	设备类别	代号	设备类别	代号
塔	T	反应器	R	起重运输设备	L
泵	P	工业炉	F	计量设备	W
压缩机、风机	C	火炬、烟囱	S	其他机械	M
换热器	E	容器(槽、罐)	V	其他设备	X

6. 管道表示方法

工艺管道包括正常操作所用的物料管道，工艺排放系统管道，开、停车和必要的临时管道。对于每一根管道均要进行编号和标注。

流程线的起点和终点用文字说明介质的名称、来源和去向。工艺物料管道用粗实线画出。对辅助管道、公用工程管道用中实线画出（只画出与设备连接的一小段），并标注物料代号及辅助（公用）工程系统所在流程图的图号。对流程图间衔接管道，在始（末）端注明其连接图的图号（写在矩形框内）及所来（或去）的设备的位号或管段号（写在矩形框的上方）。如：

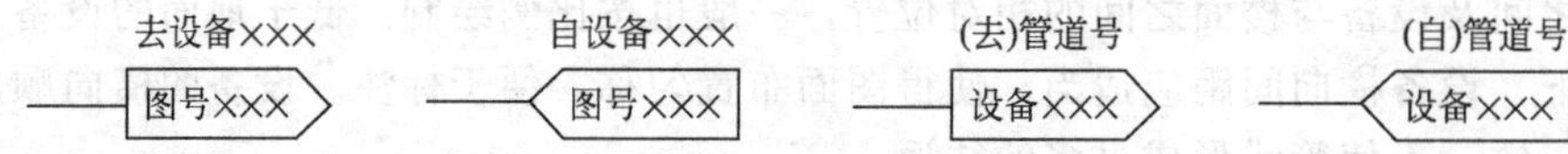

管道流程线的画法及标注（HG/T 20519.32）（见表 2-4）。

表 2-4 管道流程线的画法及标准

名称	图例		名称	图例
主要物料管道		粗实线 0.9～1.2mm	电伴热管道	
其他物料管道		中粗线 0.5～0.7mm	夹套管	
引线、设备、管件、阀门、仪表等		细实线 0.15～0.3mm	管道隔热层	
仪表管道		电动信号线	翅片管	
		气动信号线	柔性管	
原有管线		管线宽度与其相接的新管线宽度相同	同心异径管	
伴热(冷)管道			喷淋管	

管道流程线要用水平和垂直线表示，注意避免穿过设备或使管道交叉，在不可避免时，则将其中一管道断开一段，管道转弯处一般画成直角。管道交叉时，一般规定“细让粗”，同类物料管道交叉时要统一成全部横让竖或竖让横。画法如下：

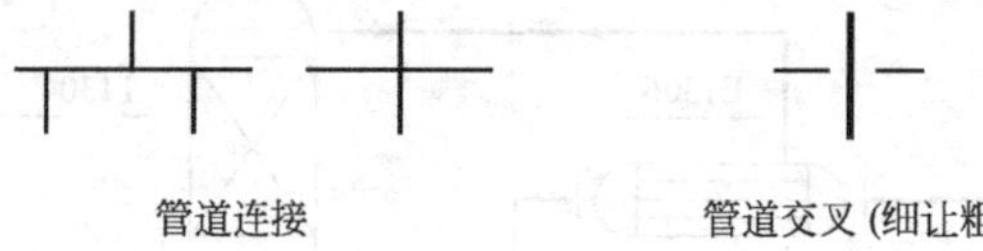

管道标注方法如下所示：

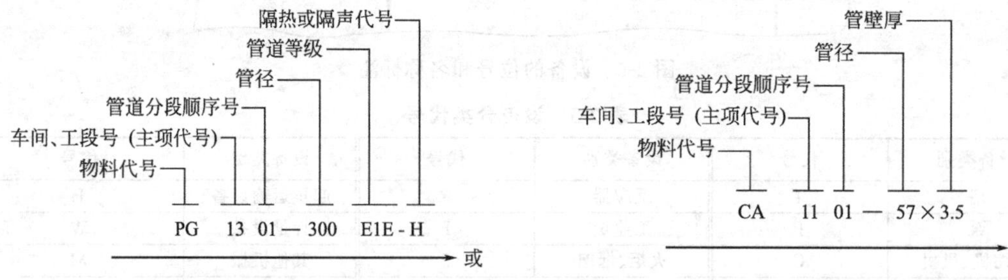

其中管道编号为：主项代号加管道分段顺序号，这种方法也可以用所连接设备的设备位号加设备上连接管道的顺序号表示，如：R120302 即位号为 R1203 的反应器上编号为 02 的管道。

常见物料（介质）代号在 HG/T 20519.36 中加以规定，HG/T 20519.36 中没有规定的采用英文代号补充，但不得与规定的代号相同。主项代号和管道顺序号分别用两位数字表示，编号从01开始。管径一律用公称直径表示，公制管以毫米为单位，不标注单位名称；英制管以英寸为单位，需标注英寸符号“in”。在管道等级与材料选用表尚未实施前，如不标注管道等级，应在管径后标出管壁厚度。管道等级按温度、压力、介质腐蚀等情况，预先设计各种不同的管材规格，做出等级规定。在管道等级与材料选用表尚未实施前可暂不标注。横向管道标注在管道上方，纵向管道标注在管道左方。常见物料代号见表2-5。

表2-5 常用物料代号

物料名称	代号	物料名称	代号	物料名称	代号
工艺物料		(3)水		(6)制冷剂	
工艺空气	PA	化学污水	CSW	气氨	AG
工艺气体	PG	循环冷却水回水	CWR	液氨	AL
气液两相流工艺物料	PGL	循环冷却水上水	CWS	气体乙烯或乙烷	ERG
气固两相流工艺物料	PGS	脱盐水	DNW	液体乙烯或乙烷	ERL
工艺液体	PL	饮用水、生活用水	DW	氟里昂气体	FRG
液固两相流工艺物料	PLS	消防水	FW	氟里昂液体	FRL
工艺固体	PS	热水回水	HWR	气体丙烯或丙烷	PRG
工艺水	PW	热水上水	HWS	液体丙烯或丙烷	PRL
辅助、公用工程物料		原水、新鲜水	RW	冷冻盐水回水	RWR
(1)空气		软水	SW	冷冻盐水上水	RWS
空气	AR	生产废水	WW	(7)其他	
压缩空气	CA	(4)燃料		排液、导淋	DR
仪表空气	IA	燃料气	FG	熔盐	FS
(2)蒸汽、冷凝水		液体燃料	FL	火炬排放气	FV
高压蒸汽(饱和或微过热)	HS	固体燃料	FS	氢	H
高压过热蒸汽	HUS	天然气	NG	加热油	HO
低压蒸汽(饱和或微过热)	LS	(5)油		惰性气	IG
低压过热蒸汽	LUS	污油	DO	氮	N
中压蒸汽(饱和或微过热)	MS	燃料油	FO	氧	O
中压过热蒸汽	MUS	填料油	GO	泥浆	SL
蒸汽冷凝水	SC	润滑油	LO	真空排放	VE
伴热蒸汽	TS	密封油	SO	放空	VT

管道等级由公称压力等级代号（见表2-6）、单元顺序号、管材代号组成。

表2-6 管道标准压力等级代号

压力等级/MPa	2.0	5.0	6.8	11.0	15.0	26.0	42.0	0.25	0.6	1.0	1.6	2.5	4.0	6.4	10.0	16.0	20.0	22.0	25.0	32.0
代号	A	B	C	D	E	F	G	H	K	L	M	N	P	Q	R	S	T	U	V	W

当中A～G用于ASME标准压力等级代号；H～W用于国内标准压力等级代号（I、J、O、X不用）。

材料等级顺序号有数字1～9，表示压力等级和管材代号都相同时，有九种不同系列的材料等级。具体材料等级顺序号的编订方法没有专门要求。常用管材代号见表2-7。

表 2-7 常用管材代号

管道材质名称	代号	管道材质名称	代号	管道材质名称	代号
铸铁	A	合金钢	D	非金属	G
碳钢	B	不锈钢	E	衬里及内防腐	H
普通低合金钢	C	有色金属	F		

管道的隔热或隔声代号见表 2-8。

表 2-8 管道的隔热或隔声代号

隔热或隔声功能名称	代号	隔热或隔声功能名称	代号	隔热或隔声功能名称	代号
保温	H	电伴热	E	夹套伴热	J
保冷	C	蒸汽伴热	S	隔声	N
人身防护	P	热水伴热	W		
防结露	D	热油伴热	O		

7. 阀门与管件的表示方法（HG/T 20519.32）

常见阀门及管件的表示方法如表 2-9 所示。

表 2-9 常见阀门及管件的表示方法

名称	图例	名称	图例	名称	图例
截止阀		止回阀		安全阀	
闸阀		气动控制阀		疏水阀	
球阀		减压阀		同心异径管	
蝶阀		三通旋塞阀		偏心异径管	底平 顶平

8. 阀门与管件的标注方法

管道附件用细实线按规定的符号在相应处画出。阀门图形符号尺寸一般长为 6mm，宽为 3mm 或长为 8mm，宽为 4mm。连接件（如三通、弯头、法兰）一般不画出，但为了安装和检修等目的所加的法兰、螺纹连接件等也应在施工流程图中画出。

管道上的阀门、管件要按需要进行标注。当它们的公称直径同所在管道通径不同时，要注出它们的尺寸［见图 2-7（a）］。当阀门两端的管道等级不同时，应标出管道等级的分界线，阀门的等级应满足高等级管的要求［见图 2-7（b）］；在管道等级与材料表未实施前，可暂按图 2-7(c)标注。对于异径管一律标注为大端公称通径乘以小端公称通径［见图 2-7（d）］。

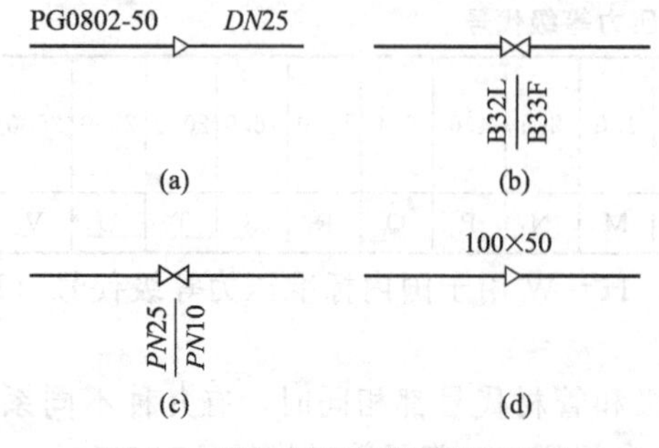

图 2-7 常见阀门及管件标注方法

9. 仪表控制点的表示方法

PID 中应绘出全部与工艺过程有关的检测仪表、调节控制系统、分析取样点和取样阀（组）。每个仪表、元件都要标注仪表位号。检测仪表按其检测项目、功能、位置（就地或控制室）进行绘制和标注，所需绘出的管道、阀门、管件等由自控专业人员完成。标注方法如下：

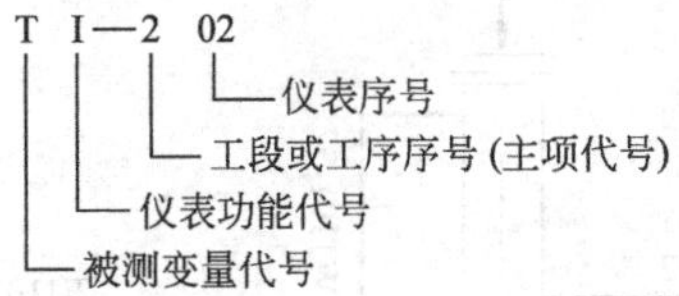

分析取样点在选定的位置（设备管口或管道）标注和编号，其取样阀（组）、取样冷却器也要绘制和标注或加文字注明。如下图所示：

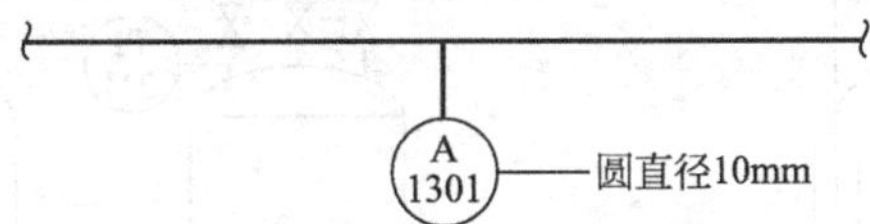

A 表示人工取样点，1301 为取样点编号（13 为主项编号，01 为取样点序号）。

常见被测变量和功能代号如表 2-10 所示。

表 2-10 常见被测变量和功能代号

字母	首位字母		后记字母	字母	首位字母		后记字母
	被测变量	修饰词	功能		被测变量	修饰词	功能
A	分析		报警	L	物位		指示灯
C	电导率		调节	M	水分或湿度		
D	密度	差		P	压力或真空		试验点(接头)
F	流量	比		Q	数量或件数		累计
G	长度		玻璃	R	放射性	累计	记录
H	手工(人工接触)			S	速度或频率	安全	开关或联锁
I	电流		指示	T	温度		传送

仪表用直径约 10mm 的细实线圆表示，用细实线引到设备或工艺管道的测量点上。必要时，检测仪表或元件也可以用象形或图形符号表示。

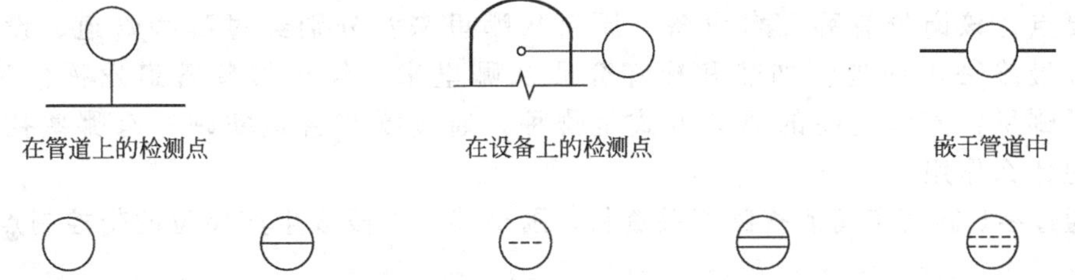

就地安装仪表　集中仪表盘面安装　集中仪表盘后安装　就地仪表盘面安装　就地仪表盘后安装

在仪表图形的上半圈内，标注被测变量、仪表功能字母代号，下半圈注写数字编号。

(三) 带控制点工艺流程图的识读

阅读带控制点工艺流程图，要了解和掌握物料的工艺流程，设备的种类、数量、名称和位号，管路的编号和规格，阀门、控制点的功能、类型和控制部位等，以便在管路安装、工艺操作过程、工艺技术改进等工作中能够对整体工艺、设备和管路有整体的把握。

阅读带控制点工艺流程图的步骤一般为：①看标题栏和图例中的说明；②了解设备的数量、名称和位号；③了解主要物料的工艺流程；④了解其他物料的工艺流程；⑤通过对阀门及控制点分析了解生产过程的控制情况。

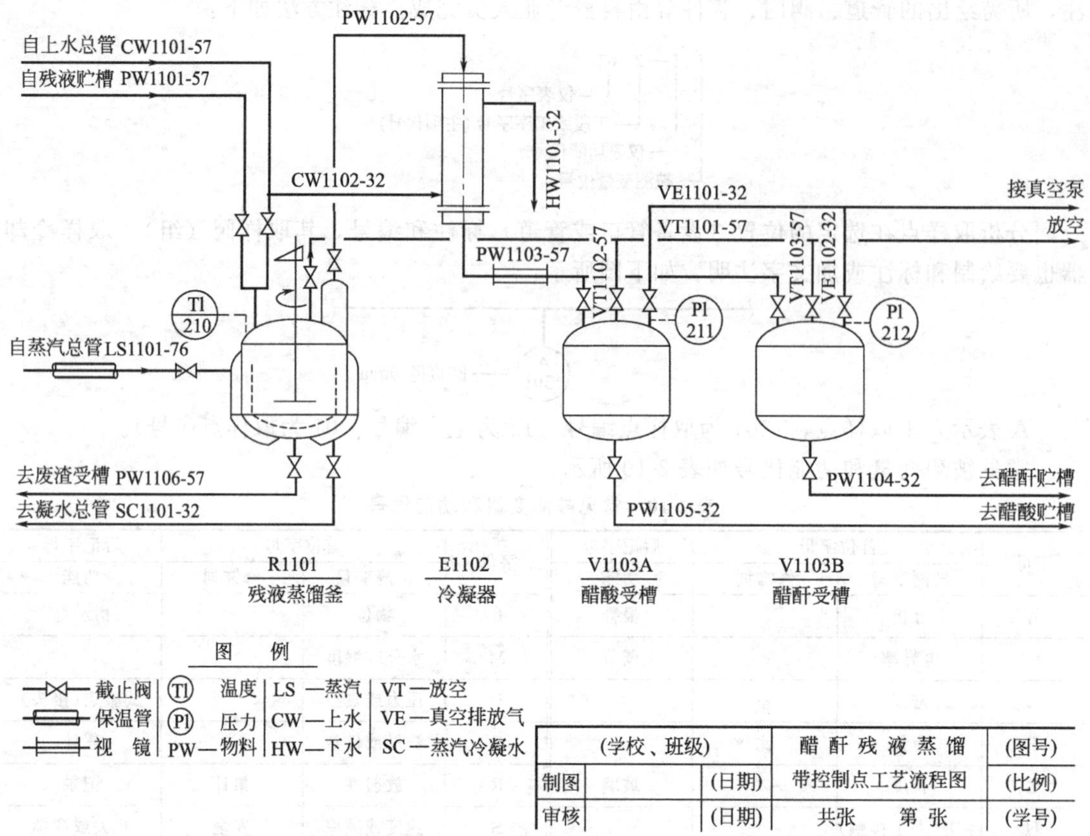

图 2-8 醋酐残液蒸馏 PID

学习任务与训练

1. 读懂图 2-8 的工艺流程，用文字和表格说明生产工艺过程、设备、管路、仪表及控制要点。该岗位有哪几台设备？原料从哪里来？分别经过哪些管道、设备通过哪些过程最终去了何处？加热和冷却介质从哪里来，经过哪些管道发挥何种作用，最终去了哪里？流体流动的驱动方式是哪种，通过哪些管道实现？有哪些控制点和仪表，起什么作用？

2. 通过参观制药车间或查阅相关资料，画出某一工段或生产岗位的带控制点工艺流程图。

四、设备布置图

工艺流程设计所确定的设备要按照工艺的要求在厂房建筑内外进行合理布置安装。设备在厂房建筑内外安装位置的图样称为设备布置图。设备布置图用于指导设备的安装，并且作为管路布置设计、绘制管路布置图的依据，对指导生产和技术改进也有重要作用。设备布置图是在厂房建筑图的基础上绘制的。

（一）建筑制图基本知识

建筑图是用以表达建筑设计意图和指导施工的图样。它将建筑物的内外形状、大小及各部分的结构、装饰、设备等，按技术制图国家标准 GB 和国家工程建设标准（GBJ）规定，用正投影法准确而详细地表达出来，主要标准有 GBJ1 房屋建筑制图统一标准、GBJ103 总图制图标准、GBJ104 建筑制图标准、GBJ105 建筑结构制图标准等。

1. 视图

通常建筑图样的一组视图包括平面图、立面图和剖面图，如图 2-9 所示。

平面图是假想用水平面沿略高于窗台的位置剖切建筑物而绘制的剖视图，用于反映建筑物的平面格局、房间大小和墙、柱、门、窗等，是建筑图样一组视图中主要的视图。对于楼房，通常需分别绘制出每一层的平面图。

建筑制图中将建筑物的正面、背面和侧面投影图称为立面图，用于表达建筑物的外形和墙面装饰。

剖面图是用正平面或侧平面剖切建筑物而画出的剖视图，用以表达建筑物内部在高度方向的结构、形状和尺寸。剖面图须在平面图上标注出剖切符号。

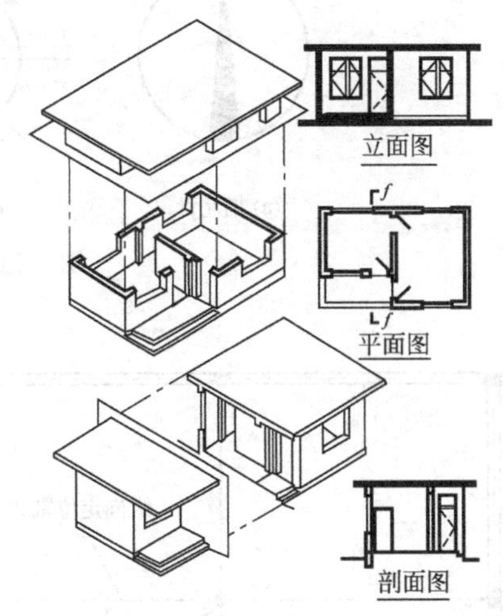

图 2-9 建筑视图

建筑图样的每一视图一般在图形下方标注出视图名称。建筑视图的命名见图 2-10。

立面图：是表达建筑物某方向外形的视图，命名的方法是：×立面图

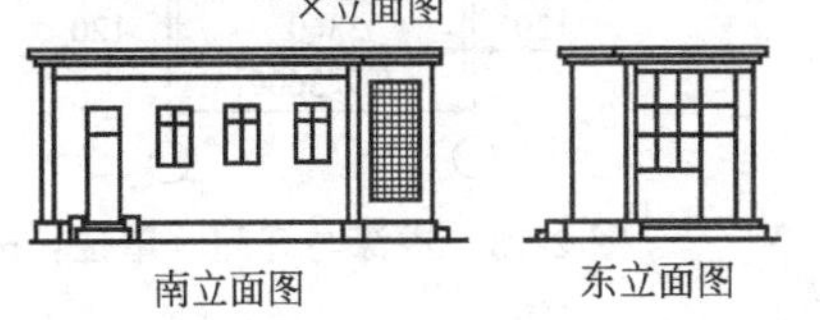

平面图：假想经过门窗沿水平方向把房屋剖开，移去上部，从上向下投影而得到的全剖视图，称为平面图。命名方法是：×层平面图；+3.40 平面图

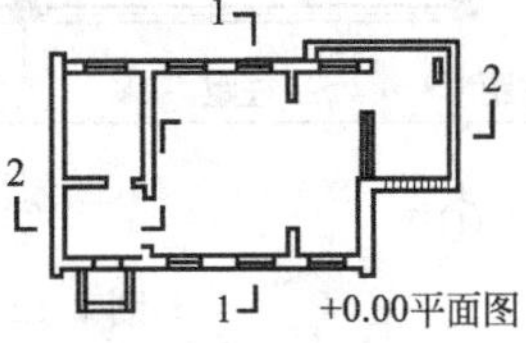

剖面图：假想用正、侧平面（或转折一次）通过门和窗沿垂直方向把房屋剖开，将处于观察者和剖切平面之间的部分移去，其余部分向投影面投影所得的图形称为剖面图。

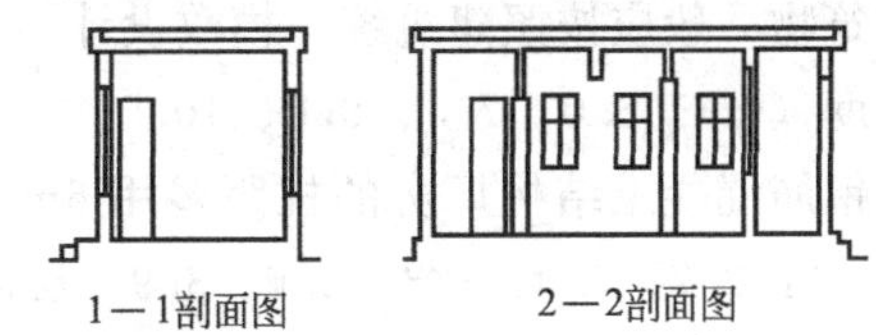

图 2-10 建筑视图的命名

2. 建筑图中的方向标

① 指北针 如图 2-11（a）所示，圆圈为细实线，直径约为 25mm，圈内绘制指北针，其下端宽度约为直径的 1/8。②方位标如图 2-11（b）所示，圆为粗实线，直径 14mm，过圆心绘制长度为 20mm、且互相垂直的两条直线，用“N”或“北”标明真实地理北向，并从北向开始顺时针分别标注 0°、90°、180°和 270°字样。同时，可另用一条带箭头的直线，指明建筑物的朝向。③玫瑰方向标。在项目工程的总平面图中，常采用玫瑰方向标标明工程所在地每年各风向发生的频率，图形如图 2-11（c）所示。

3. 定位轴线

建筑图中对建筑物的墙、柱位置用细点画线画出，并加以编号。编号用带圆圈（直径 8mm）的阿拉伯数字（长度方向）或大写拉丁字母（宽度方向，但不用 I、O、Z 三个字母，以免与数字 0、1、2 混淆。）表示，如图 2-12 所示。

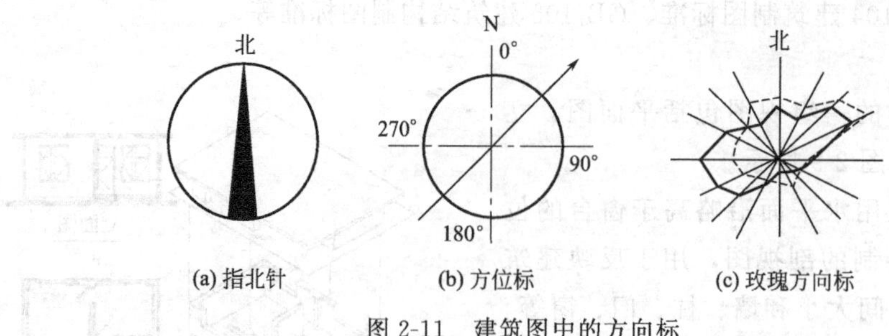

(a) 指北针 (b) 方位标 (c) 玫瑰方向标

图 2-11 建筑图中的方向标

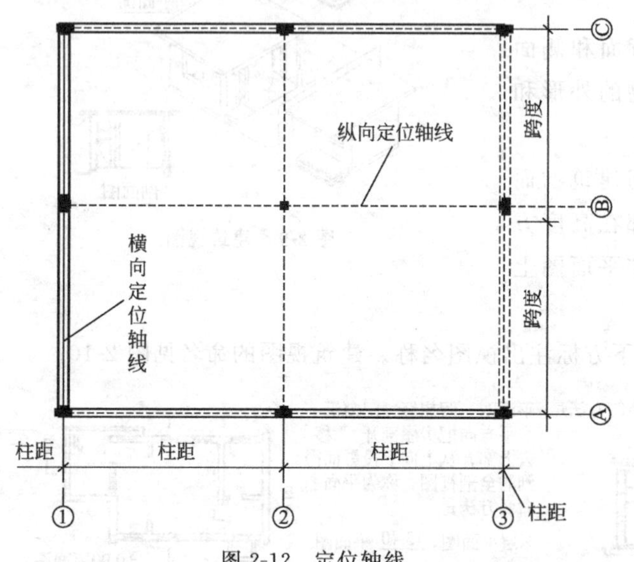

图 2-12 定位轴线

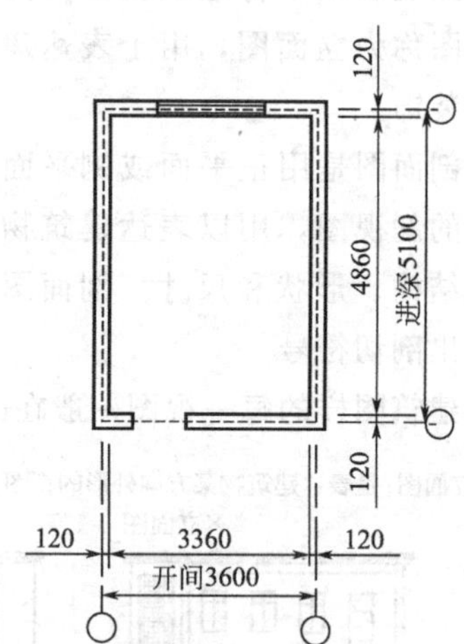

图 2-13 进深与开间（单位：mm）

建筑物一般应按照建筑统一模数设计，常用模数如下：

跨度（m）：6.0、7.5、9.0、10.5、12.0、15.0、18.0。柱距（m）：4.0、6.0、9.0、12.0，钢筋混凝土结构厂房的柱距多用 6m。进深（m）：4.2、4.8、5.4、6.0、6.6、7.2。开间（m）：2.7、3.0、3.3、3.6、3.9。层高（m）：2.4＋0.3 的倍数。

4. 尺寸

如图 2-13 所示，横墙：沿建筑物短轴布置的墙（无门、窗）；纵墙：沿建筑物长轴方向（房门的进入方向）布置的墙；开间：两横墙间距离；进深：两纵墙间距离。

厂房建筑应标注建筑定位轴线间尺寸和各楼层地面的高度。建筑物的高度尺寸采用标高符号标注在立面或剖面图上。一般以底层室内地面为基准标高，标记为±00.000，高于基准时标高为正，低于基准时标高为负，标高数值以米为单位，小数点后取三位，单位省略不注，如图 2-14 所示。其他尺寸以毫米为单位，其尺寸线终端通常采用斜线形式，并往往注成封闭的尺寸链。

5. 建筑构配件图例

由于建筑构件、配件和材料种类较多，且许多内容没必要或不可能以真实尺寸严格按投影作图。

为作图简便起见，国家工程建设标准规定了一系列的图形符号（见表 2-11），来表示建筑构件、配件、卫生设备等。

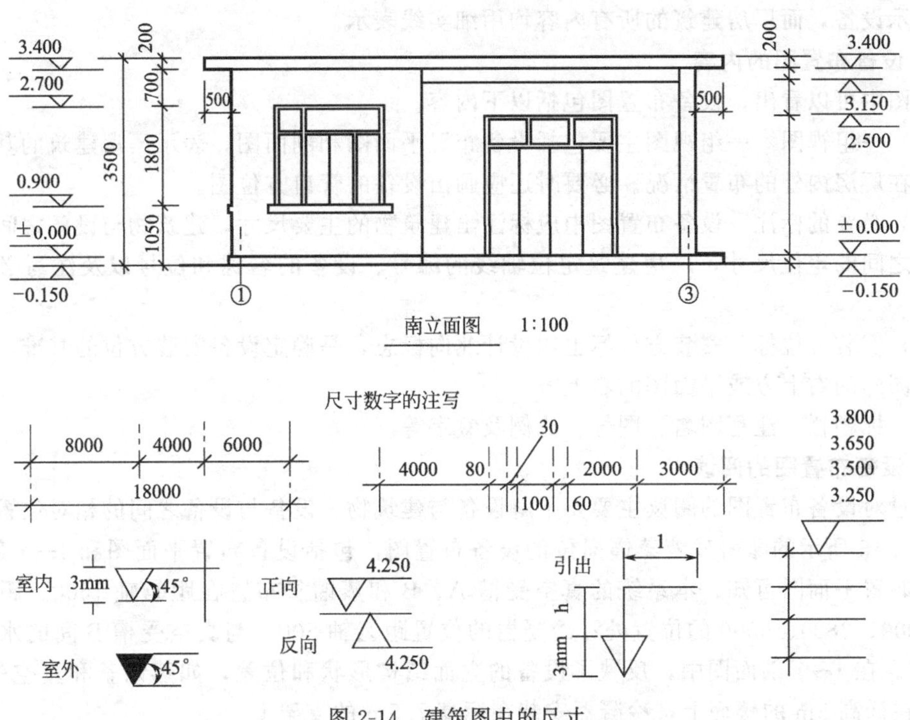

图 2-14 建筑图中的尺寸

表 2-11 建筑图常见图例

建筑材料		建筑构造及配件			
名称	图例	名称	图例	名称	图例
自然土壤		楼梯		单扇门	
夯实土壤					
普通砖		空洞			
混凝土					
钢筋混凝		坑槽		单层外开平开窗	
金属					

（二）设备布置图

设备布置图实际上是在简化了的厂房建筑图的基础上增加了设备布置的内容。图 2-8 为醋酐残液蒸馏岗位的设备布置图。由于设备布置图的表达重点是设备的布置情况，所以用粗实线表示设备，而厂房建筑的所有内容均用细实线表示。

1. 设备布置图的内容

从图中可以看出，设备布置图包括以下内容。

（1）一组视图　一组视图主要包括设备布置平面图和剖面图，表示厂房建筑的基本结构和设备在厂房内外的布置情况。必要时还应画出设备的管口方位图。

（2）必要的标注　设备布置图中应标注出建筑物的主要尺寸，建筑物与设备之间、设备与设备之间的定位尺寸，厂房建筑定位轴线的编号、设备的名称和位号以及注写必要的说明等。

（3）安装方位标　安装方位标也叫设计北向标志，是确定设备安装方位的基准，一般将其画在图样的右上方或平面图的右上方。

（4）标题栏　注写图名、图号、比例及签字等。

2. 设备布置图的阅读

通过对设备布置图的阅读主要要了解设备与建筑物、设备与设备之间的相对位置。

图 2-15 所示的醋酐残液蒸馏岗位的设备布置图，包括设备布置平面图和 1—1 剖面图。从设备布置平面图可知，本系统的真空受槽 A、B 和蒸馏釜布置在距Ⓓ轴 1600，距①轴分别为 2000、3800、6000 的位置处；冷凝器的位置距Ⓓ轴 500，与真空受槽 B 间的水平距离为 1000。在 1—1 剖面图中，反映了设备的立面结构形状和位置，如蒸馏釜和真空受槽 A、B 布置在标高 5m 的楼面上，冷凝器安装在标高 7.5m 的支架上。

学习任务与训练

1. 识读图 2-15 设备布置图，并完成下列问题：（1）设备布置图包括________图和________图。从该图得知，该系统的真空受槽 A、B 和蒸馏釜布置在距北墙________mm，距①轴分别为________mm、________mm、________mm 的位置处；冷凝器的位置距北墙________mm，与受槽醋酸 V1103A 间的水平距离为________mm。（2）从 1—1 剖面图可知，蒸馏釜和真空受槽 A、B 布置在标高________米的楼面上，冷凝器安装在标高________米的支架上。

2. 请找到实际车间设备，拍下照片，画出设备布置图，说明该车间的功能及设备布置的合理性。

五、管路布置图

（一）管路布置图的内容

管路布置图是在带控制点的工艺流程图、设备图、设备布置图的基础上画出管路、阀门及控制点，表示厂房建筑内外各设备之间管路的连接走向和位置以及阀门、仪表控制点的安装位置的图样。管路布置图又称为管路安装图或配管图，用于指导管路的安装施工等。

图 2-16 为醋酐残液蒸馏岗位的管路布置图，从中看出，管路布置图一般包括以下内容：

（1）一组视图　表达整个车间（装置）的设备、建筑物的简单轮廓以及管路、管件、阀门、仪表控制点等的布置安装情况。和设备布置图类似，管路布置图的一组视图主要包括管路布置平面图和剖面图。

（2）标注　包括建筑物定位轴线编号、设备位号、管路代号、控制点代号；建筑物和设备的主要尺寸；管路、阀门、控制点的平面位置尺寸和标高以及必要的说明等。

（3）方位标　表示管路安装的方位基准。

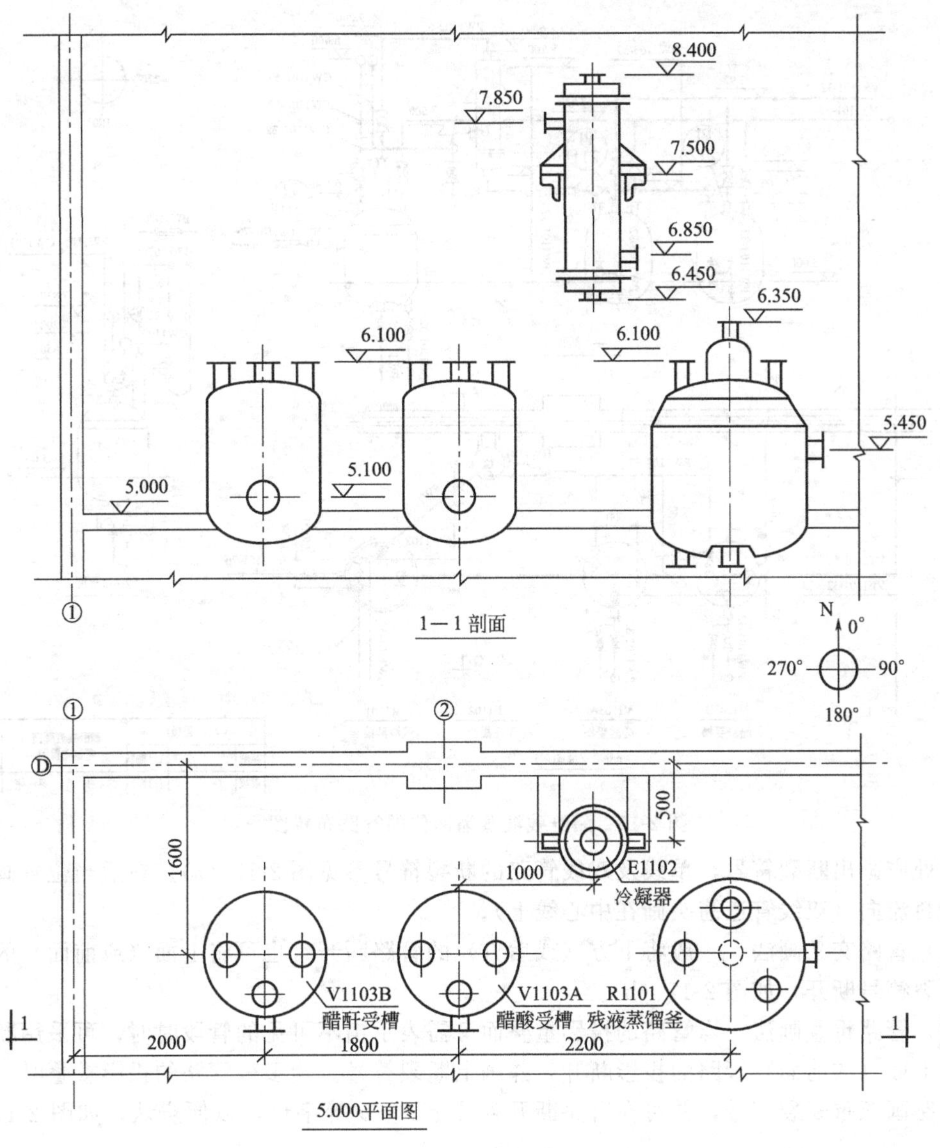

(学校、班级)			醋酸酐残液蒸馏设备布置图	(图号)
制图		(日期)		(比例)
审核		(日期)	共 张 第 张	(学号)

图 2-15 醋酐残液蒸馏岗位的设备布置图

(4) 管口表。

(5) 标题栏 注写图名、图号、比例及签字等。

(二) 管路布置图的绘制

1. 管路的画法

(1) 单线画法和双线画法 如图 2-17 (a) 所示，当公称直径（*DN*）大于 350 的管较多时，公称直径（*DN*）大于或等于 400 (16in) 的用双线表示（中实线），小于或等于 350 (14in) 的用单线表示（粗实线）。*DN*350 以上大口径管不多时，*DN*≥250mm 或重要管路（*DN*≥50mm，受压在 12MPa 以上的高压管），画成双线；*DN*≤200 的画成单线。在管路

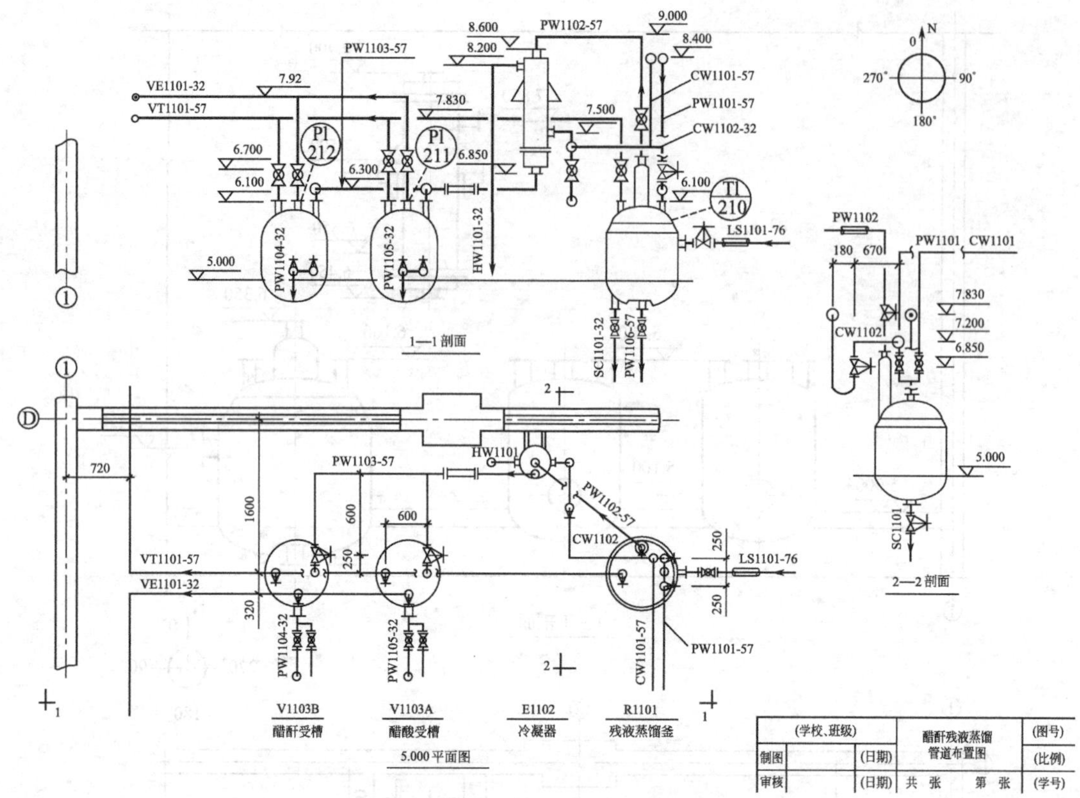

图 2-16 醋酐残液蒸馏岗位的管路布置图

的断开处应画出断裂符号，单线及双线管路的断裂符号参见图 2-17（a）。在适当位置画箭头表示物料流向（双线管道箭头画在中心线上）。

（2）管路交叉画法 一般将下方（或后方）的管路断开；也可将上面（或前面）的管路画上断裂符号断开，如图 2-17（b）。

（3）管路重叠画法 当管路的投影重叠而又需表示出不可见的管段时时，可采用断开显露法将上面（或前面）管路的投影断开，并画上断裂符号。当多根管路的投影重叠时，最上一根管路画双重断裂符号，并可在管路断开处注上 *a*、*b* 等字母，以便辨认，如图 2-17（c）所示。

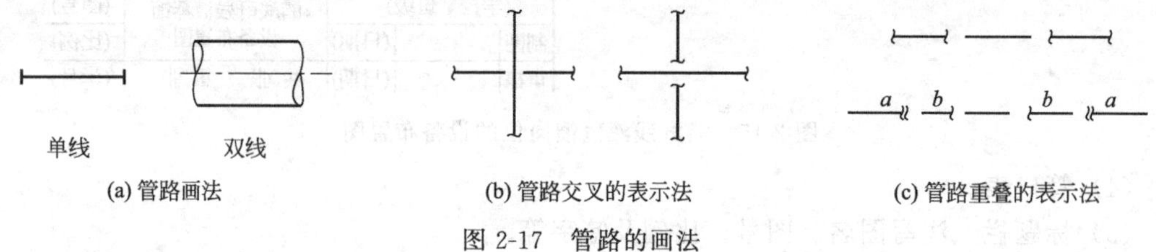

(a) 管路画法　　(b) 管路交叉的表示法　　(c) 管路重叠的表示法

图 2-17 管路的画法

2. 管路转折的表示方法

管路大都通过 90°弯头实现转折。在反映转折的投影中，转折处用圆弧表示。在其他投影图中，转折处画一细实线小圆表示，见图 2-18。规定当转折方向与投射方向一致时，管线画入小圆至圆心处，如图 2-18 中向里的画法；当转折方向与投射方向相反时，管线不画入小圆内，而在小圆内画一圆点，如图 2-18 中向外的画法。

管道的二次弯折和多次弯折的画法如图 2-19 和图 2-20 所示。

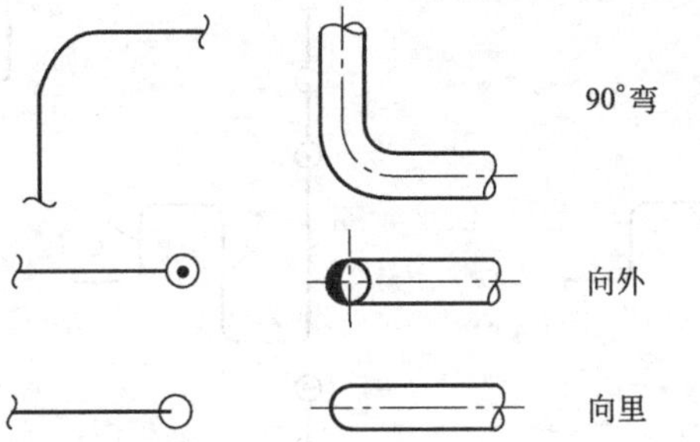

90°弯

向外

向里

图 2-18　管路 90°弯头

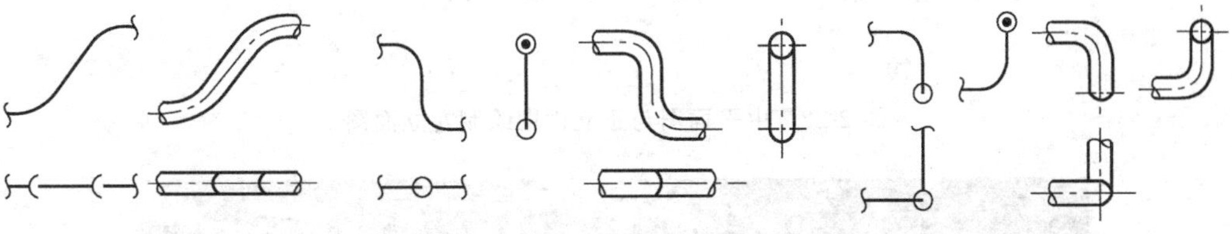

(a) 大于90°弯折　(b) 左右二次弯折　(c) 左右、前后二次弯折

图 2-19　二次弯折管道

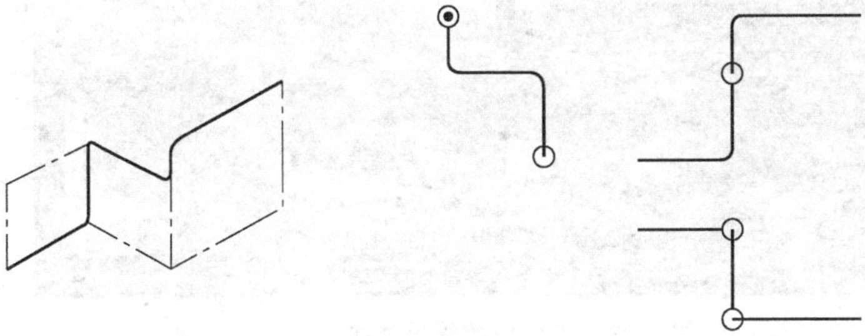

(a)　(b)

图 2-20　多次弯折管道

【例 2-1】 已知一管路的平面图如图 2-21（a）所示，试分析管路走向，并画出正立面图和左侧立面图（未知尺寸自定）。

分析：由平面图可知，该管路的空间走向为：自左向右→向下→向前→向上→向右。

根据上述分析，可画出该管路的正立面图和左侧立面图，如图 2-21（b）所示。

【例 2-2】 已知一管路的平面图和正立面图，如图 2-21（a）所示，试画出左立面图。

分析：由平面图可知，该管路的空间走向为：从上至下→向前→向下→向前→向下→向右→向上→向右→向下→向右。

根据以上分析，可画出该管路的左立面图，其中有三段管路重叠，应采用断开显露法，如图 2-22（b）所示。

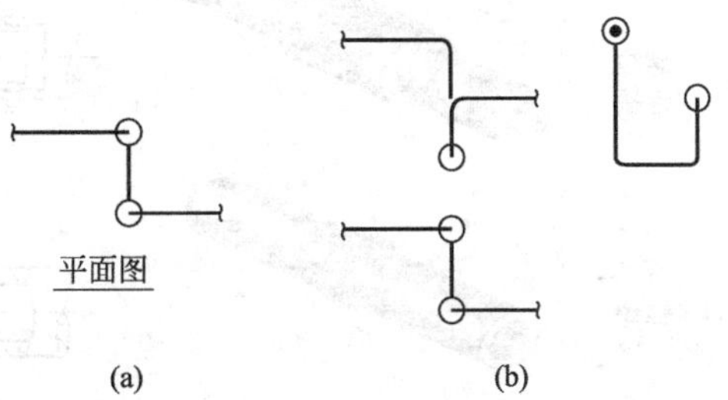

图 2-21　由平面图绘制立面图

3. 管路连接与管路附件的表示

（1）管路连接　两段直管相连接通常有法兰连接、承插连接、螺纹连接和焊接等四种型式，画法如图 2-23 和图 2-24 所示。

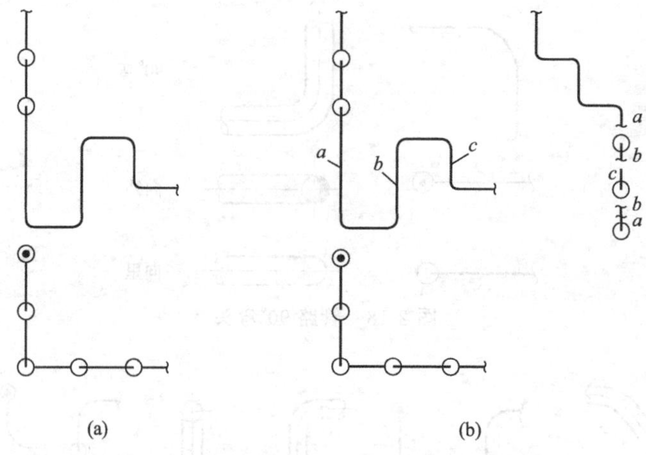

图 2-22 由平面图与正立面图绘制左立面图

图 2-23 工厂中的管道连接

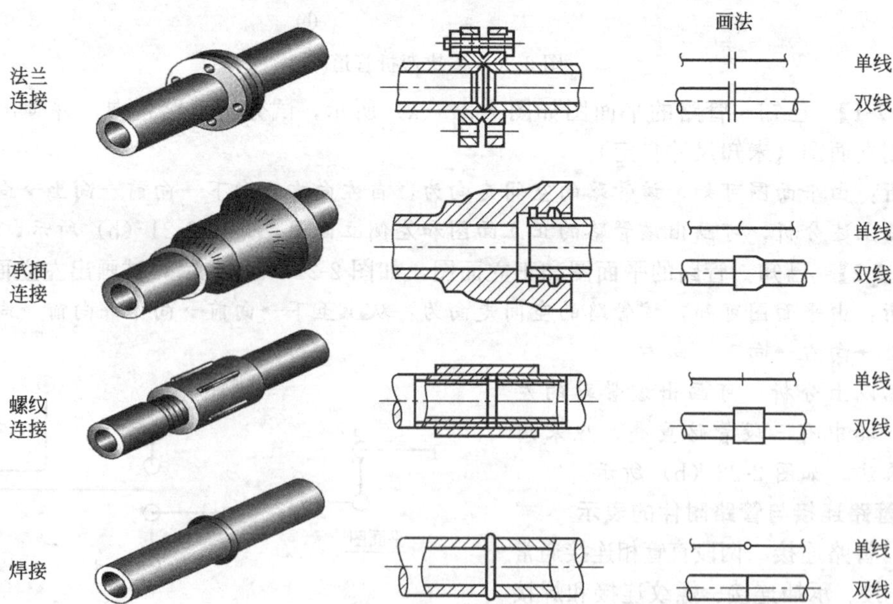

图 2-24 管路连接的表示法

管道公称直径小于和等于 200mm 或 8in 的弯头，可用直角表示，双线管用圆弧弯头表示，具体画法如图 2-25 和图 2-26 所示（HG/T 20519.4）。

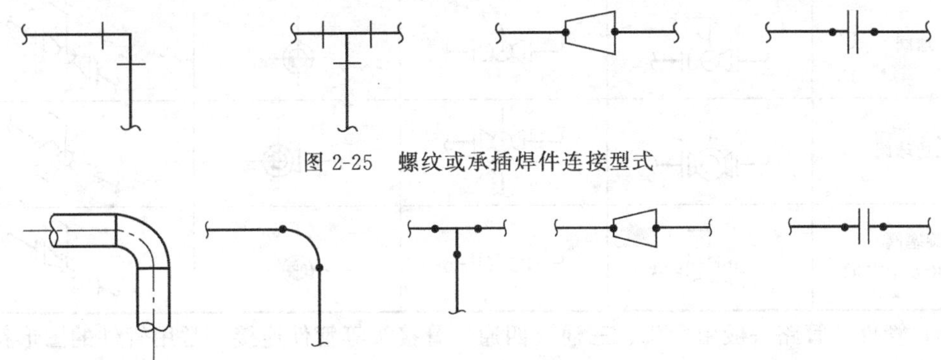

图 2-25 螺纹或承插焊件连接型式

图 2-26 对焊件连接型式

（2）阀门 管路布置图中的阀门的简单画法，与工艺流程图类似，仍用图形符号表示（表 2-9）。但一般在阀门符号上表示出控制方式及安装方位，分别如图 2-27（a）、（b）所示。阀门与管路的连接方式如图 2-27（c）所示。

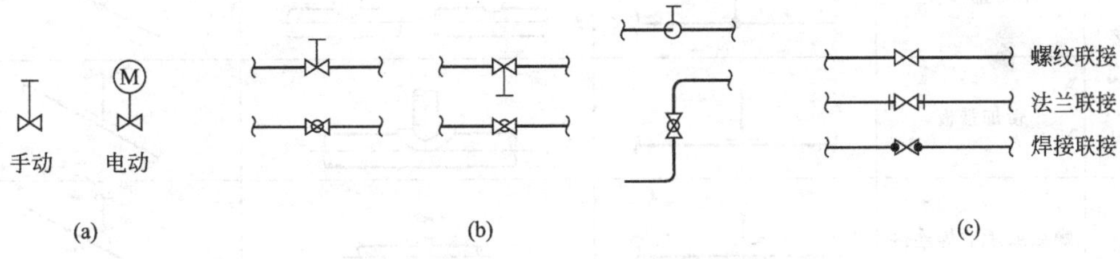

图 2-27 阀门在管路布置图中的画法

在配管图中，要按比例画出管道及管道上的阀门、管件（包括弯头、三通、法兰、异径管、软管接头等管道连接件）、管道附件、特殊管件等。常见阀门画法见表 2-12。

表 2-12 常见阀门画法

名称	管道布置图各视图			轴测图
闸阀	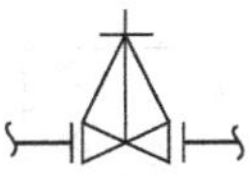			
截止阀	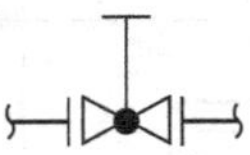	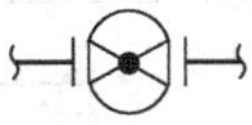		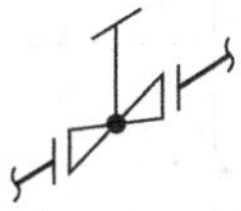
角阀	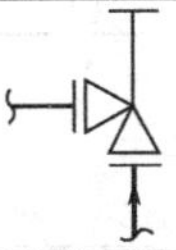	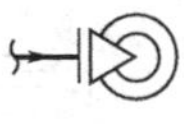		
节流阀	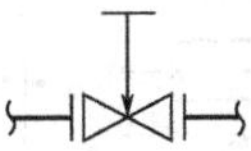			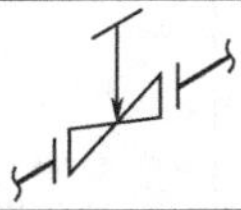
"Y"型阀	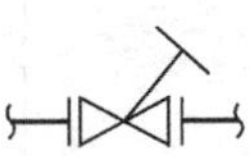	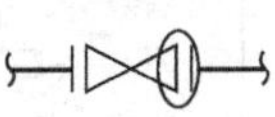		

续表

名称	管道布置图各视图			轴测图
球阀				
三通球阀				
旋塞阀 (COCK 及 PLUG)				

(3) 管件　管路一般用弯头、三通、四通、管接头等管件连接，常用管件的图形符号见表 2-13。

表 2-13　常见管件的图形符号

名称		管道布置图		轴测图
		单线	双线	
焊接支管	不带加强板			
	带加强板			
半管接头及支管台	螺纹或承插焊连接			
	对焊连接		(用于半管接头或支管台) (用于支管台)	
四通	螺纹或承插焊连接			
	对焊连接			
	法兰连接			

续表

名称		管道布置图		轴测图
		单线	双线	
管帽	螺纹或承插焊连接			
	对焊连接			
	法兰连接			
堵头	螺纹连接	DNXX DNXX		
螺纹或承插焊管接头				
螺纹或承插焊活接头				

常见管件的简化表示方法如图 2-28 所示。

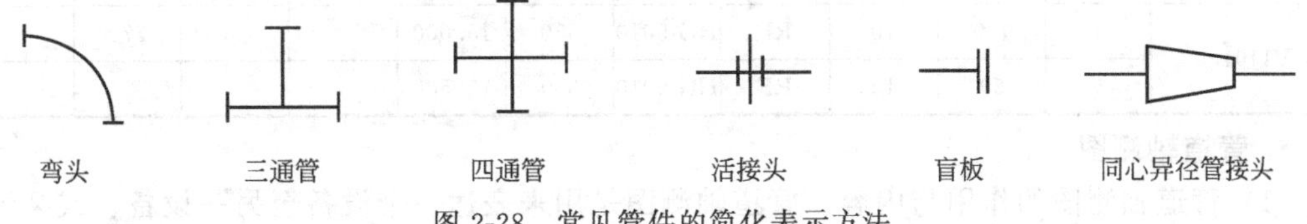

图 2-28 常见管件的简化表示方法

(4) 管架 管路常是用各种型式的管架安装、固定在地面或建筑物上的，图中一般用图形符号表示管架的类型和位置，如图 2-29 所示。其外形见图 2-30。

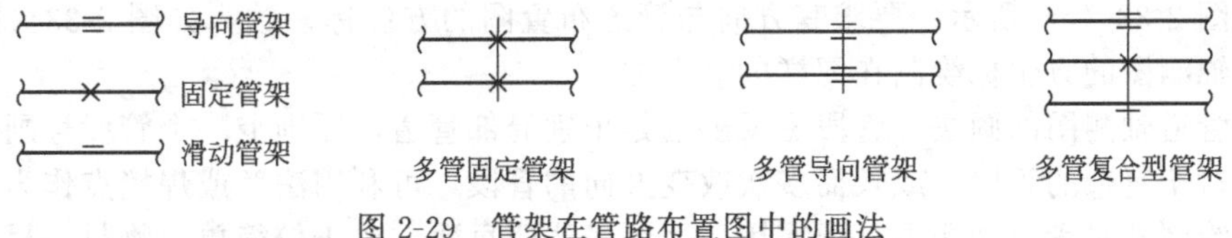

图 2-29 管架在管路布置图中的画法

(a)

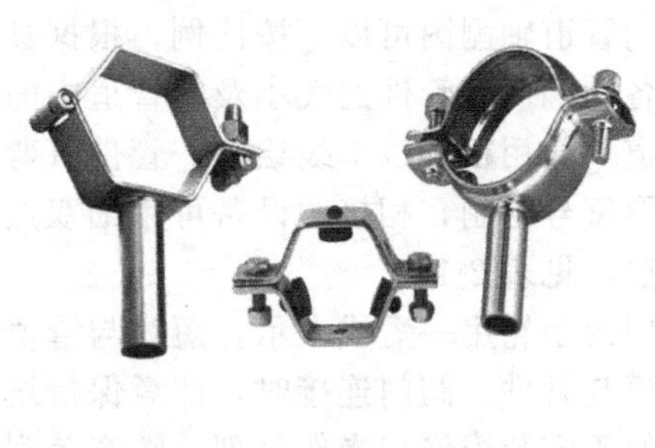
(b)

图 2-30 管架

【例 2-3】 已知一段管路（装有阀门）的轴测图，如图 2-31 (a)，试画出其平面图和正立面图。

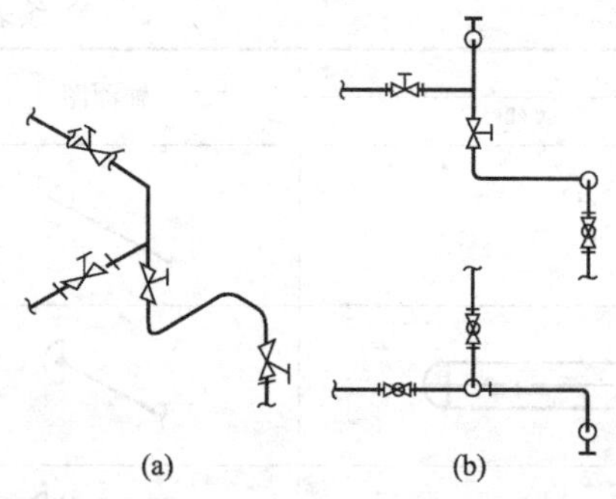

图 2-31 根据轴测图画平面图和立面图

分析：该段管路由两部分组成，其中一段的走向为：自下向上→向后→向左→向上→向后；另一段是向左的支管。管路上有四个截止阀，其中上部两个阀的手轮朝上（阀门与管路为法兰连接），中间一个阀的手轮朝右（阀门与管路为螺纹连接），下部一个阀的手轮朝前（阀门与管路为法兰连接）。

管路的平面图和立面图如图 2-31（b）。

4. 管口表

管口表通常位于管路布置图的右上方，表中填写该布置图中设备的管口位置及相应参数，如表 2-14 所示。

表 2-14 管口表

管口表											
设备位号	管口符号	公称直径 DN/mm	公称压力 PN/MPa	密封面型式	连接标准	长度 /mm	标高 /m	坐标		方位	
								N	E	水平角度	垂直角度
R1101	*a*	100	10	RF	HG 5010	800	10.200			180	
	b	50	10	RF	HG 5010	400	10.300				
V1101	*a*	100	10	RF	HG 5010	550	15.000			270	
	b	50	10	RF	HG 5010	300	15.500				

5. 管道轴测图

（1）管道轴测图的作用与内容　管道轴测图是用来表达一个设备至另一设备、或某区间一段管道的空间走向，以及管道上所附管件、阀门、仪表控制点等安装布置情况的立体图样，如图 2-32 所示。

（2）管道轴测图的方位标　管道轴测图是按正等测投影绘制的，在画图之前首先确定其方向，如图 2-33（a）所示。要求其方向与管道布置图的方位标一致，如图 2-33（b）所示，并将管道轴测图的方位标绘制在图样的右上方。

（3）管道轴测图的画法　管段图反映的是个别局部管道，原则上一个管段号画一张管道轴测图。对于复杂的管段，或长而多次改变方向的管段，可利用法兰或焊接点作为自然点断开，分别绘制几张管道轴测图。但需用一个图号注明页数。对于较简单，物料、材质均相同的几个管段，也可画在一张图样上，并分别注出管段号。

绘制管道轴测图可以不按比例，根据具体情况而定，但位置要合理整齐，图面要匀称美观，即各种阀门、管件的大小及在管道中的位置、比例要协调。

管道一律用粗实线单线绘制，管件（弯头、三通除外）、阀门、控制点则用细实线以规定的图形符号绘制，相接的设备可用细双点划线绘制，弯头可以不画成圆弧。管道与管件的连接画法，见表 2-13。

阀门的手轮用一短线表示，短线与管道平行。阀杆中心线按所设计的方向画出。

管道与管件、阀门连接时，注意保持线向的一致，如图 2-34 所示。

为便于安装维修、操作管理及整齐美观，管道布置力求平直，使管道走向与三个轴测方向一致，但也可布置偏置管道，画法如图 2-35 所示。

必要时，画出阀门上控制元件图示符号，传动结构、型式应适合于各种类型的阀门，如图 2-36 所示。

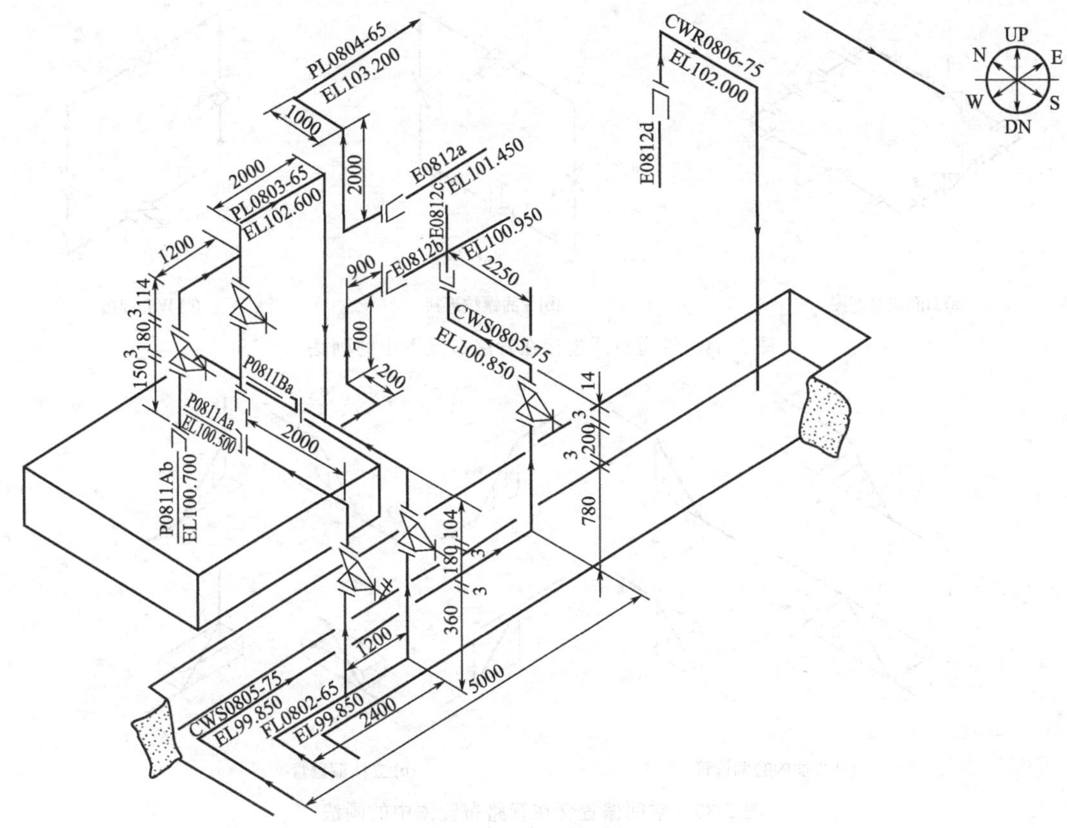

图 2-32 管路轴测图

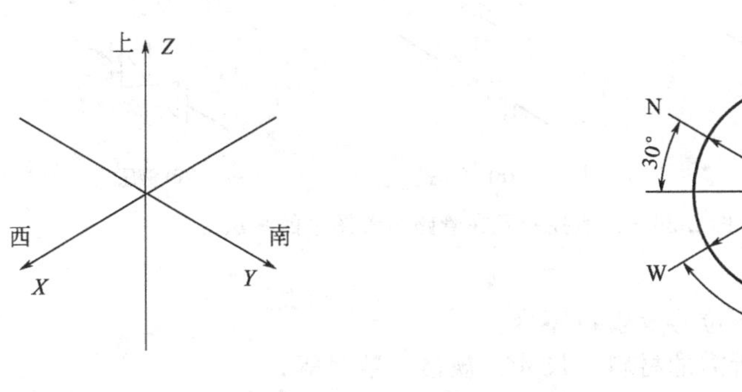

(a) 正等轴测图

(b) 管道图方位标

图 2-33 管路轴测图方位标

(4) 管道轴测图的尺寸和标注

注出管子、管件、阀门等加工预制及安装所需的全部尺寸。如阀门长度、垫片厚度等细节尺寸，以免影响安装的准确性。

每级管道应有流向的箭头，尽量在箭头附近注出管段编号。

标高的尺寸单位为米，其余尺寸均以厘米为单位。

尺寸界线从管件中心线或法兰面引出，尺寸线与管道平行。

所有垂直管道不注高度尺寸，而以“EL×××.×××”表示水平管道的标高即可。

不能准确计算或有待施工时实测修正的尺寸，加注符号“～”；需现场焊接时确定的尺

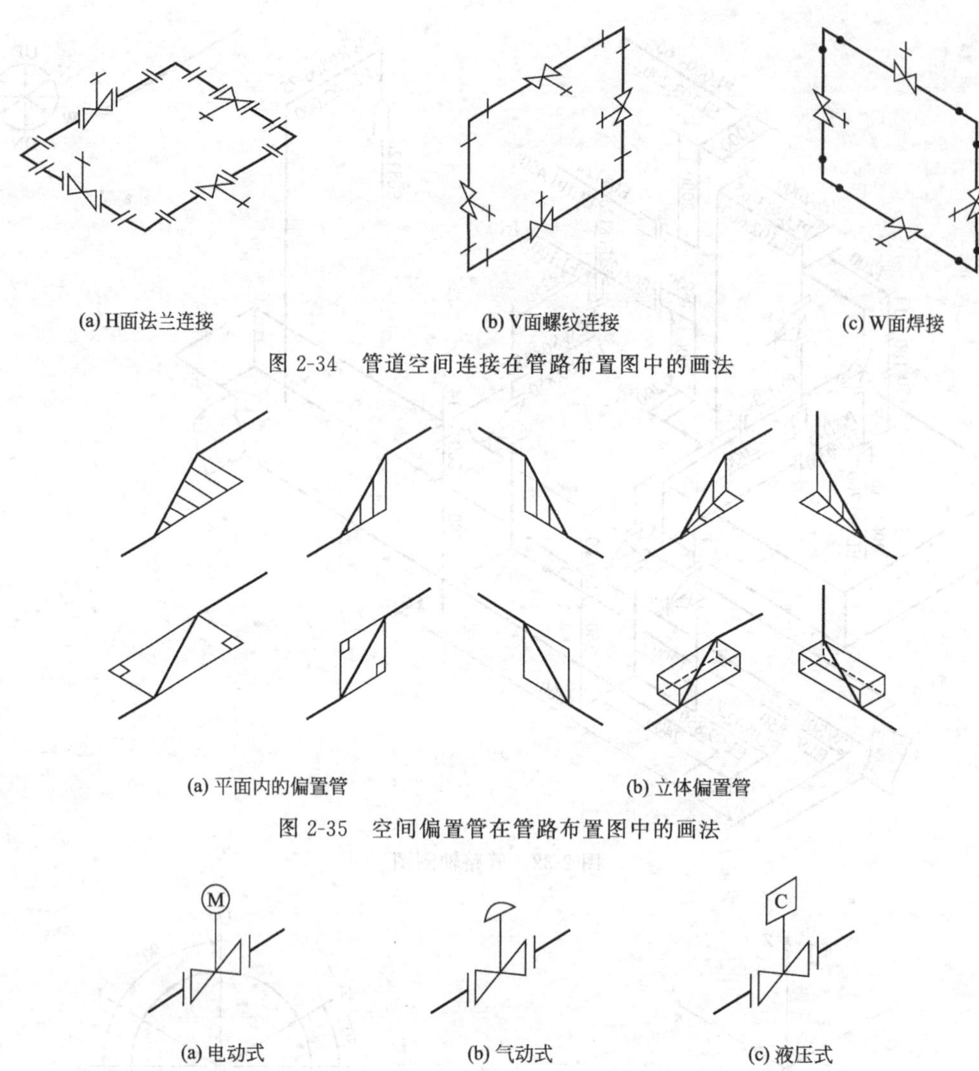

(a) H面法兰连接 (b) V面螺纹连接 (c) W面焊接

图 2-34 管道空间连接在管路布置图中的画法

(a) 平面内的偏置管 (b) 立体偏置管

图 2-35 空间偏置管在管路布置图中的画法

(a) 电动式 (b) 气动式 (c) 液压式

图 2-36 仪表控制元在管路布置图中的画法

寸，应注明“F. W”。

注出管道所连接的设备位号及管口序号。

列出材料表说明管段所需的材料、尺寸、规格、数量等。

管道平、立面图和管段图（轴测图）对照如图 2-37 所示。

带图框和标题栏的管段图（轴测图）示例如图 2-38 所示。

6. 管路布置图绘制要点

管路布置图应表示出厂房建筑的主要轮廓和设备的布置情况，即在设备布置图的基础上再清楚地表示出管路、阀门及管件、仪表控制点等。

管路布置图的表达重点是管路，因此图中管路用粗实线表示（双线管路用中实线表示），而厂房建筑、设备的轮廓一律用细实线表示，管路上的阀门、管件、控制点等符号用细实线表示。

管路布置图的一组视图以管路布置平面图为主。平面图的配置，一般应与设备布置图中的平面图一致，即按建筑标高平面分层绘制。各层管路布置平面图将厂房建筑剖开，而将楼板（或屋顶）以下的设备、管路等全部画出，不受剖切位置的影响。当某一层管路上、下重

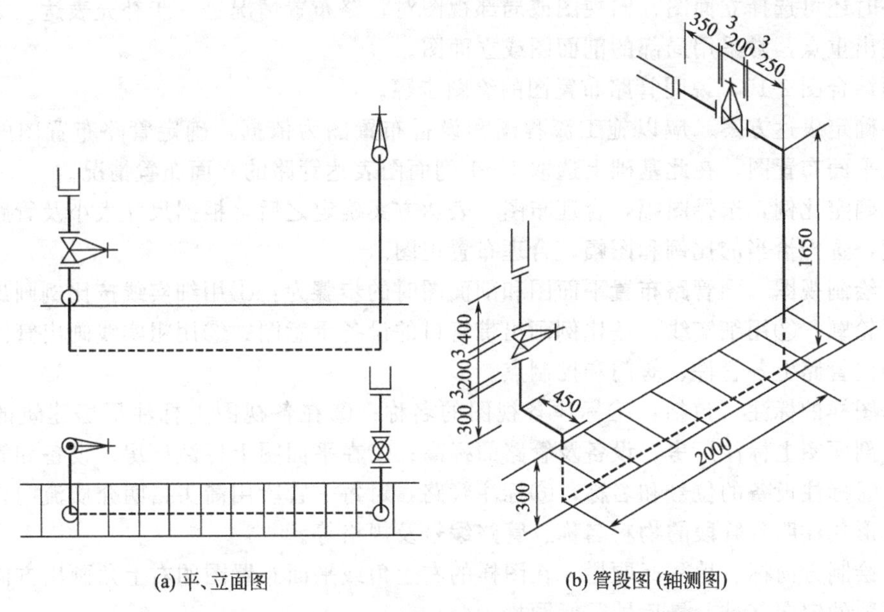

(a) 平、立面图　　(b) 管段图 (轴测图)

图 2-37　管道平、立面图和管段图（轴测图）的对比

管段号	起止点		管道等级	设计压力	设计温度	管子			法兰						垫片(*PN*、*DN*同法兰)				螺柱、螺母	
	起点	终点		/MPa	/℃	名称及规格	材料	数量	*PN*	*DN*	密封形式	材料	数量	标准号或图号	代号	厚度	密封代号	数量	连接套数	特殊长度
2170						φ100	10	8	0.6	100	RF板式	Q235-A	4	HGJ/T45	1Ad	3	MF	4	16	

	管段号	名称及规格	材料	数量	标准号或图号
阀门	2170	截止阀φ100		2	
管件	2170	弯头φ100	Q235	5	

特殊件	管段号	件号	名称及规格	材料	数量	标准号或图号

职责	签字	日期	××××工段 PLS2710-100 管段图	设计项目	
设计				设计阶段	
制图					
校对					
审核			比例		共 张 第 张

图 2-38　带图框和标题栏的管段图（轴测图）示例

叠过多，布置比较复杂时，也可再分层分别绘制。

在平面图的基础上，选择恰当的剖切位置画出剖面图，以表达管路的立面布置情况和标高。必要时还可选择立面图、向视图或局部视图对管路布置情况进一步补充表达。为使表达简单且突出重点，常采用局部的剖面图或立面图。

下面结合图 2-16，说明管路布置图的绘图步骤。

(1) 确定表达方案　应以施工流程图和设备布置图为依据，确定管路布置图的表达方法。画出平面布置图，在此基础上选取 1—1 剖面图表达管路的立面布置情况。

(2) 确定比例，选择图幅，合理布图　表达方案确定之后，根据尺寸大小及管路布置的复杂程度，选择恰当的比例和图幅，合理布置视图。

(3) 绘制视图　画管路布置平面图和剖面图时的步骤为：①用细实线按比例画出厂房建筑的主要轮廓；②用细实线、按比例画出带管口的设备示意图；③用粗实线画出管路；④用细实线画出管路上各管件、阀门和控制点。

(4) 图样的标注　包括：①标注各视图的名称；②在各视图上标注厂房建筑的定位轴线；③在剖面图上标注厂房、设备及管路的标高；④在平面图上标注厂房、设备和管路的定位尺寸；⑤标注设备的位号和名称；⑥标注管路，对每一管段用箭头指明介质流向，并以规定的代号形式注明各管段的物料名称、管路编号及规格等。

(5) 绘制方向标、填写标题栏　在图样的右上角或平面布置图的右上角画出方向标，作为管路安装的定向基准；最后填写标题栏。

（三）管路布置图的识读

识读管路布置图主要是要读懂管路布置平面图和剖面图。

通过对管路布置平面图的识读，应了解和掌握如下内容：①所表达的厂房建筑各层楼面或平台的平面布置及定位尺寸；②设备的平面布置、定位尺寸及设备的编号和名称；③管路的平面布置、定位尺寸、编号、规格和介质流向等；④管件、管架、阀门及仪表控制点等的种类及平面位置。

通过对管路布置剖面图的识读，应了解和掌握如下内容：①所表达的厂房建筑各层楼面或平台的立面结构及标高；②设备的立面布置情况、标高及设备的编号和名称；③管路的立面布置情况、标高以及编号、规格、介质流向等；④管件、阀门以及仪表控制点的立面布置和高度位置。

由于管路布置图是根据带控制点工艺流程图、设备布置图设计绘制的，因此阅读管路布置图之前应首先读懂相应的带控制点工艺流程图和设备布置图。对于醋酐残液蒸馏岗位，已阅读过了带控制点工艺流程图和设备布置图，下面介绍其管路布置图（图 2-16）的读图方法和步骤。

(1) 概括了解　从图 2-16 可知，该管路布置图包括一个平面图和两个剖面图。在平面图和 1—1 剖面图上画出了厂房、设备和管路的平、立面布置情况；从平面图中 2—2 的剖切位置看出，2—2 剖面图是表示蒸馏釜与冷凝器之间的管路走向。

(2) 详细分析　按流程顺序（参见带控制点工艺流程图）、管段号、对照管路布置平、立面图的投影关系，联系起来进行分析，搞清图中各路管路规格、走向及管件、阀门等情况。

① 对照平面图和 2—2 剖面图可知：PW1101-57 醋酸残液管路从标高 8.4m 由南向北拐弯向下进入蒸馏釜，另有水管 CW1101-57 也由南向北拐弯向下并分为两路。一路向东、向下至标高 6.1m 处拐弯向南与 PW1101-57 相交。另一路向西、向北、向下至标高 6.1m 处，然后又向北、向上至标高 7.5m 处，再转弯向西接冷凝器。水管与物料管在蒸馏釜、冷凝器的进口处都装有截止阀。

② PW1103-57 是从冷凝器下部，分别至真空槽 A、B 间的管路，它自出口向下至标高 6.3m 处向西，先分出一路向南、向下进入真空受槽 A，原管路继续向西，然后向南、向下进入真空受槽 B，在两个入口管上都有截止阀。

③ VE1101-32 是真空受槽 A、B 与真空泵之间的连接管路，由真空受槽 A 顶部向上至标高 7.92m 处，拐弯向西与真空受槽 B 上部来的管路汇合后继续向西、向南与真空泵出口相接。VE1101-32 在与真空受槽 A、B 相接的立管上都装有阀门和真空压力表。

④ VT1101-57 是与蒸馏釜、真空受槽 A、B 相连接的放空管，标高 7.83m，在连接各设备的立管上都装有截止阀和真空压力表。

设备上的其他管路情况，也可以按上述方法依次进行分析直至全部识读清楚。

(3) 归纳总结　所有管路分析完毕后，进行综合归纳，从而建立起一个完整的空间概念。图 2-39 为醋酐残液蒸馏岗位的管路布置轴测示意图。

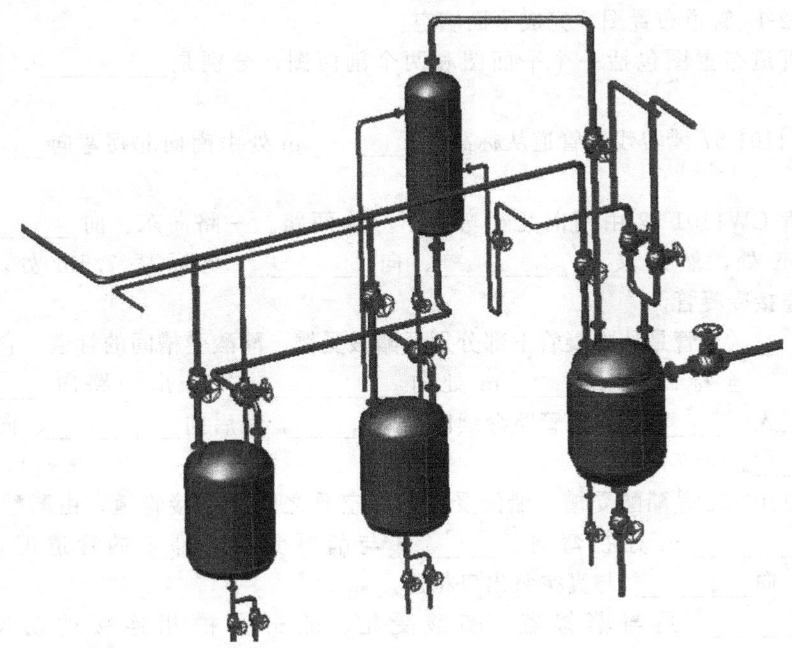

图 2-39　醋酐残液蒸馏岗位的管路布置轴测示意图

学习任务与训练

1. 已知平面图和正立面图，分别画出下面两个管路的左识图和右视图。

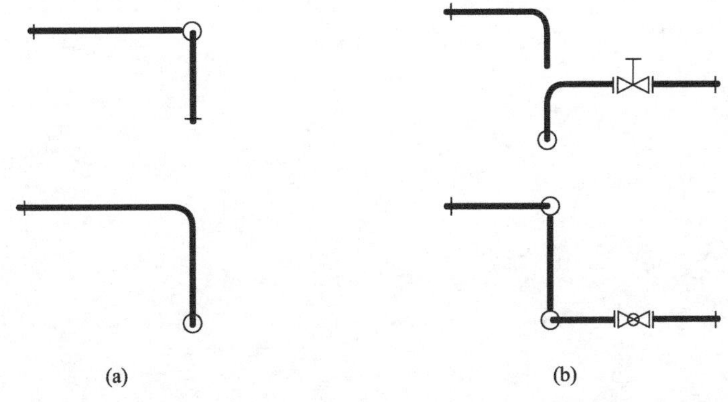

2. 已知管路的正立面图，分别画出下面两个管路的平面图和左右视图（前后管道之间的距离酌情自行决定）。

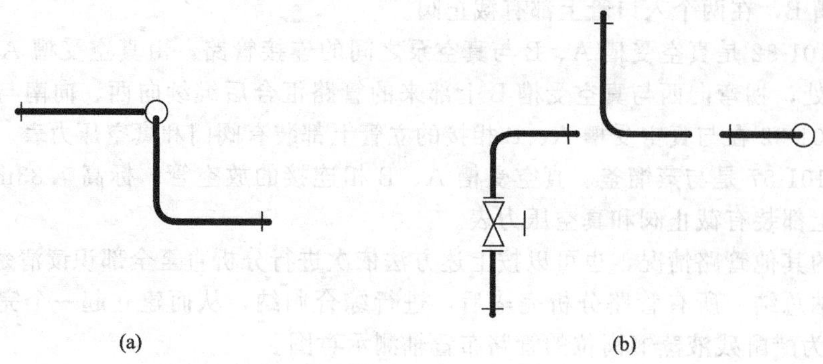

3. 阅读 2-16 管道布置图，完成下面填空。

（1）该管道布置图包括一个平面图和两个剖面图，分别是__________、1—1 剖面图和__________。

（2）PW1101-57 醋酸残液管道从标高__________ m 处由南向北拐弯向__________进入蒸馏釜。

（3）水管 CW1101-57 由南向北拐弯向下分为两路。一路向东、向__________至标高__________ m 处，然后又向__________、向__________至标高 7.5m 处，再转弯向__________连接冷凝管。

（4）__________管是从冷凝管下部分别至醋酸受槽、醋酸受槽间的管道，它自冷凝器出口向__________至标高__________ m 处向__________，先分出一路向__________、向__________进入__________，原管路继续向__________，然后向__________、向__________进入__________。

（5）VE1101-32 是醋酸受槽、醋酐受槽与真空泵之间的连接管道，由醋酸受槽顶部向上至标高__________ m 处拐弯向__________与醋酐受槽上部来的管道汇合后继续向__________，向__________与真空泵出口相连。

（6）__________是与蒸馏釜、醋酸受槽、醋酐受槽相连接的防空管，标高__________ m。

4. 阅读 2-16 管道布置图，画出其轴测图。

任务3

管路拆装

一、管路及设备布置的测绘

管路及设备布置测绘是流体输送、冷热流体热交换或其他单元操作综合实训设备进行拆卸及安装的基础工作。不但装置拆卸及安装需要测绘资料，通过测绘还可以了解制药企业实际工作环境，了解工艺流程、设备布置，有利于学习及操控生产设备。

（一）测绘工具的使用

1. 游标卡尺

三用用卡尺的内量爪带刀口形，用于测量内尺寸；外量爪带平面和刀口形的测量面，用于测量外径尺寸；尺身背面带有深度尺，用于测量深度和高度。

游标卡尺测量的准备工作：

① 查看游标卡尺的管理编号与合格标签是否完好，保证卡尺在合格期内；

② 清洁测量基准面；

③ 对零。

游标卡尺测量的基本要领（见图 3-1）：

① 量具测量面与被测产品应保持垂直，测量时卡紧被测物体的测定压要一致；

② 尽量使用内量爪的内侧测量产品外径或内径，用外侧测量误差较大。

游标卡尺读数步骤（见图 3-2）：

① 先读整数——看游标零线的左边，尺身上最靠近的一条刻线的数值，读出被测尺寸的整数部分；

② 再读小数——看游标零线的右边，数出游标第几条刻线与尺身的数值刻线对齐，读出被测尺寸的小数部分（即游标读数值乘其对齐刻线的顺序数）；

③ 得出被测尺寸——把上面两次读数的整数部分和小数部分相加，就是卡尺的测尺寸。

卡尺使用的注意事项：

① 轻拿轻放，不能与硬物激烈撞击；

② 内测量爪刀口非常锋利，使用时不要损伤内测量爪，不能用来代替圆规和分割器；

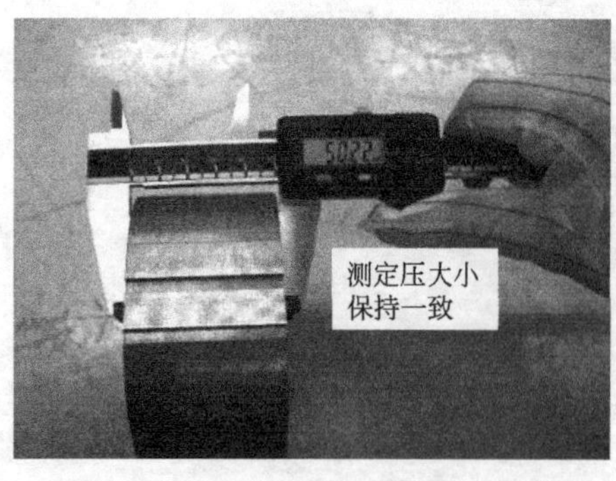

(a) 测定压大小保持一致

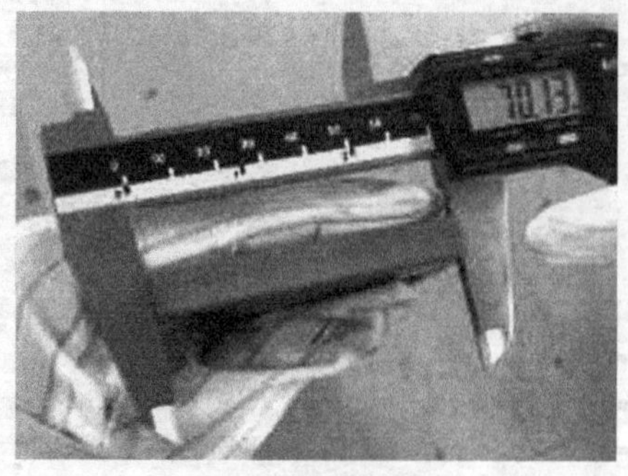

(b) 用内量爪的内侧测量

图 3-1 游标卡尺测量的基本要领

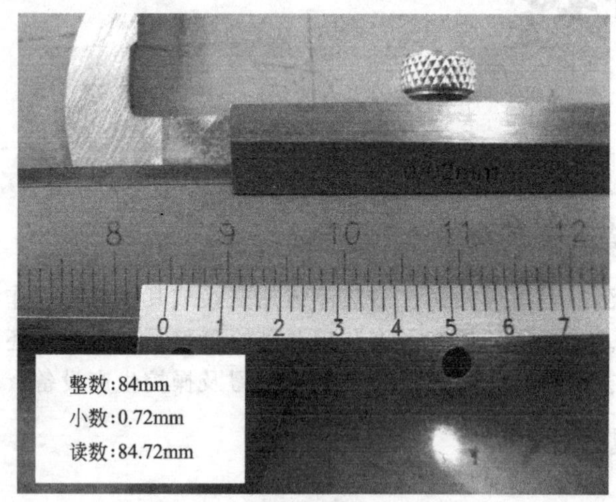

图 3-2 游标卡尺读数

去拿时不要被刀口割伤手；

③ 内测量爪尽可能伸进里面测量；

④ 使用深度尺测量时，尺身要保持垂直；

⑤ 段差测量时，测量面要紧贴工件测量，一般不建议用深度尺；

⑥ 非数显的卡尺，刻度要从正面读取；

⑦ 使用后，用干布仔细擦拭卡尺各个部位，不使用时测量面分开 0.2～2mm，放入包装盒中。

2. 千分尺

千分尺结构如图 3-3 所示。

千分尺测量的准备工作：

① 查看千分尺的管理编号与合格标签是否完好，保证千分尺在计量检定合格期内。

② 根据要求选择适当量程的千分尺。

③ 清洁千分尺的尺身和测砧（用无尘布）。

④ 把千分尺安装于千分尺座上固定好然后校对零位。

千分尺使用方法：

① 将被测件放到两测砧之间，调节微分筒，当测砧快接触到被测件时，旋转测力装置，测砧与被测物体充分接触时，转动三圈；

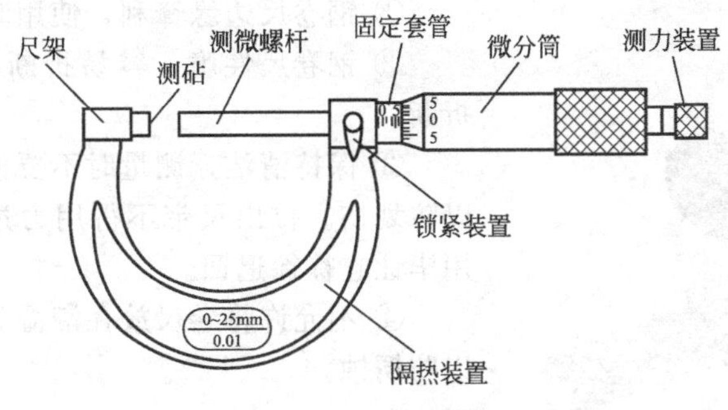

图 3-3 千分尺结构

② 测量时，需用左手握住隔热装置来稳定千分尺，不可握住其他部位，防止千分尺受热影响读数的准确性；

③ 测量件表面为平面时，千分尺的两面测砧必须与被测件表面紧密贴合；

④ 测量件表面为圆弧形时，千分尺的测微螺杆必须在被测件的直径延长线上；

⑤ 测量结束后需重新校零，若无法归零，则证明之前测量的数据不准确，需重新校零并测量。

千分尺校对（见图 3-4）及使用注意事项：

① 千分尺测砧硬度很高，与被测物接触时速度过快会使被测物表面产生毛刺，所以当测砧与校准杆（被测物表面）接近时，必须放慢测量速度（即放慢旋转测量装置的速度）；

② 食指力量过大，测量时务必使用拇指和中指旋转测力装置；

③ 校对时，底座应夹住千分尺的隔热装置；

④ 轻拿轻放，不能有过激的碰撞；

⑤ 不能反方向旋转；

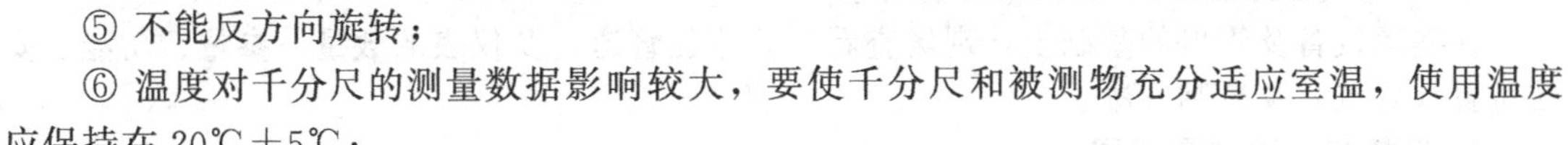

图 3-4 千分尺校对

⑥ 温度对千分尺的测量数据影响较大，要使千分尺和被测物充分适应室温，使用温度应保持在 20℃±5℃；

⑦ 测量时必须要使用测力装置，不可直接旋转微分筒；

⑧ 非数显的千分尺，读数需注意，刻度要从正面读取；

⑨ 使用前后均需将测量面擦拭干净，不使用时两个侧面之间松开 0.1mm，并尽可能放入包装盒中。

3. 钢卷尺

钢卷尺外形如图 3-5 所示。

(1) 钢卷尺的使用方法

① 直接读数法。测量时钢卷尺零刻度对准测量起始点，施以适当拉力（拉尺力以钢卷尺鉴定拉力或尺上标定拉力为准，用弹簧秤衡量），直接读取测量终止点所对应的尺上刻度。

② 间接读数法。在一些无法直接使用钢卷尺的部位，可以用钢尺或直角尺，使零刻度对准测量点，尺身与测量方向一致；用钢卷尺量取到钢尺或直角尺上某一整刻度的距离，用读数法量出。

(2) 使用注意事项

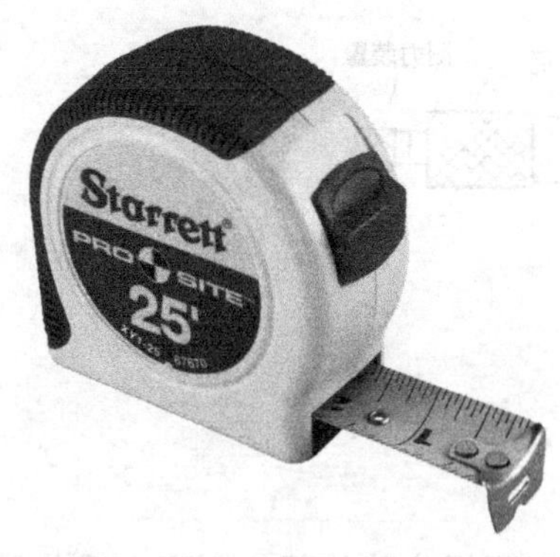

图 3-5 钢卷尺

① 钢卷尺边缘锋利，使用时要注意防止划伤。

② 钢卷尺性脆，容易折断，拉紧时防止打结或折断。

③ 保持清洁，测量时不要使其与被测表面摩擦，以防划伤。拉出尺带不得用力过猛，而应徐徐拉出，用毕让它徐徐退回。

④ 不允许将卷尺放在潮湿和有酸类气体的地方，以防锈蚀。

（二）测绘准备工作

确定测绘对象，选定一个制药单元操作装置，如流体储存及输送、冷热流体热交换或综合性更强的工段级装置进行测绘。

制定有针对性的测绘任务及计划，确定测绘的内容、目的、方法、步骤等，安排有关人员进行现场讲解。

准备相应的测绘工具，如卡尺、内外卡钳、钢板尺、卷尺、皮尺、指南针、粉笔、标签卡、胶带纸等。

确定并落实分工、合作事项。

做好安全工作。

（三）现场测绘草图

1. 绘制工艺方案流程草图

在绘制设备及管道轴测草图时需根据工艺方案流程图，对设备的名称、数量进行识别。有企业设备位号的，按设备位号逐一确认并绘制。没有标注位号的设备，在设备上贴上（挂上）标签，并现场填写设备类别、编号及名称。

用细实线绘出设备轮廓及管口，并标注管口名称和用途。

2. 绘制工艺管道及仪表流程图（PID）

在熟悉设备及管口的基础上，现场查看工艺流程管道，及仪表的数量、参量、功能、安装位置（测点）及控制方法。

3. 设备与管道布置草图

（1）设备布置草图　确定设备的位置、安装方向，绘制出设备大小及位置的尺寸线。

（2）管道布置草图　对管道进行编号，贴标签，标签上记录管内物料流向、物料名称及代号、管道序号、管道公称直径、标高等。只画出尺寸线，具体尺寸待测量后填写。

4. 检查核对、测量并填写尺寸

草图绘制后要仔细检查，核对设备位号、物料代号、仪表符号、建筑轴线编号、流体流动方向、安装方位等。然后，对各种尺寸逐一进行测量，填写在已经画好的尺寸线上。然后，再仔细核对、修改、补充、完善。

 学习任务与训练

1. 对流体输送实训装置进行测绘，画出设备布置草图和管道布置草图。
2. 对生产性综合实训装置进行测绘，画出设备布置草图和管道布置草图。

二、管路拆装工具及材料的使用

管路在施工中，除必须配有一般钳工工具外，还需要有管工常用的管钳、管子台虎钳、

管子割刀、管子铰板、套筒扳手、梅花扳手、板牙与丝锥、捻口工具、手动弯管器等。

1. 管钳

(1) 简介 管钳（又称管子钳）有张开式和链条式两种，如图 3-6 和图 3-7 所示。它可以用于夹持和旋转各种管子和管路附件。

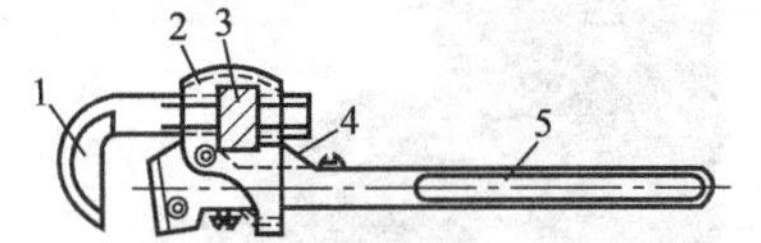

图 3-6 张开式管钳

1—活动钳口；2—套夹；3—螺帽；4—弹簧；5—钳柄

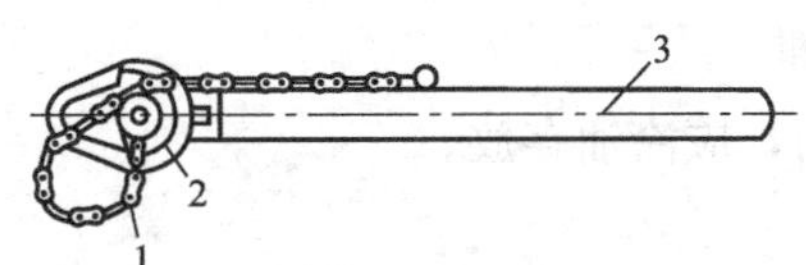

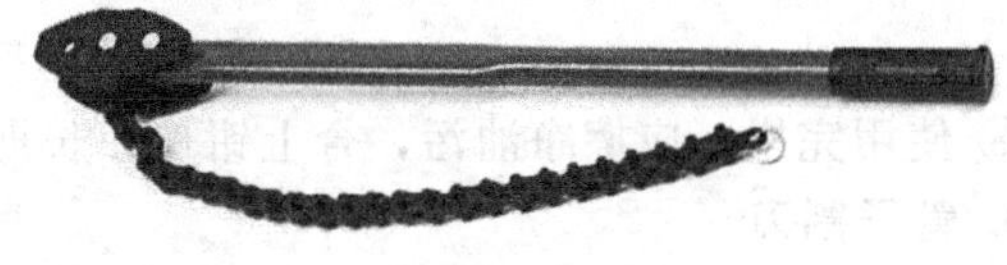

图 3-7 链条式管钳

1—链条；2—钳头；3—钳柄

张开式管钳由钳柄、套夹和活动钳口组成。活动钳口与钳柄用套夹相连，钳口上有齿轮以便咬牢管子使之转动，钳口张开的大小用螺帽进行调节。

链条式管钳是用于较大管径及狭窄的地方拧动管子。由钳柄、钳头和链条组成。它是依靠链条来咬住管子转动的。

(2) 管钳使用要领 使用管钳时，需要两手动作协调，松紧合适，防止打滑。扳动管钳钳柄时，不要用力过大，更不允许在钳柄上加套管。当钳柄末端高出使用者头部时，不得用正面拉吊的方式扳动钳柄。管钳不得用于拧紧六角螺栓和其他带棱管件的工作，也不得将它作撬杠和锤子使用。管钳的钳口和链条上通常不应沾油，但是长期不用时应该涂油保护。

当管子细而管钳大时，手握钳柄的位置应在前部或中部，以减少扭力，防止管钳因力量过大而损坏；当管子粗而管钳小时，要手握管钳的中部或后部，并用一只手按住钳头，使钳口咬紧而不致打滑。扳转钳柄要稳，不允许因拧过头而用倒拧的方法进行校正。不允许用小规格的管钳拧大口径的管子接头，也不允许用大规格的管钳拧小口径的管接头，否则，容易造成管钳损坏。

2. 管子台虎钳

管子台虎钳（见图 3-8）（又称管压力钳、龙门压力钳）安装在钳工工作台或三脚架上，可固定工件，以便对工件进行加工，如用来夹紧锯切的管子或对管子套制螺纹等。管子台虎钳按夹持管子直径的不同，可以分为 $\phi\leqslant$50mm、$\phi\leqslant$80mm、$\phi\leqslant$100mm 和 $\phi\leqslant$150mm 四种规格。

管子台虎钳的使用要领有以下几点。

① 必须垂直和牢固固定在工作台上，钳口应与工作台边缘相平或稍微往里一些，不得伸出工作台边缘。

② 上钳口在滑道内应能自由移动，且压紧螺杆和滑道应经常加油。

装夹工件时，不得对不适合钳口尺寸的工件上钳，对于过长的工件，必须将其伸出部分支撑稳固。

③ 装夹脆性或软性的工件时，应用布、铜皮等包裹工件夹持部分，且不能夹得过紧。

④ 装夹工件时，必须穿上保险销。旋转螺杆时，要用力适当。严禁用锤击或夹装套管的方法扳紧手柄。工件夹紧后，不得再去挪动其外伸部分。

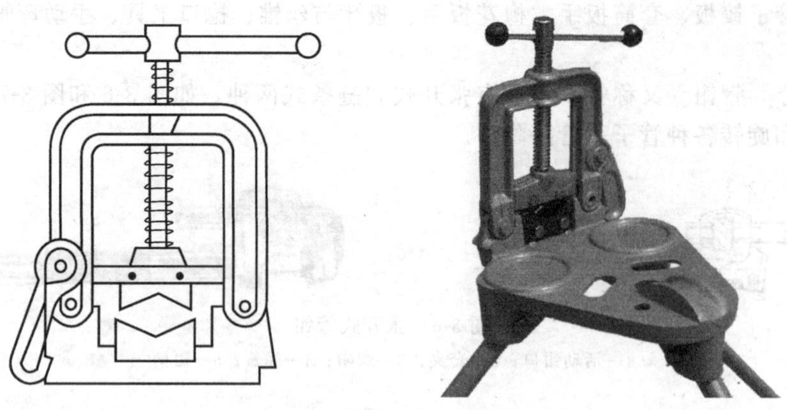

图 3-8 管子台虎钳

⑤ 使用完毕，应擦净油污，合上钳口；长期停用，应涂油存放。

3. 管子割刀

管子割刀（又称割管器）用于割切各种金属管子，如图 3-9 所示。其规格见表 3-1。常用的是可切割直径 $\phi \leqslant 50$mm 的管子，具有操作简便、速度快、切口断面平整的优点，缺点是管子端口受到挤压后管径缩小变形。

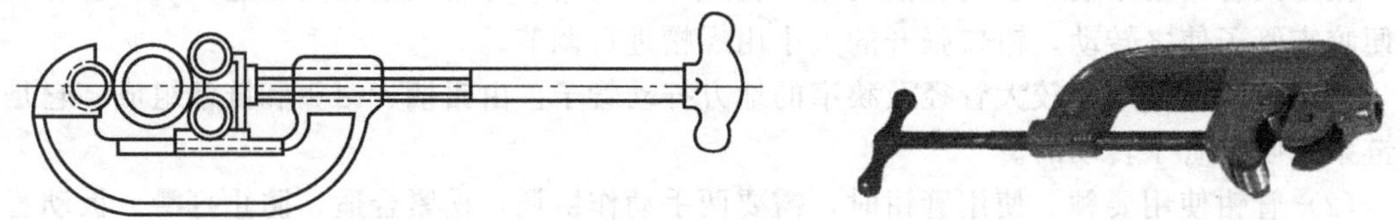

图 3-9 管子割刀

表 3-1 管子割刀的规格

型号	1	2	3	4
能割断管子的直径/mm	≤25	15～50	25～80	50～100

管子割刀使用要领：

① 使用割刀时，应始终让割刀在垂直于管子中心线的平面内平稳切割，不得偏斜。每转动 1～2 周进刀一次，但进给量不易过大，并应对切口处加冷却润滑剂，以延长使用寿命。

② 当管子快要切断时，应松开割刀，取下割管器，然后折断管子，严禁一割到底。

③ 管子切割后，应用刮刀或半圆锉等休整关口内侧的缩口和毛刺。

④ 割刀使用完毕后，除净油污。长期不用则涂油防锈。

4. 管子铰板

（1）简介　管子铰板是手工铰制外径为 6～100mm 各种钢管外螺纹（外丝扣）的主要工具，分为普通式和轻便式两种。管子铰板的几种常用规格见表 3-2。

表 3-2 管子铰板规格

类型	型号	螺纹种类	螺纹直径/mm	板牙规格/mm
普通式	114	圆锥	DN15～DN50	DN15～DN20,DN25～DN32,DN40～DN50
	117		DN50～DN100	DN50～DN80,DN80～DN100
轻便式	Q7A-1	圆锥	DN6～DN25	DN6,DN20,DN15,DN20,DN25
	SH-76	圆柱	DN15～DN40	DN32,DN40

普通式管子铰板主要是由板体、扳手和板牙三部分组成，如图 3-10 所示。每种规格的管子铰板都分别附有几套相应的板牙，每套板牙可以套两种尺寸的螺纹。

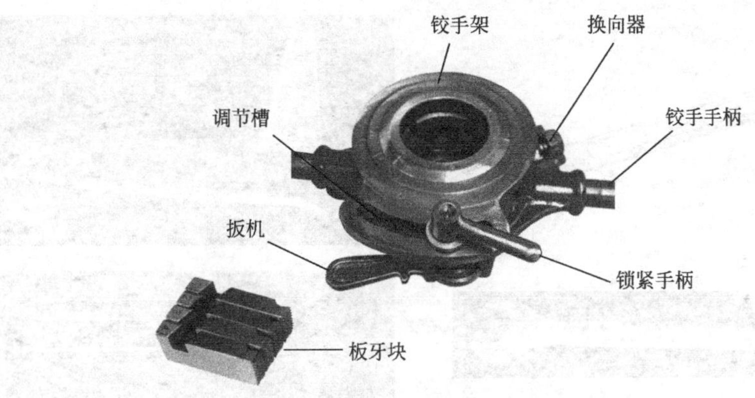

图 3-10 普通式管子铰板

轻便式管子铰板如图 3-11 所示，它只有一个扳手。扳手端头内备有 R1 1/2″管螺纹，以便操作者根据施工场地具体情况，选配一根长短适宜的扳手把。在这种铰板上挂有一个作用类似自行车飞轮的“千斤”。当调整扳手两侧的调位销 5 时，即可使“千斤”按顺时针或逆时针方向起作用。由于这种铰板体积较小，除了可以在工作台上套制螺纹外，还可以在已安装的管道系统中的管子端部就地套制螺纹。

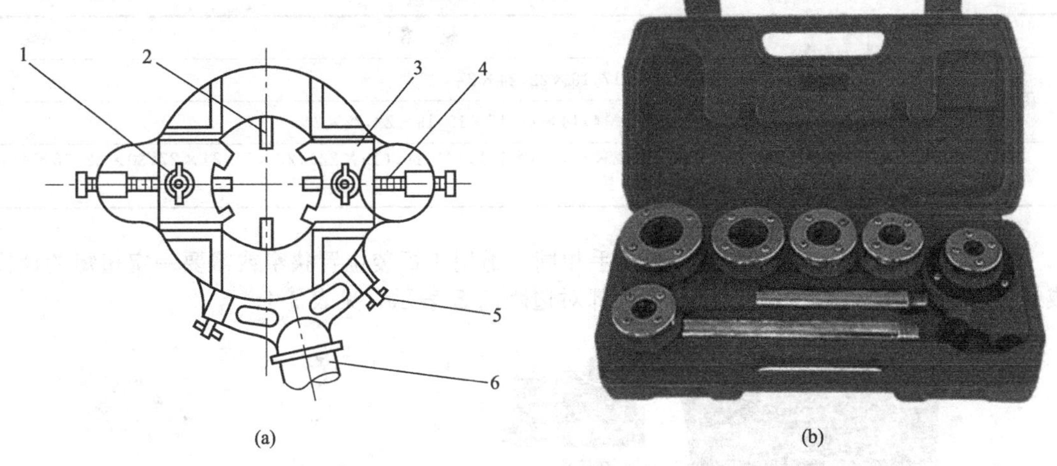

图 3-11 轻便式管子铰板

1—螺纹；2—顶杆；3—板牙；4—定位螺钉；5—调位销；6—手柄

（2）用铰板套制螺纹的质量要求

① 螺纹端正，不偏扣，不乱扣，表面光滑，无毛刺，断扣和缺扣的总长度不得超过螺纹全长的 10%。

② 在螺纹纵向方向上不得有断缺处相靠。

③ 螺纹要有一定的锥度，松紧程度要适当。

④ 螺纹长度以安装连接后尚外露 2～3 扣为宜。

5. 扳手

扳手主要有开口扳手、梅花扳手、活动扳手和套筒扳手几种，其外形见图 3-12。

（1）开口扳手　是最常见的一种扳手。其规格是以两端开口的宽度 S（mm）来表示的，如 8-10、12-14 等，通常是成套装备，有 8 件一套、10 件一套等。

（2）梅花扳手　其两端是环状的，环内孔由两个正六边形，适合在狭窄场合下操作，与

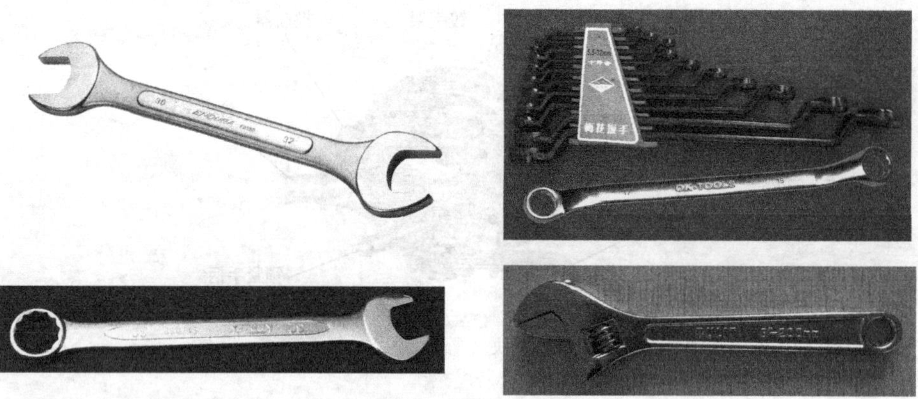

图 3-12 开口扳手、梅花扳手、两用扳手、活动扳手

开口扳手相比，梅花扳手强度高，使用时不易滑脱，但套上、取下不方便。其规格以六角头头部对边距离（即扳手尺寸 S）表示，如 8-10、12-14 等，通常是成套装备，有 8 件一套、10 件一套等。梅花扳手规格见表 3-3。

（3）活动扳手　又称活扳手，其开口尺寸能在一定的范围内任意调整，但活动扳手操作起来不太灵活。其规格是以最大开口宽度（mm）来表示的，常用有 150mm、300mm 等。

表 3-3　梅花扳手规格表　　单位：mm

扳手类别		规　格
套件	6 件	5.5×7,8×10,12×4,14×17,19×22,24×27
	8 件	5.5×7,8×10,19×11,12×14,14×17,17×19,19×22,22×24
单件		5.5×7,8×10,(19×11),12×14,(14×17),17×19,(19×22),22×24,24×27,30×32,36×41,46×50

注：带括号的扳手尽量不要采用。

（4）套筒扳手　环孔形状与梅花扳手相同，适用于拆装位置狭窄或需要一定扭矩的螺栓或螺帽，见图 3-13。其规格以六角头头部对边距离 S 表示，见表 3-4。

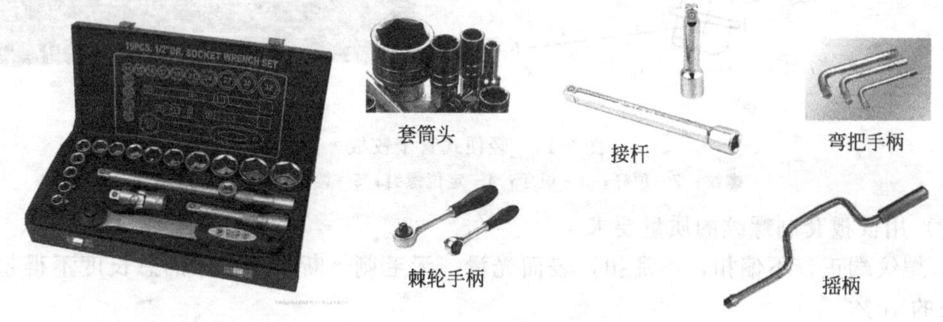

图 3-13　套筒扳手

表 3-4　套筒扳手规格表

套件类别	套件配置			
	套筒头规格(螺帽对边距)/mm	方孔或方榫尺寸/mm	手柄及连接头	接头
小 12 件	4、5、5.5、7、8、9、10、12	7	棘轮扳手,活络头手柄,通用型手柄,长接杆	—
6 件	12、14、17、19、22			
9 件	10、11、12、14、17、19、22、24	13	弯头手柄	—

续表

套件类别	套件配置			
	套筒头规格(螺帽对边距)/mm	方孔或方榫尺寸/mm	手柄及连接头	接头
10件	10、11、12、14、17、19、22、24、27	13	弯头手柄	—
13件	10、11、12、14、17、19、22、24、27		棘轮扳手,活络头手柄,通用型手柄	直接头
17件	10、11、12、14、17、19、22、24、27、30、32	13	棘轮扳手,滑行头手柄,摇手柄,长接杆,短接杆	直接头,万向接头,旋具接头
28件	10、11、12、14、15、16、17、18、19、20、21、22、23、24、26、27、28、30、32			
大19件	22、24、27、30、32、36、41、46、50、55、65、75	20	棘轮扳手,滑行头手柄,摇手柄,弯头手柄,加力杆,接杆	活络头、滑行头

(5) 敲击扳手　如图3-14 (a) 所示，敲击扳手是由45号中碳钢或40Cr钢整体锻造而成，是一类重要的手动扳手，一般是指手持端为敲击端，前端为工作端。主要包括敲击梅花扳手和敲击呆扳手两种。适用于工作空间狭小，不能使用普通扳手的场合。用来拧出六角头螺栓或螺帽。转角较小，可用于只有较小摆角的地方（只需转过扳手1/2的转角），且由于接触面大，可用于强力拧紧。

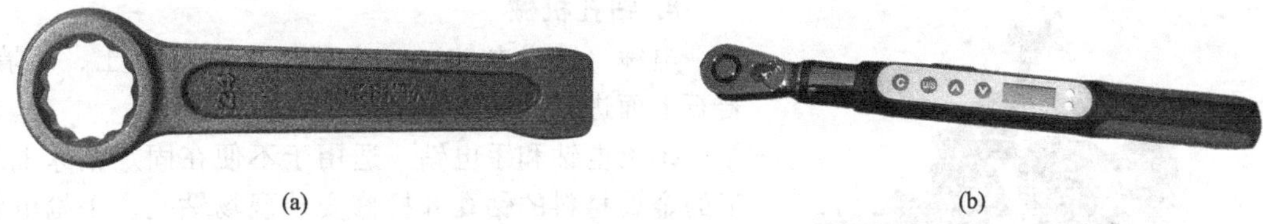

(a)　　(b)

图3-14　敲击扳手和扭力扳手

(6) 扭力扳手　如图3-14 (b) 所示，它在拧转螺栓或螺母时，能显示出所施加的扭矩；或者当施加的扭矩到达规定值后，会发出光或声响信号。扭力扳手适用于对扭矩大小有明确地规定的装卸作业。

(7) 防爆扳手　防爆扳手的材质包括铝青铜和铍青铜两种。

① 铍青铜防爆工具防爆性能：适用于浓度21%以下的氢气中作业，标准代号GBEx。

② 铝青铜防爆工具防爆性能：适用于浓度7.8%以下的乙烯气体中作业，标准代号GBEx ⅡB。

(8) 扳手的选择与使用要领　一般优先选用套筒扳手，其次为梅花扳手，再次为开口扳手，最后选活动扳手。

活扳手使用时不得在钳口内加入垫片，且应使钳口紧贴螺帽或螺钉的棱面。活扳手在每次使用前应将活动钳口收紧。

呆扳手（固定扳手）应选用合适的规格，钳口套上螺钉或螺帽的六角棱面后，不得有晃动的现象，并应平卡到底。螺钉或螺帽的棱面上有毛刺时，应另外处理，不得用锤子等强力工具将扳手的钳口打入。

6. 切割机械

(1) 砂轮切割机（又称无齿锯）　砂轮切割机［见图3-15 (a)］由电动机带动砂轮轮片高速旋转来切断金属管子。特点是切断管子的端面光滑，但是有少数飞边，只需用锉刀除去即可。

（2）自爬式电动切管机　自爬式电动切管机［见图 3-15（b）］主要用来切割管径在 200～1000mm，壁厚 20mm 的金属管材，也可以用于钢管焊接时的坡口加工。

（3）磁轮气割机　磁轮气割机［见图 3-15（c）］具有永磁行走车轮，能够直接吸附在低碳钢管表面，自动完成对管子圆周方向的切割。其切割管径大于 108mm，切割面的表面粗糙度可达 25μm。

(a) 砂轮切割机

(b) 自爬式电动切管机

(c) 磁轮气割机

图 3-15　管子切割机械

7. 套螺纹机械

套螺纹机适用于各种管子的切割和对管端内口倒角、管子、圆钢套外螺纹的加工。常用的套螺纹机最大套螺纹直径为 DN80mm，切断管子最大直径 DN80mm。其外形见图 3-16。

图 3-16　套螺纹机

8. 钻孔机械

电锤（冲击电钻）　主要用于在混凝土、砖墙、岩石上面进行钻孔、开槽等作业。

手枪电钻和手电钻　适用于不便在固定钻床上加工的金属材料的钻孔和检修安装现场钻孔。手枪电钻一般最大钻孔直径为 13mm。手电钻的钻孔直径比手枪电钻大，最大钻孔直径可以达到 32mm。

9. 弯管机械

（1）液压弯管器　液压弯管器如图 3-17 所示。操作方法与手动弯管器基本相同。弯管角度为 90°～180°。

（2）电动弯管器　最大可弯制外径为 159mm 的管子。只要由电动机通过减速机构带动固定在主轴上的弯管模旋转完成弯管工作。弯管时，使用的弯管模、导板和压紧模必须与所弯制的管子外径相符，否则管子会产生变形。

10. 法兰

（1）简介　法兰（Flange）又叫法兰盘或凸缘盘，连接于管端。法兰连接是由法兰、垫片及螺栓三者构成的可拆连接，管道法兰系指管道装置中配管用的法兰，用在设备上系指设备的进出口法兰。法兰上有孔眼，螺栓使两法兰紧连。法兰间用衬垫密封。法兰分螺纹连接（丝接）法兰和焊接法兰。

我国目前同时存在着 4 个法兰标准，分别是：

① 国家法兰标准 GB/T 9112～9124—2010；

② 化工行业法兰标准 HG 20592～20635—2009；

③ 机械行业法兰标准 JB/T 74～86.2—94；

④ 石化行业法兰标准 SH/T 3406—2013。

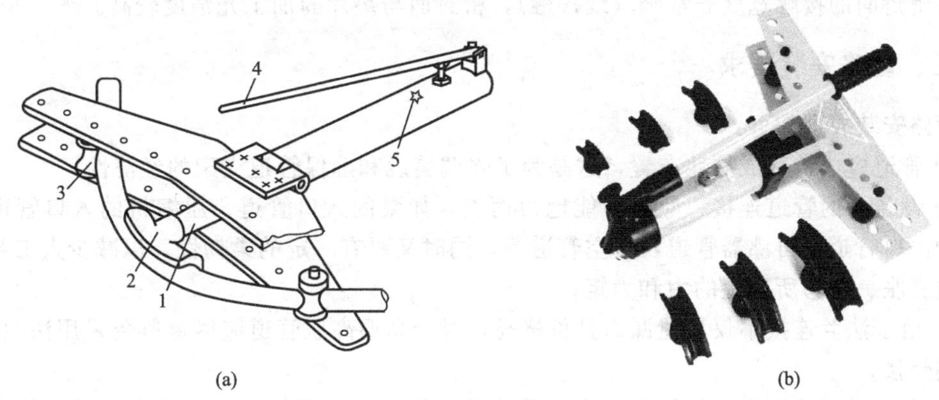

图 3-17 液压弯管器

1—顶杆；2—胎膜；3—管托；4—手柄；5—回油阀

现以国标为例，说明法兰的选择。国标法兰分为两大体系：欧洲体系和美洲体系。欧洲体系法兰的公称压力有：*PN*0.25、*PN*0.6、*PN*1.0、*PN*1.6、*PN*2.5、*PN*4.0、*PN*6.3、*PN*10.0 和 *PN*16.0；美洲体系法兰的公称压力有：*PN*2.0、*PN*5.0、*PN*11.0、*PN*15.0、*PN*26.0 和 *PN*42.0。

（2）选择法兰的依据

① 根据输送介质的性质，针对一般介质、特殊介质、有毒害介质、易燃易爆介质选择不同的法兰。

② 在介质是确定的情况下，根据介质的工作温度和工作压力确定出法兰的公称压力 *PN*。

③ 根据使用场所、连接条件确定法兰与管子的连接方式和密封面形式。

④ 根据连接对象确定法兰规格。

11. 盲板

盲板（blind disk）的正规名称叫法兰盖，也有叫做是盲法兰的。是中间不带孔的法兰，供封住管道一端用。密封面的形式种类较多，有平面、凸面、凹凸面、榫槽面、环连接面。

材质有碳钢、不锈钢、合金钢、PVC 及 PPR 等。

盲板从外观上看，一般分为板式平板盲板、8 字盲板、插板以及垫环（插板和垫环互为盲通）。

盲板起隔离、切断作用。由于其密封性能好，对于需要完全隔离的系统，一般都作为可靠的隔离手段。盲板就是一个带柄的实心的圆，用于通常状况下处于隔离状态的系统。而 8 字盲板，形状像 8 字，一端是盲板，另一端是节流环，但直径与管道的管径相同，并不起节流作用。8 字盲板使用方便，需要隔离时，使用盲板端，需要正常操作时，使用节流环端，同时也可用于填补管路上盲板的安装间隙。另一个特点就是标识明显，易于辨认安装状态。

12. 垫片

垫片是一种能产生塑性变形、并具有一定强度的材料制成的圆环。大多数垫片是从非金属板裁下来，或由专业工厂按规定尺寸制作的，按材料可分为石棉橡胶板、石棉板、四氟板、聚乙烯板等；也有用薄金属板（白铁皮、不锈钢）将石棉等非金属材料包裹起来制成的金属包垫片；还有一种用薄钢带与石棉带一起绕制而成的缠绕式垫片。普通橡胶垫片适用于温度低于 120℃的场合；石棉橡胶垫片适用于对水蒸气温度低于 450℃，对油类温度低于 350℃，压力低于 5MPa 的场合；对于一般的腐蚀性介质，最常用的是耐酸石棉板。在高压设备及管道中，采用铜、铝、10 号钢、不锈钢制成的透镜型或其他形状的金属垫片。高压垫片与密封面的接触宽度非常窄（线接触），密封面与垫片的加工光洁度较高。

三、管路安装要求

管路安装要求如下：

① 管道应成组、成排地布置，这是为了强调美观和确保管道支架的经济性；

② 设备间的管道连接，应尽可能地短而直，如泵的入口管道、压缩机的入口管道、加热炉的出口管道、再沸器管道及真空管道等，同时又要有一定的柔韧性，以减少人工补偿器和由热膨胀、位移所产生的力和力矩；

③ 由于法兰连接不仅易泄漏而且价格高，对于高温高压管道应尽量避免采用法兰连接，而改用焊接；

④ 在输送腐蚀性介质的管道上安装的法兰应设置塑料保护罩，并且在通道上部不得设置法兰，以防泄漏发生安全事故；

⑤ 管道穿越楼板、平台、屋面及墙壁时要加保护套管，套管直径应大于法兰直径或管道保温后的直径；

⑥ 地下管道穿越铁路、公路、水渠时要采取保护措施，一般采用旧钢管做保护套管，其直径比被保护的管道大两个等级；

⑦ 尽可能不采用管沟敷设管道，若必须设计管沟时在阀门和法兰处须留有足够的检修空间，管沟内须有排水设施；

⑧ 地下管道应埋设在冰冻线以下，以免冻坏，埋地管道的阀门应安装在阀门井内；

⑨ 气体和蒸汽管道应从主管上部引出支管，以减少冷凝液的携带，排液口设置在底部以排尽冷凝液。

学习任务与训练

1. 使用合适的工具，以四分镀锌管和必要的管件安装家用自来水管路。
2. 使用合适的工具，以 PPR 或 PVC 管和必要的管件安装家用自来水管路。
3. 使用合适的工具，进行以法兰连接为主的工业管道的安装。

四、管路拆装实训

对常见的流体输送或流体热交换管路系统在拆除后安装恢复原样，以训练管道安装的基本技能。管路系统的安装工作包括：管道安装、法兰和螺纹接合、阀门安装、测量仪表安装和试压。

（一）准备工作

1. 工艺流程图、管道布置图的绘制与熟悉

根据任务要求绘制工艺流程图及管道布置图，或对任务给定的管路工艺流程图及管道布置图进行分析、理解，熟悉工艺和各管道、管件、阀门、仪表等的作用。熟悉装置运行的原理及操作方法。

2. 工具准备

根据管径粗细准备适合的梅花扳手、套筒扳手、双头呆扳手、钢丝钳、管钳子、老虎钳、尖嘴钳、榔头、一字螺丝刀、十字螺丝刀、钢卷尺、水平尺等。

3. 设备、材料准备

①2.5MPa 手动试压泵一台。②备品与原管道系统相同的管件（法兰、弯头、三通、四通、管箍、对丝、活接头等）、测量仪表（0～1.6MPa 压力表、－1～1.6MPa 真空压力表）、

阀门（球阀、闸阀、截止阀、止回阀等）。③备件（螺栓、螺帽、垫片、生料带等）。

4. 配件的常规检查与清理

① 对法兰及活接等密封面、密封件进行清理，清理掉所有的杂质及污物，特别注意密封面凹槽中的杂物要清理彻底，如果法兰面损坏则需要修补或更换。

② 把装置中所有的垫片要清洗干净，保证垫片干净完整，对破损或变形的垫片要更换。

③ 对弯头、三通、紧固件等连接管件进行检查，如果有砂眼、裂纹、偏扣、乱扣、丝扣不全或角度不准等现象要及时更换。

④ 对各种阀门进行检查，保证外观要规矩无损伤，阀体严密性好，阀杆不得弯曲，如不符合要求需要及时修补或更换。

（二）管路拆卸

1. 拆卸前的准备工作

熟悉设备图纸，了解装置构造及管道、管件、阀门、仪表、设备之间的相互关系，研究和确定拆卸方法和步骤。

为了便于装配，拆卸前要在互相接合的两个零部件上，用同样的字头打上印记，或用其他方法做好记号，防止按原位装配时，发生错乱现象。

准备好需用的拆卸工具和材料。

2. 拆卸方法

拆卸顺序，可依据工艺流程中物料流向及测量仪表的使用原则，按一定顺序进行，一般与安装顺序正好相反。操作时，可对测量仪表、管路、设备三个部分分别进行拆装。拆卸时一般是从高处往下逐步拆卸，先仪表后阀门，拆卸过程中不得损坏管件和仪表。拆卸每一零部件都要按顺序进行编号，拆下的管子、管件、阀门和仪表要归类放好，并按照顺序依次摆在地面或架子上。每组学生在拆装时要相互配合，防止管道或管件掉落而砸伤手脚或砸坏地面。

击卸是最简单最常用的设备拆卸方法，借锤击力量，使相互配合的零件产生位移而互相脱开。凡结构简单、零件坚实不重要的部位，均可采用此方法。常用工具为手锤（0.5～1kg）、大锤和冲子，为了防止损伤零件表面，可用木锤、铜锤，工地上用紫铜锤代替钢锤，也可在零件表面垫上铜垫块、铝垫块或木垫块。

（1）测量仪表的拆卸

① 压力表的拆卸。先拆卸现场的压力表，拆卸过程中要减小对压力表盘和缓冲管的震动，压力表分类放在货架上，再拆卸远传压力变送器，拔线时要拿住接头（切不可直接拉线），并且把信号线卷起分类放好。

② 温度表的拆卸。先进行双金属温度计的拆卸，拆卸过程中要轻拿轻放，分类放在货架上，再拆卸铂电阻温度计，拔线时要拿住接头（切不可直接拉线），并且把信号线卷起分类放好。

③ 流量计的拆卸。先对螺纹连接的流量计进行拆卸，拆卸过程中保管好垫片等附件，保持流量计的进出口清洁，并按流量计的不同规格分别放在货架上。法兰连接的流量计与管路同时拆卸。

④ 液位计的拆卸。对法兰式液位计进行拆卸，拆掉液位计的上下接口即可，拆下的按液位计的规格不同分别放在货架上。

（2）管段的拆卸　管段拆装时，水平方向上可按照物料的流向，竖直方向上按照从上至下的顺序进行拆卸。在拆卸连接在管路中的法兰式流量计时，拆卸的顺序是：先拆上方的管段、再拆流量计、最后拆流量计下方的管段，同时，对拆卸下来的管段及管件分类摆放整齐。

（三）管路安装要领与质量要求

1. 管道安装

管道的安装应保证横平竖直，水平管其偏差不大于 1mm/1m，但其全长不能大于 15mm，垂直管偏差不大于 2mm/1m，总偏差不能大于 10mm。

2. 法兰连接

① 安装前应对法兰等进行检查：法兰密封面及金属垫片表面应平整光洁，不得有毛刺及径向沟槽；非金属垫片无老化变质或分层现象，表面不应有折损、皱纹等缺陷，周边应整齐，垫片尺寸与法兰密封面尺寸相符，尺寸偏差不超过规定值；螺栓及螺母的螺纹应完整，无伤痕、毛刺等缺陷。

② 法兰安装要做到对得正、不反口、不错口、不张口（对凹凸式、榫槽式密封面需将垫片先放入凹面或凹槽内）。紧固法兰时要做到垫片的位置要放正，不能加入双层垫片。

③ 垫片安装时一般可根据需要，分别涂以石墨粉、二硫化钼油脂、石墨机油等涂剂。用于大直径管道的垫片需要拼接时，应采用斜口搭接或迷宫形式，不得采用平口对接。

④ 在法兰螺栓孔内按同一方向穿入一种规格的螺栓，在紧螺栓时要按对称位置的秩序拧紧，每螺栓分 2～3 次完成紧固，紧好之后螺栓两头应露出 2～4 扣；螺栓应与法兰紧贴，不得有楔缝；需加垫圈时，每个螺栓不应超过一个。

⑤ 对不锈钢、合金钢螺栓和螺帽，或设计温度高于 100℃或低于 0℃的管道、露天管道、有大气腐蚀或有腐蚀介质管道的螺栓和螺帽，应涂以二硫化钼油脂、石墨机油或石墨粉，以便检修时拆卸。

⑥ 管道安装时，每对法兰的平行度、同心度应符合要求。相互连接的法兰盘应保持平行，其偏差不大于法兰外径的 1.5/1000，且不大于 2mm，安装时不得用强紧螺栓的方法消除歪斜。

⑦ 不得用加热管子、加偏垫或多层垫等方法来消除接口端面的空隙、偏差、错口或不同心等缺陷。

⑧ 法兰连接应保持同轴，其螺栓孔中心偏差一般不超过孔径的 5%，并保证螺栓自由穿入。

⑨ 法兰的设置应便于检修，不得紧贴墙壁、楼板或管架上。

3. 螺纹连接

螺纹连接时管道端部应加工外螺纹，利用螺纹与管箍、管件和活管接头配合固定。其密封则主要依靠锥管螺纹的咬合和在螺纹之间加敷的密封材料来达到。应用聚四氟乙烯生料带、石棉线或油麻丝等沿螺纹旋向缠绕在外螺纹上，以保证旋合装配后连接处严密不漏。

用活管接（又称活接头，见图 3-18）连接也可不转动要相连的两管子而将它们连到一起，活管接由一个软垫圈、一个套合节和两个主节构成，使用时，先将套合节套在不带外螺纹的主节 5 上，再将两主节分别旋在两要连接的管子端部，在两主节间放好软垫圈 3，旋动套合节与带外螺纹的主节 2 相连，使两主节压紧软垫即可。

4. 阀门安装

（1）阀门安装要领。

① 阀门应集中于管架外部，必要时设计操作平台。

② 操作阀门的适宜位置在 1200mm 上下，管道或设备上的阀门不得在人的头部高度范

围内，以免造成头部伤害。

③ 较大的阀门附近应设置支架，避免阀门连接法兰受力。

④ 高处安装的阀门手轮不宜向下，以免阀门泄漏造成事故。

⑤ 水平管道上安装的阀门，手轮方向要求：垂直向上、水平，不宜朝下，以防介质泄漏伤害到操作者。

⑥ 安装在低处的阀门若操作不频繁可以接延伸杆。

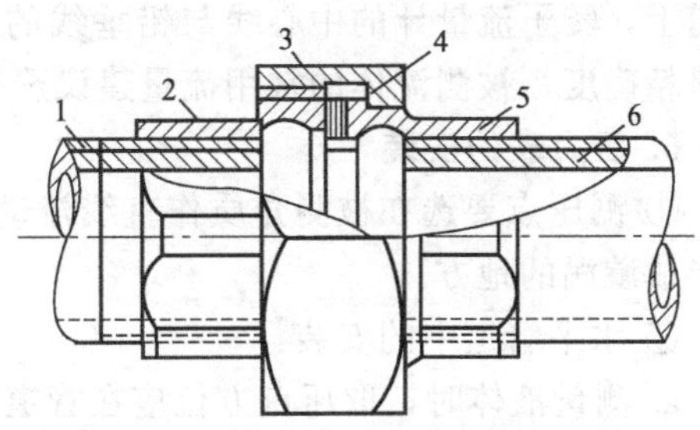

图 3-18 活管接连接

1—左连接管；2—带外螺纹的主节；3—软垫圈；4—套合节；5—不带外螺纹的主节；6—右连接管

⑦ 事故处理阀门的安装位置应尽量设置在安全地带。

⑧ 阀门应尽量靠近主管或设备安装。

⑨ 安装前应将阀门及管道内部清理干净，防止铁屑、砂粒或其他污物刮伤阀门的密封面，核对阀门型号、规格是否符合设计要求。

⑩ 阀门需经检验合格后方能安装。

⑪ 对有方向性的阀门，如截止阀、节流阀、止回阀或减压阀等不得装反，应按阀门上介质流向标志的方向安装，否则会影响使用效果或达不到使用目的。

⑫ 安装法兰连接的阀门，螺母一般应放在阀门一侧，要对称拧紧法兰螺栓，保证法兰面与管子中心线垂直。

⑬ 安装螺纹连接的阀门，先用扳手把住阀体上的六角体，然后转动管子与阀门连接，不得将填料挤入管内或阀内，为此，应从管子螺纹旋入端第二扣开始缠绕填料。

⑭ 焊接连接的阀门，焊缝底层宜采用氩弧焊施焊，以保证内部清洁，焊接时阀门不宜关闭，防止过热变形。

⑮ 法兰或螺纹连接的阀门应在关闭状态下安装。明杆闸阀不宜安装在地下，以防阀杆生锈。安装和更换大型阀门时，起吊的索具不能系在手轮或阀杆上，应系在阀体或法兰上，以免损坏手轮或阀杆。

(2) 阀门的检查与试验 无论是新阀门还是修复后的旧阀门，应检查阀体表面有无裂纹和砂眼，连接螺纹或法兰密封面有无损伤，阀杆是否歪斜、转动时有无卡涩现象等。使用前都应按规定的压力对阀门进行强度和严密性试验。

阀门一般是用洁净的水在实验台上进行试验。强度试验时先打开上部压盘上的排气孔，水经下部的进水管进入阀内，阀处开启状态，充满水后关闭排气孔，缓慢升压到规定压力，保持 5min，壳体、填料无渗漏为合格。

严密性试验时，关闭阀门，从阀门一侧缓慢加压到规定的严密性试验压力，从另一侧检查阀瓣与阀座部分有无渗漏，不漏为合格。

但对闸阀应从两侧分别作严密性试验，渗漏量不超过规定的允许值为合格。试验合格的阀门，应及时排尽内部积水。密封面应涂防锈油（需脱脂的阀门除外），关闭阀门，封闭出入口。高压阀门应填写《高压阀门试验记录》。

安全阀在安装前，应按设计规定进行试调。每个安全阀启闭试验不应少于三次。

工作介质为液体时，用水调试；工作介质为气体时，用空气或惰性气体调试。调试后进行铅封并填写《安全阀调整试验记录》。

5. 转子流量计安装

安装玻璃转子流量计时，应使转子流量计的最小分度值处于下方，垂直安装在无震动的管道上，转子流量计的中心线与铅垂线的夹角应不超过 5°。为保证转子流量计在使用时的测量精确度，被测流体的常用流量建议选择在转子流量计分度流量上限值的 60%以上。

6. 压力表的安装

① 测压点要选在被测介质作直线流动的直管段上，不可选在管路拐弯、分岔、死角或易形成漩涡的地方。

② 水平管道中的安装：

a. 测量液体时，取压点方位应在管道中、下侧部；

b. 测量气体时，取压点应在管道上部；

c. 测量蒸汽时，取压点在管道两侧中部。

③ 测量流动介质时，引压管应与介质流动方向垂直，管口与管壁应平齐，并不能有毛刺。引压管应粗细合适，一般内径为 6～10mm，长度不超过 50m，并尽可能短。引压管水平安装时应保证有 1∶（10～20）的倾斜度，以利于积存于其中的液体或气体排出。

④ 被测介质如果易冷凝或冻结，必须加装伴热管，并进行保温。

⑤ 测量液体压力时，在引压系统最高处应装集气器；测量气体压力时，在引压管系统最低处应装气水分离器；测含杂质的介质或可能产生沉淀物的介质时，在仪表前应装沉降器。

⑥ 压力表应安装在满足规定的使用环境条件和易于观察检修的地方。

⑦ 压力表为了适用于不同的场合，可加装特殊装置，主要有以下情况：

a. 应尽量避免温度变化对仪表的影响，测量高温气体或蒸汽压力时，应加装回转冷凝器。

b. 测量有腐蚀性或黏度较大，有结晶、沉淀等物质的压力时，要对压力表采取相应的保护措施，以防腐蚀、堵塞等，安装适当的隔离器。

c. 在振荡环境中安装使用，应装减震器。

d. 当被测压力波动大时，应装缓冲器以增加阻尼。

⑧ 取压口到压力表之间应装切断阀，以备检修时使用。切断阀应装在靠近取压口的地方。

⑨ 被测压力较小，而压力表与取压口又不在同一高度时，对由此落差所造成的测量误差，应进行修正，修正方法为调节仪表的零点。

⑩ 仪表的连接口，应根据被测压力的高低和介质性质，选择适当的材料作为密封垫片。

⑪ 仪表的安装应垂直，如果装在室外，还应装保护罩。

⑫ 测量高压时选用表壳有通气孔的仪表，安装时表壳应面向墙壁或无人通过之处，以防意外事故的发生。

（四）水压试验

管道安装完毕后，应作强度与严密度试验，试验是否有漏气或漏液现象。管道的操作压力不同，输送的物料不同，试验的要求也不同。试验压力一般为管道设计压力的 1.5 倍，试验所用压力表的精度不得低于 1.5 级，表的量程应为被测压力的 1.5～2 倍。

灌水前，应打开系统最高点的排气阀，关闭系统最低点的泄水阀。系统充水完成后，应先检查有无漏水、渗水。检查无异常后，进行升压，升压应缓慢、平稳。当升至试验压力的一半时，应对管道系统作全面的检查，若有问题应泄压修理，严禁带压修复。若检查无异常，继续升压至试验压力的 3/4，再作一次全面检查，若无异常，继续升压至试验压力。

当压力达到试验压力后，在试验压力下维持 10min，再将压力降至设计压力，维持

30min，未发现渗漏现象，则水压试验即为合格。

（五）管道系统常见故障处理方法

泄漏是工厂的一大隐患，泄漏可引起火灾、燃爆、腐蚀（设备、仪表、建筑、人员）、物料损失、能量损失、环境污染、产生噪声等。管道在运行过程中，除了泄漏，往往还会发生堵塞等故障。所以，在生产过程中，要经常检查，及时排除事故隐患。

管道常见的故障及处理方法如表3-5所示。

表3-5 管道常见的故障及处理方法

常见故障	原因	处理方法
管泄漏	①裂纹 ②孔洞(管内外腐蚀、磨损) ③焊接不良	装旋塞;缠带;打补丁;箱式堵漏;更换
管道堵塞或流量小	①杂质堵塞 ②阀不能开启	连接旁通,设法清除管道杂质或更换管段;检查阀盘与阀杆;更换阀部件;更换阀门
管振动	①流体脉动 ②机械振动	用管支撑固定或撤掉管支撑,但必须保证强度
管弯曲	管支架不良	调整管支撑
法兰泄漏	①螺栓松动 ②密封垫片损坏 ③法兰有砂眼	紧固螺栓、更换螺栓,更换密封垫;更换法兰
阀泄漏	①压盖填料不良,杂质附着在其表面 ②阀不能关闭(内漏) ③阀体有砂眼	紧固填料函;更换压盖填料;更换阀部件或阀;更换阀门

（六）管道拆装参考评分表

管道拆装参考评分表如表3-6所示。

表3-6 管路拆装参考评分表

项目	考核内容	考核记录	得分
一、管道拆除 20分	①准备工作(10分) 领用工具不合适,每多一个或少一个扣1分;领用材料不合适,每多一个或少一个,扣1分;未排水槽内水,扣2分;管内液体不排放,扣2分;排液不净,扣1分;排液前相关阀门所处状态不正确,扣1分。最多扣10分		
	②拆除过程操作(10分) 工具、管件等不摆放在台子上,一次扣1分;工具使用不正确,一次扣1分;工具、零件等掉落,一次扣1分;不是由上至下拆除扣3分;泵出口阀未关闭扣2分;不用盲板盖住泵出口扣2分。最多扣10分		

续表

项目	考核内容	考核记录	得分
二、 管道安装 20分	①管件、阀门安装(10分) 残余垫片清理不彻底,一处扣1分;垫片或盲板选择不正确,一处扣1分;阀门装反,扣3分;垫片多装、少装、漏装,一处扣1分;垫片位置装错,一处扣1分。最多扣10分		
	②安装过程操作(10分) 工具、管件等不摆放在台子上,一次扣1分;工具使用不正确,一次扣1分;工具、零件等掉落,一次扣1分;盲板漏装,一处扣2分;不是由下至上安装,扣3分。最多扣10分		
三、 压力试验 20分	①试压过程操作(10分) 未向试压泵注水,扣2分;注水不够,扣1分;连接试压泵未加垫圈,扣2分;试压前相关阀门未打开,一处扣1分;带压紧固,扣3分;不卸压直接拆除盲板,扣3分;卸试压泵前未关闭相关阀门,扣2分;卸压时急开阀门,扣1分;卸压时漏水,扣1分。最多扣10分。		
	②压力试验(10分) 不保压,不重装,扣10分;重装后不保压扣8分;未经指导教师允许试压扣8分。最多扣10分。		
四、 流体输送 20分	①管道重新安装(8分) 工具、管件等不摆放在台子上,一次扣1分;工具使用不正确,一次扣1分;工具、零件等掉落,一次扣1分;垫片多装、少装、漏装,一处扣1分;盲板未抽除,一处扣2分。最多扣8分。		
	②开停车操作(12分) 开泵前泵前阀门开、闭状态不正确,一处扣1分;开泵前未关出口阀门,扣2分;阀门操作不正确,一次扣1分;启动离心泵后不开泵出口阀门,扣2分;开泵后有泄漏,一处扣2分;停泵前未关泵出口阀门扣2分;停泵后不排液扣2分;排液过程漏液扣1分。最多扣12分		
五、 文明 生产 20分	未经指导教师允许进行下一步操作,一次扣5分;串岗,每一人次扣2分;未按要求穿工作服,每一人次扣2分;发生伤害事故,每一人次扣2分;实训结束后不做卫生扣5分,卫生不合格扣3分。最多扣20分		
合计			

学习任务与训练

1. 完成流体输送装置的综合拆装（包括必要的测绘及工具、材料、方案的准备）并按要求进行评分。

2. 完成流体传热装置的综合拆装（包括必要的测绘及工具、材料、方案的准备）并按要求进行评分。

任务4 液体输送操作

制药过程中液体输送的方式主要有：高位槽送料、输送机械送料、真空抽料、压缩空气送料等。

高位槽送料的优点：流量、压力稳定，安全性高，对事故和突发事件有缓冲作用，间歇操作时送料准确。缺点：投资大，输送量小，压力低，靠自流进入设备，设备内不能有压力。适用范围：输送不易挥发溶液的场合，间歇操作要求送料量准确的场合及要求安全性高的场合。

输送机械送料的优点：种类多，适应范围广，可适用于各种场合，流量范围大，扬程范围广，可用于长距离输送。缺点：特殊泵（如耐酸泵、防爆泵）等价格较高，每台泵只能输送一种物料，投资大。适用范围：选择不同泵可适用于各种场合。

真空抽料的优点：投资小，可用一台真空泵抽送多种物料，泵不接触输送流体，可输送固体或含固液体及易析出固体的液体，可输送腐蚀性液体，不易泄露。缺点：易产生静电，不宜抽送易燃易爆液体，沸点较低的不宜使用真空抽送，否则损失较大；设备必须承受负压，防止抽瘪。适用范围：总压头损失在 9m 以下，沸点高、黏度低的流体的输送。

压缩空气送料的优点：结构简单，无需输送机械，可用于腐蚀性大的不易燃不易爆液体的间歇输送。缺点：流量小且不易调节，不能用于易燃易爆液体的输送，容器必须承受输送压力否则有爆炸的危险，有一定的产生静电的风险。

一、高位槽送料相关计算

小区水塔（水箱）供水是常见的高位槽流体输送系统，它能在市政管网水压不足或故障时保障有效供水。

（一） 高位槽所需高度计算

高位槽所需高度计算为设计类计算。

【例 4-1】 如图 4-1 所示，如果用水高峰期供水流量为 $9m^3/h$，从水塔到测压点的管道用内径为 53mm 的镀锌管，粗糙度取 0.3mm，管道长度为 $30m+H$（包括出口、管件、阀门流动阻力的当量长度），测压点压力 p 要求达到 2.5×10^5Pa，那么水塔的高度 H 多高才能达到供水要求？

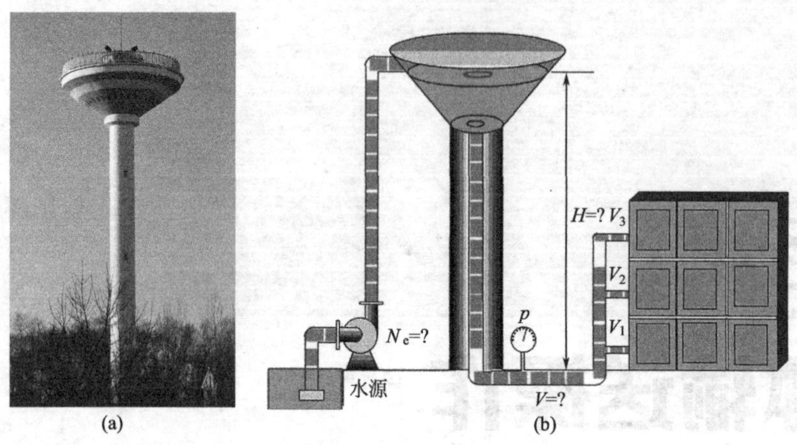

图 4-1　小区水塔供水示意图

解：以水塔中水的液面的 1—1’截面为上游截面，以管道测压点处垂直于流动方向的 2—2’截面为下游截面，在两截面之间列出伯努利方程：

$$z_1g+\frac{p_1}{\rho}+\frac{u_1^2}{2}=z_2g+\frac{p_2}{\rho}+\frac{u_2^2}{2}+\sum h_f \tag{4-1}$$

假设 z_2 为零，那么 $z_1=H$；1—1’截面通大气，所以 $p_1=0$（表压）；$p_2=p=2.5\times10^5$Pa；由于水塔流体流动截面很大，所以 $u_1\approx0$。得：

$$Hg=\frac{p}{\rho}+\frac{u_2^2}{2}+\sum h_f \tag{4-2}$$

根据范宁公式：

$$\sum h_f=\lambda\frac{l}{d}\frac{u_2^2}{2}=\lambda\frac{30+H}{d}\frac{u_2^2}{2} \tag{4-3}$$

将式（4-3）代入式（4-2），得：

$$Hg=\frac{p}{\rho}+\frac{u_2^2}{2}+\lambda\frac{30+H}{d}\frac{u_2^2}{2} \tag{4-4}$$

解得：

$$H=\frac{2pd+\rho du_2^2+30\rho\lambda u_2^2}{2\rho dg-\rho\lambda u_2^2} \tag{4-5}$$

水在管道中的流速：

$$u_2=\frac{V}{\frac{\pi}{4}\cdot d^2}=\frac{9}{\frac{\pi}{4}\times0.053^2\times3600}=1.133(\mathrm{m/s}) \tag{4-6}$$

水的密度取 1000kg/m³，黏度取 1.781mPa·s（0℃时黏度最大），则雷诺数

$$Re=\frac{du_2\rho}{\mu}=\frac{0.053\times1.133\times1000}{0.001787}=3.372\times10^4 \tag{4-7}$$

雷诺数大于 4000，流动类型为湍流，将相对粗糙度和雷诺数代入科尔布鲁克（Colebrock）迭代公式。

$$\lambda=\frac{1}{\left[1.74-2\lg\left(\frac{2\varepsilon}{d}+\frac{18.7}{Re\sqrt{\lambda}}\right)\right]^2}$$

经迭代算出摩擦系数λ，使相邻两次计算相对误差小于万分之一得：$\lambda=0.03395$

（摩擦系数λ还可以用莫迪图查得，或者当相对粗糙度ε/d小于0.06时可使用下面的简化公式直接计算，免去迭代的麻烦：

$$\lambda=0.1\left(\frac{\varepsilon}{d}+\frac{68}{Re}\right)^{0.23}$$

本题用简化公式的计算值是0.03263，与科尔布鲁克迭代公式之间的相对差是3.9%。）

将所有数据带入式（4-5），

$$H=\frac{2\times2.5\times10^5\times0.053+30\times1000\times0.03395\times1.133^2+1000\times0.053\times1.133^2}{2\times1000\times0.053\times9.807-1000\times0.03395\times1.133^2}$$

$=28.0(\mathrm{m})$

所以水塔的高度要达到26.3m才能满足供水要求。

其中克服摩擦阻力所需的压头为

$$H_{\mathrm{f}}=\lambda\frac{30+H}{dg}\frac{u_2^2}{2g}=2.48(\mathrm{m})$$

学习任务与训练

1. 水塔设计时水的黏度如何设定？

2. 实际管路中，管件、阀门（全开时）、进出管道的局部阻力计算的当量长度与直管长度的大致比例范围是多少？

3. 在水塔离用户不是太远的情况下，水塔的高度主要用来产生足够的静压力，还是用来克服摩擦损失？

4. 找到车间高位槽供料或居民水塔供水实例，根据所需流量要求计算高位槽或水塔的所需高度。

（二） 水泵轴功率的计算

【例4-2】同样以图4-1中的水塔为例，设水源为水池，水池液面到水塔液面的高度差为$H=32\mathrm{m}$；水泵靠近水源；水塔要求的供水量为$9\mathrm{m^3/h}$；水泵出口到水箱的管道总长（包括局部阻力的当量长度）为$l=60\mathrm{m}$，管道内径为$d=53\mathrm{mm}$；水泵吸口连接管道由于管径较大且管道较短，阻力忽略不计。那么所需水泵的扬程要多少？水泵的轴功率要多大？

解：假设泵把水从水源输送到水塔所需达到的流量为水塔最大供水量的1.5倍，即$V=13.5\mathrm{m^3/h}$。

以水源水平面1—1’截面为上游截面，以水塔中水的液面2—2’截面为下游截面，在两截面之间列出伯努利方程：

$$z_1g+\frac{p_1}{\rho}+\frac{u_1^2}{2}+W_{\mathrm{e}}=z_2g+\frac{p_2}{\rho}+\frac{u_2^2}{2}+\sum h_{\mathrm{f}}$$

假设z_1为零，那么$z_2=H$；1—1’、2—2’截面通大气，所以p_1、$p_2=0$（表压）；由于水池、水塔流体流动截面很大，所以u_1、$u_2\approx0$。得：

$$W_{\mathrm{e}}=Hg+\sum h_{\mathrm{f}} \tag{4-8}$$

输送管道中水的流速：

$$u=\frac{V}{\frac{\pi}{4}d^2}=1.700(\mathrm{m/s})$$

$$Re=\frac{du\rho}{\mu}=5.058\times10^4$$

摩擦系数用科尔布鲁克 Colebrock 迭代公式计算，得 $\lambda=0.03319$

$$\sum h_f=\lambda \frac{l}{d}\times\frac{u^2}{2}=54.279(\text{J/kg})$$

$$W_e=Hg+\sum h_f=348.5(\text{J/kg})$$

所需泵的扬程：

$$H_e=\frac{W_e}{g}=33.5(\text{m})$$

有效轴功率为：

$$N_e=W_eV\rho=1.307\times10^3(\text{W})$$

若泵的效率为 65%，那么泵所需的实际轴功率为：

$$N=\frac{N_e}{65\%}=2.01\times10^3(\text{W})$$

学习任务与训练

1. 水泵给水塔供水的流量与水塔给用户供水的最大流量的比值应在哪个范围比较合理？
2. 找到车间高位槽供料或居民水塔供水实例，计算水泵有效轴功率。

（三） 高位槽输送能力的计算

高位槽输送能力的计算为校核类计算，这类计算要采用迭代或试差的方法求解非线性方程(组)。

【例 4-3】 同样以图 4-1 中的水塔为例，设水塔的高度为 30m，管道内径为 53mm，管道从水箱出水口到测压点的总长（包括局部阻力的当量长度）为 60m，测压点要求的水压不小于 2.5×10^5Pa，那么水塔的最大供水量能达到多少？

解： 以水塔中水的液面 1—1’截面为上游截面，以管道测压点处垂直于流动方向的 2—2’截面为下游截面，在两截面之间列出伯努利方程：

$$z_1g+\frac{p_1}{\rho}+\frac{u_1^2}{2}=z_2g+\frac{p_2}{\rho}+\frac{u_2^2}{2}+\sum h_f \tag{4-9}$$

假设 z_2 为零，那么 $z_1=H$；1—1’截面通大气，所以 $p_1=0$（表压）；$p_2=p=2.5\times10^5$Pa；由于水塔流体流动截面很大，所以 $u_1\approx0$。得：

$$Hg=\frac{p}{\rho}+\frac{u_2^2}{2}+\lambda\frac{l}{d}\times\frac{u_2^2}{2} \tag{4-10}$$

将范宁公式

$$\sum h_f=\lambda\frac{l}{d}\times\frac{u_2^2}{2}$$

代入式（4-10）并移项得

$$u_2^2=\frac{2H\rho dg-2pd}{\rho d+\rho\lambda l}$$

$$u_2=\sqrt{\frac{2H\rho dg-2pd}{\rho d+\rho\lambda l}} \tag{4-11}$$

由于 λ 是相对粗糙度和雷诺数的函数，用简化公式表示：

$$\lambda=0.1\left(\frac{\varepsilon}{d}+\frac{68\times\mu}{d\rho u_2}\right)^{0.23} \tag{4-12}$$

式（4-11）、式（4-12）形成两个未知数、两个方程，可以用迭代法（或试差法）求得数值解。

如果水的物性数据：密度取1000kg/m^3，黏度取1.781mPa·s，先假设$\lambda=0.03$，从式(4-11)可得：

$$u_2=\sqrt{\frac{2H\rho dg-2pd}{\rho d+\rho\lambda l}}=1.590(\mathrm{m/s})$$

将u_2代入式(4-12)得：

$$\lambda=\left(\frac{\varepsilon}{d}+\frac{68\times\mu}{d\rho u_2}\right)^{0.23}=0.03204$$

反复交替计算：

$$u_2=\sqrt{\frac{2H\rho dg-2pd}{\rho d+\rho\lambda l}}=1.540(\mathrm{m/s})$$

$$\lambda=\left(\frac{\varepsilon}{d}+\frac{68\times\mu}{d\rho u_2}\right)^{0.23}=0.03209$$

$$u_2=\sqrt{\frac{2H\rho dg-2pd}{\rho d+\rho\lambda l}}=1.539(\mathrm{m/s})$$

$$\lambda=\left(\frac{\varepsilon}{d}+\frac{68\times\mu}{d\rho u_2}\right)^{0.23}=0.03209$$

最后得到u_2为1.539m/s。流量：

$$V=\frac{\pi}{4}\cdot d^2\cdot u_2=12.22(\mathrm{m^3/h})$$

所以水塔能够达到的供水量为12.2m^3/h。

（若用科尔布鲁克Colebrock迭代公式计算，则供水量为12.0m^3/h，与用简化公式所得结果的相对差是2%。）

学习任务与训练

1. 找到车间高位槽供料或居民水塔供水实例，计算供水能力。
2. 画出车间高位槽供料或居民水塔供水的流程图、管路布置图。

（四） 高位槽多层输送能力的计算

【例 4-4】 某居民楼供水系统如图4-2所示，水塔距地面高30m，水塔出口到一楼分支处的主管道长l为60m（包括局部阻力的当量长度），室内水管规格均为ϕ21.75mm×2.75mm，输水总管规格为ϕ60mm×3.5mm，各楼层水管摩擦阻力的总当量长度均为10m，管内粗糙度均为0.3mm，水的黏度为1.781mPa·s。求各层的水流量为多少m^3/h?

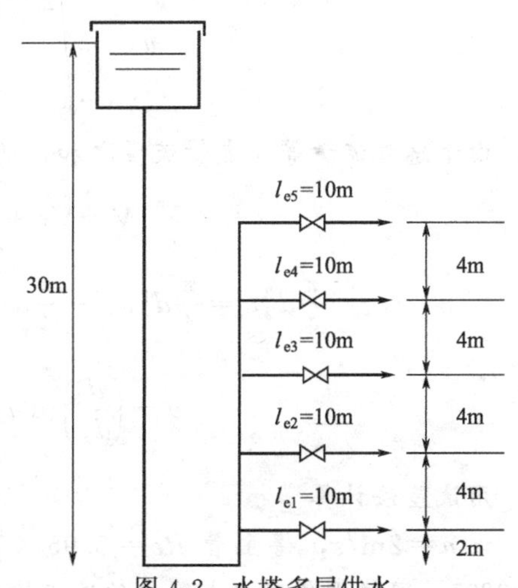

图4-2 水塔多层供水

解： 设水塔水面为0-0'截面，一、二、三、四、五层水管出口截面分别为1—1'、2—2'、3—3'、4—4'、5—5'截面。以地面为基准面。

设主管道管内径为d_z，室内管道内径为d，主管道的摩擦系数为λ，各层室内管道的摩擦系数分别为λ_1、λ_2、λ_3、λ_4、λ_5；因各层室内管道的当量长度都相等，都为$l_e=10$m，因从一楼分支到五楼分支之间的主管的摩擦损失可先予以忽略以简化计算，所以分别在0—0'截面和1—

1'、2—2'、3—3'、4—4'、5—5' 截面之间列出伯努利方程：

$$z_0 g = z_1 g + \frac{u_1^2}{2} + \lambda \frac{l}{d_z} \frac{u^2}{2} + \lambda_1 \frac{l_{e1}}{d} \frac{u_1^2}{2} \tag{4-13}$$

$$z_0 g = z_2 g + \frac{u_2^2}{2} + \lambda \frac{l}{d_z} \frac{u^2}{2} + \lambda_2 \frac{l_{e2}}{d} \frac{u_2^2}{2} \tag{4-14}$$

$$z_0 g = z_3 g + \frac{u_3^2}{2} + \lambda \frac{l}{d_z} \frac{u^2}{2} + \lambda_3 \frac{l_{e3}}{d} \frac{u_3^2}{2} \tag{4-15}$$

$$z_0 g = z_4 g + \frac{u_4^2}{2} + \lambda \frac{l}{d_z} \frac{u^2}{2} + \lambda_4 \frac{l_{e4}}{d} \frac{u_4^2}{2} \tag{4-16}$$

$$z_0 g = z_5 g + \frac{u_5^2}{2} + \lambda \frac{l}{d_z} \frac{u^2}{2} + \lambda_5 \frac{l_{e5}}{d} \frac{u_5^2}{2} \tag{4-17}$$

由以上各式可分别得到：

$$u_1 = \sqrt{\frac{2 \times g(z_0 - z_1) - \lambda \frac{l}{d_z} u^2}{1 + \lambda_1 \frac{l_e}{d}}} \tag{4-18}$$

$$u_2 = \sqrt{\frac{2 \times g(z_0 - z_2) - \lambda \frac{l}{d_z} u^2}{1 + \lambda_2 \frac{l_e}{d}}} \tag{4-19}$$

$$u_3 = \sqrt{\frac{2 \times g(z_0 - z_3) - \lambda \frac{l}{d_z} u^2}{1 + \lambda_3 \frac{l_e}{d}}} \tag{4-20}$$

$$u_4 = \sqrt{\frac{2 \times g(z_0 - z_4) - \lambda \frac{l}{d_z} u^2}{1 + \lambda_4 \frac{l_e}{d}}} \tag{4-21}$$

$$u_5 = \sqrt{\frac{2 \times g(z_0 - z_5) - \lambda \frac{l}{d_z} u^2}{1 + \lambda_5 \frac{l_e}{d}}} \tag{4-22}$$

由于总管流量等于支管流量之和，所以：

$$V = V_1 + V_2 + V_3 + V_4 + V_5$$

$$\frac{\pi}{4} d_z^2 u = \frac{\pi}{4} d^2 u_1 + \frac{\pi}{4} d^2 u_2 + \frac{\pi}{4} d^2 u_3 + \frac{\pi}{4} d^2 u_4 + \frac{\pi}{4} d^2 u_5$$

$$u = \left(\frac{d}{d_z}\right)^2 (u_1 + u_2 + u_3 + u_4 + u_5) \tag{4-23}$$

用试差法计算

设 $u = 2\text{m/s}$，得主管 $Re = 5.95 \times 10^4$，用科尔布鲁克 Colebrock 迭代公式计算 $\lambda = 0.03295$，同样设各室内支管内的流速均为设 $u = 2\text{m/s}$，得 $\lambda_1 = \lambda_2 = \lambda_3 = \lambda_4 = \lambda_5 = 0.04394$，

由式（4-18）、式（4-19）、式（4-20）、式（4-21）、式（4-22）计算得：

$u_1=4.262\text{m/s}$、$u_2=3.821\text{m/s}$、$u_3=3.322\text{m/s}$、$u_4=2.734\text{m/s}$、$u_5=1.978\text{m/s}$，

由式（4-23）得：$u=2.591\text{m/s}$。

从式(4-18)、式(4-19)、式(4-20)、式(4-21)、式(4-22) 可以看出，设定的 u 越大，u_1、u_2、u_3、u_4、u_5 所得值越小。

从新设定 $u=$（2+2.2591）/2=2.2955（m/s）。

同样方法重复计算，直到 u 的设定值和计算值的相对差小于千分之一。

设定 u /(m/s)	λ	λ_1	u_1 /(m/s)	λ_2	u_2 /(m/s)	λ_3	u_3 /(m/s)	λ_4	u_4 /(m/s)	λ_5	u_5 /(m/s)	计算 u /(m/s)
2	0.03295	0.04394	4.262	0.04394	3.821	0.04394	3.322	0.04394	2.734	0.04394	1.978	2.591
2.2955	0.03278	0.04366	4.051	0.04376	3.570	0.04392	3.013	0.04417	2.330	0.04467	1.344	2.300
2.2979	0.03278	0.04371	4.047	0.04384	3.564	0.04404	3.006	0.04441	2.320	0.04456	1.326	2.293
2.2954	0.03278	0.04371	4.049	0.04384	3.567	0.04404	3.009	0.04441	2.324	0.04460	1.332	2.2958

$$V_1=\frac{\pi}{4}\times(0.02125)^2\times4.049\times3600=5.17(\text{m}^3/\text{h})$$

$$V_2=\frac{\pi}{4}\times(0.02125)^2\times3.567\times3600=4.55(\text{m}^3/\text{h})$$

$$V_3=\frac{\pi}{4}\times(0.02125)^2\times3.009\times3600=3.842(\text{m}^3/\text{h})$$

$$V_4=\frac{\pi}{4}\times(0.02125)^2\times2.324\times3600=2.97(\text{m}^3/\text{h})$$

$$V_5=\frac{\pi}{4}\times(0.02125)^2\times1.332\times3600=1.70(\text{m}^3/\text{h})$$

所以，$V_1:V_2:V_3:V_4:V_5=3.04:2.68:2.26:1.74:1$

主管道中的各段的阻力损失

u_{12} /(m/s)	λ_{12}	h_{f12} /(J/kg)	u_{23} /(m/s)	λ_{23}	h_{f23} /(J/kg)	u_{34} /(m/s)	λ_{34}	h_{f34} /(J/kg)	u_{45} /(m/s)	λ_{45}	h_{f45} /(J/kg)	h_{f01} /(J/kg)
1.645	0.3324	3.394	1.072	0.03407	1.476	0.5880	0.03586	0.4670	0.2140	0.04134	0.072	97.80

忽略的阻力损失最大值为 $h_{f12}+h_{f23}+h_{f34}+h_{f45}=5.41\text{J/kg}$，相当于 0.552m 压头。若把这些阻力损失考虑在内，高层的供水量均会因压力减小而有所减小，低层的供水量由于压力增大而增大。用下面公式进行准确计算：

$$u_1=\sqrt{\frac{2\cdot g(z_0-z_1)-\lambda\cdot\dfrac{l}{d_z}\cdot u^2}{1+\lambda_1\cdot\dfrac{l_e}{d}}}\tag{4-24}$$

$$u_2=\sqrt{\frac{2\cdot g\cdot(z_0-z_2)-\lambda\cdot\dfrac{l}{d_z}\cdot u^2-2\cdot h_{f12}}{1+\lambda_2\cdot\dfrac{l_e}{d}}}\tag{4-25}$$

$$u_3=\sqrt{\frac{2\cdot g\cdot(z_0-z_3)-\lambda\cdot\dfrac{l}{d_z}\cdot u^2-2\cdot h_{f12}-2\cdot h_{f23}}{1+\lambda_3\cdot\dfrac{l_e}{d}}} \tag{4-26}$$

$$u_4=\sqrt{\frac{2\cdot g\cdot(z_0-z_4)-\lambda\cdot\dfrac{l}{d_z}\cdot u^2-2\cdot h_{f12}-2\cdot h_{f23}-2\cdot h_{f34}}{1+\lambda_4\cdot\dfrac{l_e}{d}}} \tag{4-27}$$

$$u_5=\sqrt{\frac{2\cdot g\cdot(z_0-z_5)-\lambda\cdot\dfrac{l}{d_z}\cdot u^2-2\cdot h_{f12}-2\cdot h_{f23}-2\cdot h_{f34}-2\cdot h_{f45}}{1+\lambda_5\cdot\dfrac{l_e}{d}}} \tag{4-28}$$

同样方法重复计算，直到 u 的设定值和计算值的相对差小于千分之一。

设定 u /(m/s)	λ	λ_1	u_1 /(m/s)	λ_2	u_2 /(m/s)	λ_3	u_3 /(m/s)	λ_4	u_4 /(m/s)	λ_5	u_5 /(m/s)	计算 u /(m/s)
2.2954	0.03278	0.04371	4.049	0.04384	3.522	0.04404	2.933	0.04441	2.216	0.04460	1.135	2.227
2.262	0.03280	0.04371	4.081	0.04385	3.562	0.04407	2.983	0.04449	2.282	0.04615	1.254	2.262

$$V_1=\frac{\pi}{4}\times(0.02125)^2\times4.081\times3600=5.217(\mathrm{m^3/h})$$

$$V_2=\frac{\pi}{4}\times(0.02125)^2\times3.562\times3600=4.55(\mathrm{m^3/h})$$

$$V_3=\frac{\pi}{4}\times(0.02125)^2\times2.983\times3600=3.81(\mathrm{m^3/h})$$

$$V_4=\frac{\pi}{4}\times(0.02125)^2\times2.282\times3600=2.91(\mathrm{m^3/h})$$

$$V_5=\frac{\pi}{4}\times(0.02125)^2\times1.254\times3600=1.60(\mathrm{m^3/h})$$

所以，$V_1:V_2:V_3:V_4:V_5=3.25:2.84:2.38:1.82:1$

学习任务与训练

1. 找到高位槽多层供料的实例，计算各层供水能力。
2. 说明居民水塔供水进出水箱管路各种管件、阀门配置要点，用管道图加以说明。

二、离心泵送料及相关计算

（一） 注射用水储存与分配

注射用水储存与分配流程图见图 4-4。

《中国药典》2010 年版规定的注射用水静态保温条件为 80℃以上或 4℃以下，循环保存条件为 70℃以上或 4℃以下。使用时间一般不超过 12h。图 4-3 为注射用水热储存与分配的一种方案，该方案可以保证较大的循环量，总体能耗也相对较低。

循环水泵应该用开式叶片，材料为 316L，是具有最低点排放，并能在线清洗（CIP）和在线消毒（SIP）的卫生泵。泵的出水口为 45°角，使泵内上部空间无容积式气隙，可减少

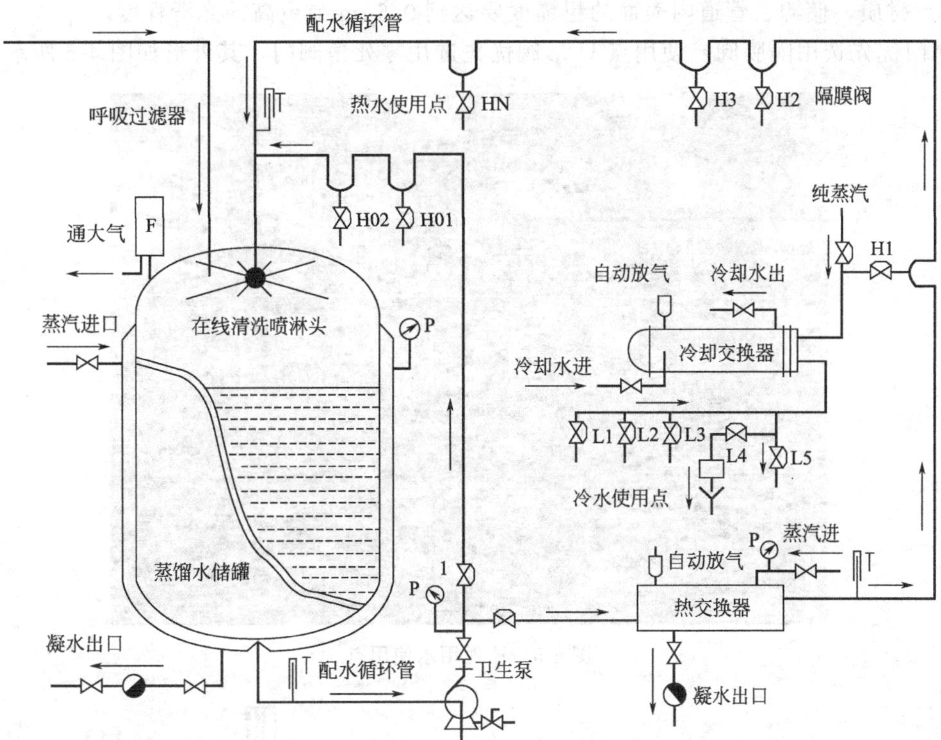

图 4-3 注射用水热储存与分配流程图

气蚀发生。输送泵的密封宜采用制药用水自身润滑冲洗的双端面密封方式。泵能耐受热压消毒的工作压力，能在含蒸汽的湍流热水下稳定的工作。泵的流量和扬程应能满足高峰用水量加回水流量要求，宜采用变频使回水流速保证在 1.5m/s 左右，喷淋球在线清洗（CIP）至少约需 0.15MPa 的工作压力。

循环系统尽量不安装在线备用泵；如果使用在线备用泵，建议备用泵低速运行，有一定流速流过备用泵，并能使两泵定时切换。

考虑到比较容易满足输送泵对水位的要求，罐内水流速较快有利于阻止生物膜形成，回水喷淋效果也较好等因素，注射用水储存应优先选用立式储罐（见图 4-5）。若受条件限制必须选用卧式储罐，则注意罐顶喷淋装置设计及回水流量压力控制，以确保罐顶淋洗效果。

图 4-4 注射用水循环水泵

储罐容积的大小通常可用 $V=Qt$ 的经验公式来确定，其中 Q 为连续生产时，一天中每小时的最大平均用水量（m^3/h），t 为每天最大连续出水的持续时间；当收集参数有困难时，也可根据每天工艺用水量的百分数（经验值）来确定，例如对每天工艺用水量不大的场合，其容积可取用水量的 50%～100%；对用水量较大的场合，则可取 25%～30%。在储罐的顶部需安装孔径为 0.22μm 的除菌级疏水性（聚四氟乙烯 PTFE 或聚偏氟乙烯 PVDF）过滤器。

制药用水储存分配系统的储罐、管道、阀门、管配件等，一般应选用优质低碳不锈钢

(316L) 材质，储罐、管道内表面的粗糙度要达到 0.6μm 或更高的光滑程度。

阀门优先选用隔膜阀。使用点 U 形阀优先选用零死角阀门，其外形如图 4-6 所示。

图 4-5 注射用水使用点

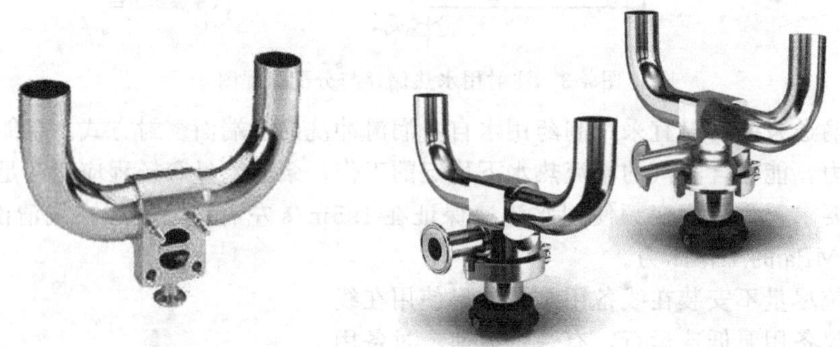

图 4-6 U 型零死角阀门

注射用水的循环不仅仅考虑水在流动，其主要目的是要达到抑制生物膜形成的效果。

回水流速越大，越有利于抑制生物膜的形成。但输送水泵的功率也会随之加大，运行费用增加。输送有汽蚀发生的热注射用水更为困难。抑制生物膜最低的流速为 0.6m/s，国际制药工程协会（ISPE）规定的最小流速为 3feet/s（0.914m/s）或雷诺系数＞2100。实际推荐的回水流速应不得低于 1.5m/s，以满足抑制生物膜形成、清洗管道和储罐的流速需要。

学习任务与训练

1. 分析图 4-3 注射用水热储存与分配流程图，指出其中的优缺点。

2. 画出其他配置方案的注射用水热储存与分配流程图，并与 4-3 注射用水热储存与分配流程图进行比较。

（二） 注射用水循环泵安装高度的计算

【例 4-5】 假定注射用水储罐里的水温是 85℃，循环泵的最大必须汽蚀余量是 4.5m，泵的流量为 $6.000m^3/h$，循环泵进口管道内径为 32mm，管道长度为 4m，有一 90°圆弧弯头。泵的安装高度应为多少？

解：查得85℃下水的黏度为0.3332mPa·s，密度为968.6kg/m³，水的饱和蒸气压为57.88kPa。

循环泵吸入管的流速：

$$u=\frac{Q}{\frac{\pi}{4}d^2}=\frac{4}{3600\times\frac{\pi}{4}\times0.032^2}=1.382(\text{m/s})$$

循环泵吸入管的雷诺数：

$$Re=\frac{du\rho}{\mu}=\frac{0.032\times2.072\times968.6}{0.0003333}=1.285\times10^5$$

循环泵吸入管段的摩擦系数用科尔布鲁克迭代公式计算：

$$\lambda=\frac{1}{\left[1.74-2\times\lg\left(\frac{2\varepsilon}{d}+\frac{18.7}{Re\sqrt{\lambda}}\right)\right]^2}$$

其中绝对粗糙度取1μm，得：

$$\lambda=0.01729$$

循环泵吸入管段的压头损失：

$$H_{f01}=\left(\zeta+\lambda\frac{l_{01}}{d}\right)\cdot\frac{u^2}{2\times g}=\left(1.1+0.01729\times\frac{4}{0.032}\right)\times\frac{2.072^2}{2\times9.807}=0.3153(\text{m})$$

离心泵安装高度计算式：

$$H_g=\frac{p_0-p_v}{\rho g}-NPSHr-H_{f01} \tag{4-29}$$

式中 p_0——储罐水平面大气压（由于通过呼吸器通大气，所以取一个标准大气压）；

p_v——注射用水的储罐温度下的饱和蒸气压；

$NPSHr$——泵在工作流量下的必须汽蚀余量；

H_{f01}——吸入管段的压头损失。

将个数据代入式（4-29）

$$H_g\ \frac{1.01325\times10^5-57.88\times10^3}{968.6\times9.807}-4.5-0.3153=-0.241(\text{m})$$

通过计算表明为了防止汽蚀的发生，泵的安装高度至少比储罐中注射用水的最低液位低0.24m。

学习任务与训练

1. 找到实际从低位向高位离心泵送料例子，通过计算核对其安装高度。

（三） 注射用水循环系统总压力降的计算

【例4-6】 假定注射用水循环系统如图4-1所示，循环水温是70℃，泵的循环流量为4.00m³/h；循环泵进口管道内径为32mm，管道长度为4m，有一90°圆弧弯头；循环泵出口管道内径为25mm，主循环管道长度为110m；安装U形隔膜阀的用水点有10处，串联隔膜阀两个，90°圆弧弯头6个（不包括每个用水点的所需的两个90°圆弧弯头）；喷淋球要求的工作压力为0.15MPa。90°圆弧弯头阻力系数为1.1；用水点的U形隔膜阀的阻力系数为1.5；换热器的阻力系数为4，隔膜阀阻力系数为2.2。管路系统总压力降为多少？

解：

查得70℃下水的黏度为0.4061mPa·s，密度为977.8kg/m³。

因主循环管路的流动阻力比旁路大得多，所以总阻力按主循环管路计算，循环泵出口管的流速：

$$u=\frac{Q}{\frac{\pi}{4}d^2}=\frac{4}{3600\times\frac{\pi}{4}\times0.025^2}=2.264(\mathrm{m/s})$$

循环泵出口管路的雷诺数：

$$Re=\frac{du\rho}{\mu}=\frac{0.025\times2.264\times977.8}{0.4061\times10^{-3}}=1.363\times10^5$$

循环泵吸入管段的摩擦系数用科尔布鲁克迭代公式计算：

$$\lambda=\frac{1}{\left(1.74-2\times\lg\left(\frac{2\varepsilon}{d}+\frac{18.7}{Re\sqrt{\lambda}}\right)\right)^2}$$

其中绝对粗糙度取 $1\mu\mathrm{m}$，得：

$$\lambda=0.01715$$

循环泵吸入管段的压头损失：

$$H_\mathrm{f}=\left(\sum\zeta+\lambda\frac{l}{d}\right)\times\frac{u^2}{2\times g}$$

常见管件、阀门阻力系数可参考表 4-1。

表 4-1 常见管件、阀门阻力系数

名称	阻力系数 z	当量长度 l_e/d	名称	阻力系数 z	当量长度 l_e/d
45°标准弯头	0.35	17	闸阀(全开)	0.17	9
90°标准弯头	0.75	35	闸阀(半开)	4.5	225
180°回弯头	1.5	75	标准阀(全开)	6.0	300
标准三通管	1	50	标准阀(半开)	9.5	475
管接头	0.04	2	止逆阀(球式)	70.0	3500
活接头	0.04	2	止逆阀(摇板式)	2.0	100

泵出口管路共有 26 个 90°圆弧弯头，10 个 U 形隔膜阀，一个换热器，两个隔膜阀，根据已知数据：

$$\sum\zeta=26\times1.1+10\times1.5+2\times2.2+4=52$$

$$H_\mathrm{f}=\left(52+0.01715\times\frac{100}{0.025}\right)\times\frac{2.264^2}{2\times9.807}=67.97(\mathrm{m})$$

循环泵吸入管的流速：

$$u=\frac{Q}{\frac{\pi}{4}\cdot d^2}=\frac{4}{3600\times\frac{\pi}{4}\times0.032^2}=1.382(\mathrm{m/s})$$

循环泵吸入管路的雷诺数：

$$Re=\frac{du\rho}{\mu}=\frac{0.032\times1.3816\times977.8}{0.0004061}=8.316\times10^4$$

循环泵吸入管段的摩擦系数用科尔布鲁克迭代公式计算，其中绝对粗糙度取 $1\mu\mathrm{m}$，得：

$$\lambda=0.01887$$

循环泵吸入管段的压头损失：

$$H_{f01}=\left(\zeta+\lambda\frac{l_{01}}{d}\right)\frac{u^2}{2g}=\left(1.1+0.01887\times\frac{4}{0.032}\right)\times\frac{1.382^2}{2\times9.807}=0.3366(\text{m})$$

总压头损失为循环泵出口段压头损失加上循环泵吸入管段的压头损失和喷淋球的工作压头：

$$\sum H_f=H_f+H_{f01}+\frac{0.15\text{MPa}}{\rho g}=31.51+0.3366+\frac{0.15\times10^6}{977.8\times9.807}=47.49(\text{m})$$

总压力损失：

$$\Delta P_f=47.49\times977.8\times9.807=4.553\times10^5(\text{Pa})$$

循环水泵的扬程取总压头损失的 1.2 倍加上泵到喷淋球的高度（按 2.5m 计），

$$H=1.2\times\sum H_f+2.5=59.5(\text{m})$$

循环水泵所需的扬程为 60m。

学习任务与训练

1. 找出实际离心泵送料实例，计算其总阻力损失及所需的扬程。
2. 图 4-3 所示的注射用水循环系统中设置旁路循环有何作用？

三、常用泵的选型

（一） 选型参数的确定

1. 输送介质的物理化学性能

输送介质的物理化学性能直接影响泵的性能、材料和结构，是选型时需要考虑的重要因素。介质名称、介质特性（腐蚀性、磨蚀性、毒性等）、固体颗粒含量及颗粒大小、密度、黏度、汽化压力、气体含量、是否结晶等都影响流体输送。

例如：硫酸输送要采用衬氟泵；盐酸输送采用内衬橡胶泵和塑料泵（如聚丙烯、氟塑料等）；硝酸输送采用不锈钢材料，对于高温硝酸通常采用钛及钛合金材料；醋酸输送采用不锈钢材料泵，高温高浓醋酸可选用高合金不锈钢或氟塑料泵；碱液（80℃以下、浓度 30％以下的氢氧化钠溶液）输送可采用普通钢铁，因虽有腐蚀，但经济性好。对于高温碱液多采用钛及钛合金或者高合金不锈钢；含氨液体不能采用铜和铜合金材料的泵；盐水（海水）等含氯离子溶液输送可用不锈钢（有很低的均匀腐蚀率），但可能因氯离子而发生局部性腐蚀，通常采用 316 不锈钢。

2. 使用现场状况

现场条件包括泵的安装场所（如：室内或室外）、环境温度、环境湿度、气压、允许安装高度、进口压力、是否允许泄漏、空气腐蚀性大小以及危险区域的划分等级等。

3. 工艺参数与用户要求

工艺参数是选型重要依据

(1) 流量 Q　工艺装置生产中，要求泵输送的介质量，工艺人员一般应给出正常、最小和最大流量。泵数据表上往往只给出泵的正常和额定流量。选泵时，要求额定流量不小于装置的最大流量或取正常流量的 1.1～1.15 倍。

(2) 扬程 H　工艺装置所需的扬程值，也称计算扬程。一般要求泵的额定扬程为装置所需扬程的 1.05～1.1 倍。

(3) 进口压力 P_s 和出口压力 P_d　进、出口压力指泵进出接管法兰处的压力，其大小影响到壳体的耐压和轴封的要求。

(4) 温度　泵进口介质温度，一般应给出工艺过程中泵进口介质的正常、最低和最高温度。

(5) 装置汽蚀余量 $NPSHa$　有效汽蚀余量。

(6) 操作状态　操作状态分连续操作和间歇操作两种。

(7) 用户要求有　材料、轴封型式及供水方式、轴承及其润滑方式、电机、配套要求等。

(二) 泵的类型、系列和型号的确定

1. 泵的类型的确定

根据泵的工作原理和结构泵可分为如下类型：

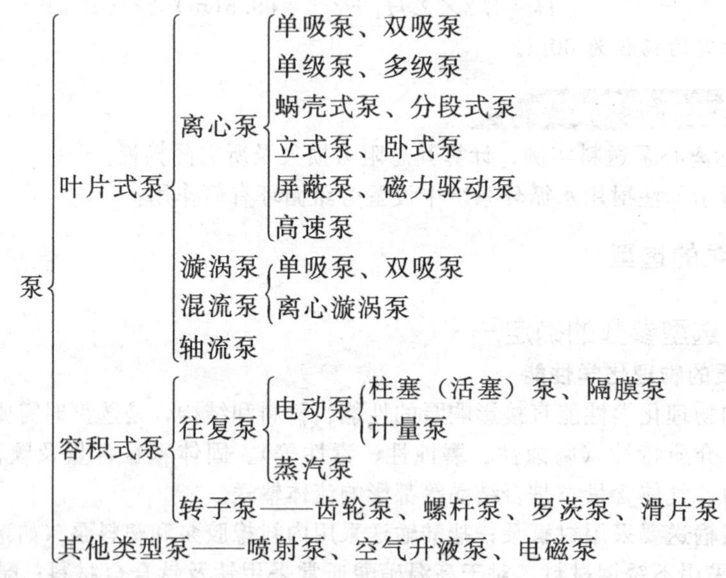

各类泵的主要特性如表 4-2 所示。

表 4-2　常见泵的特性

指标		叶片式泵			容积式泵	
		离心泵	轴流泵	漩涡泵	往复泵	转子泵
流量	均匀性	均匀			不均匀	比较均匀
	稳定性	不恒定,随管路情况变化而变化			恒定	
	范围/(m^3/h)	1.6～30000	150～245000	0.4～10	0～600	1～600
扬程	特点	对应一定流量,只能对应一定扬程			对应一定流量可以达到不同扬程,由管路系统确定	
	范围	10～2600m	2～20m	8～150m	0.2～100MPa	0.2～50MPa
效率	特点	在设计点最高,偏离愈远,效率愈低			扬程高时效率降低很少	扬程高时效率降低很大
	范围(最高点)	0.5～0.8	0.7～0.9	0.25～0.5	0.7～0.85	0.6～0.8
结构特点		结构简单,造价低,体积小,重量轻,安装检修方便			结构复杂,振动大,体积大,造价高	同叶片泵
适用范围		黏度较低的各种介质(水)	特别适用于大流量,低扬程,黏度较低的介质	特别适用于小流量,较高压力的低黏度清洁介质	适用于高压力,小流量的清洁介质(含悬浮液或要求完全无泄漏可用隔膜泵)	适用于中低压力,中小流量,尤其适用于黏度高的介质

泵的类型应根据装置输送介质的物理和化学性质、工艺参数、操作周期和泵的结构特性

等因素合理选择。图 4-7 为泵类型选择的流程框图，它可以作为初步确定符合特定参数和特定介质的泵的类型的依据。离心泵具有结构简单，输液无脉动，流量调节简单等优点，因此除以下情况外，应尽可能选用离心泵。

① 有计量要求时，选用计量泵。

② 扬程要求很高，流量很小无合适小流量高扬程离心泵可选时，可选用往复泵；如汽蚀要求不高时也可选用漩涡泵。

③ 扬程很低、流量很大时，可选用轴流泵和混流泵。

④ 介质黏度较大（运动黏度 650～1000mm²/s）时，可考虑选用转子泵，如：螺杆泵或往复泵；黏度特别大时，可选用特殊设计的高黏度螺杆泵和高黏度往复泵。

⑤ 介质含气量＞5%，流量较小且运动黏度＜37.4mm²/s 时，可选用旋涡泵。如允许流量有脉动，可选用往复泵。

⑥ 对启动频繁或灌泵不便的场合，应选用具有自吸性能的泵，如：自吸式离心泵、自吸式旋涡泵、自吸式容积泵。

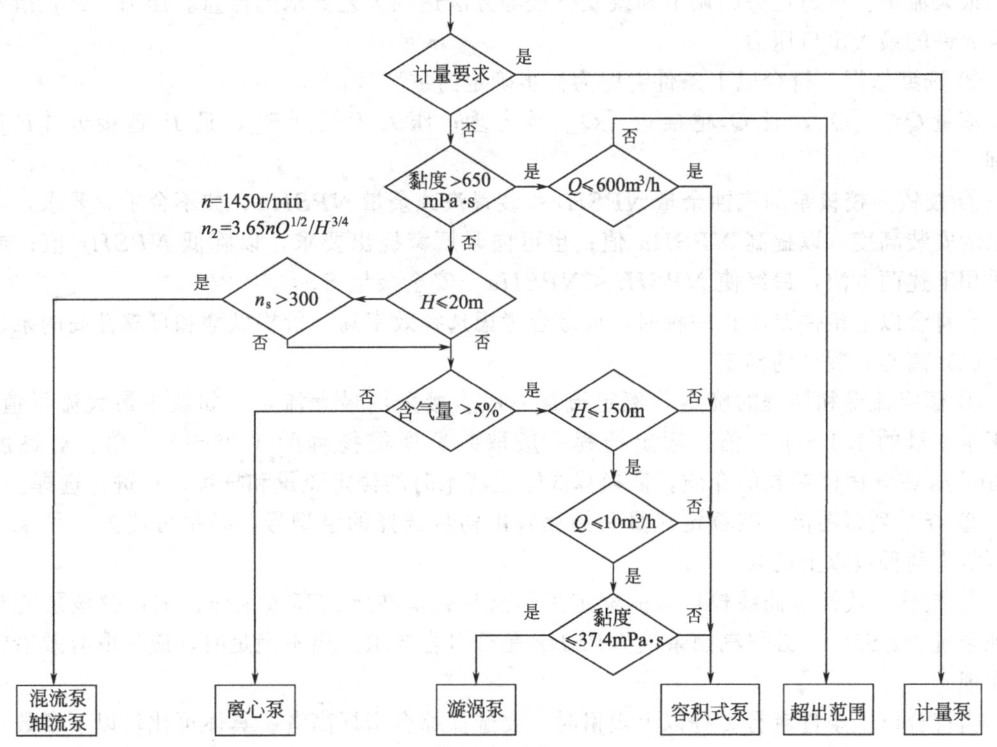

图 4-7 泵类型选择的流程框图

2. 泵系列和材料的确定

泵的系列是指泵厂生产的同一类结构和用途的泵，如：IS 型清水泵，Y 型油泵，ZA 型化工流程泵，SJA 型化工流程泵等。当泵的类型确定后，就可以根据工艺参数和介质特性来选择泵系列和材料。

如确定选用离心泵后，可以进一步考虑如下项目。

① 根据介质特性决定选用哪种特性泵，如：清水泵、耐腐蚀泵，或化工流程泵和杂质泵等。介质为剧毒、贵重或有放射性等不允许泄露物质时，应考虑选用无泄漏泵（如：屏蔽泵、磁力泵）或带有泄漏收集和泄漏报警装置的双端面机械密封。介质为液化烃等易挥发液

体时应选用低汽蚀余量泵（如：筒型泵）。

② 根据现场安装条件选择卧式泵、立式泵（含液下泵、管道泵）。

③ 根据流量大小选用单吸泵、双吸泵或小流量离心泵。

④ 根据扬程高低选用单级泵、多级泵，或高速离心泵等。

以上各项确定后可根据各类泵中不同系列泵的特点及生产厂的条件，选择合适的泵系列及生产厂。

3. 泵型号的确定

泵的类型、系列和材料选定后就可以根据泵厂提供的样本及有关资料确定泵的型号。

（1）容积式泵型号的确定

① 工艺要求的额定流量 Q 和额定出口压力的确定　额定流量 Q 一般直接采用最大流量，如缺少最大流量值时，取正常流量的 1.1～1.5 倍。额定出口压力 P 指泵出口可能出现的最大压力值。

② 查容积泵样本或技术资料给出的流量［Q］和压力［P］　流量［Q］指容积式泵输出的最大流量。可通过旁路调节和改变行程等方法达到工艺要求的流量。压力［P］指容积式泵允许的最大出口压力。

③ 选型依据　符合以下条件者即为初步确定的泵型号。

流量 $Q \leqslant [Q]$，且 Q 越接近［Q］越合理；压力 $P \leqslant [P]$，且 P 越接近［P］越合理。

④ 校核　校核泵的汽蚀余量 $NPSHr$＜装置汽蚀余量 $NPSHa$，如不合乎此要求，需降低泵的安装高度，以提高 $NPSHa$ 值；也可向泵厂家提出要求，以降低 $NPSHr$ 值；或同时采用上述两方法，最终使 $NPSHr < NPSHa -$ 安全余量 S。

当符合以上条件泵不止一种时，应综合考虑选择效率高、价格低廉和可靠性高的泵。

（2）离心泵型号的确定

① 额定流量和扬程的确定　额定流量一般直接采用最大流量，如缺少最大流量值时，取正常流量的 1.1～1.5 倍。额定扬程一般取装置所需扬程的 1.05～1.1 倍。对黏度＞$20mm^2/s$ 或含固体颗粒的介质，需换算成输送清水时的额定流量和扬程，再进行选择。

② 查系列型图谱　按额定流量和扬程查出初步选择的泵型号，结果可能为一种泵，也有可能为两种或以上的泵。

③ 校核　按性能曲线校核泵的额定工作点是否落在泵的高效工作区内；校核泵的装置汽蚀余量 $NPSHa -$ 必需汽蚀余量 $NPSHr$ 是否符合要求。当不满足时，应采取有效措施加以实现。

当符合以上条件者有 2 种以上规格时，要选择综合指标高者。具体可比较以下参数：效率（泵效率高者为优）、重量（泵重量轻者为优）和价格（泵价格低者为优）。

1. 找到车间液体输送或居民水泵供水实例，通过所需压头、流量等计算，看看所用的泵的选型是否合理？如果不合理，请说出理由，并提出你的合理方案。

四、泵的操作与维护

（一）泵的使用

1. 泵的启动

① 泵在启动之前首先要检查润滑系统是否正常。

② 检查吸入阀是否打开，如果关闭则不能操作泵。

③ 检查泵及吸入管路是否灌满液体，否则应进行灌泵，使泵和吸入管路充满液体。

④ 检查泵和管线是否清洁、无污染，否则应先做好清洁工作，如清洗或更换过滤网等。

⑤ 确认泵与电机对中，确认泵转动灵活，确认联轴器护罩已安装好；扳动转子检查串量，按泵的旋转 方向盘泵 2～3 圈，无发卡现象；点动电机，检查电机转向是否正确。

⑥ 全开吸入阀，关闭（小）排出阀。

⑦ 开启电机。

⑧ 如果有不寻常的噪音或振动发生，停泵。

2. 泵的运行

① 当泵的电机升到额定转速后，慢慢打开排出阀，直至达到设计工况。在出水闸阀关闭的情况下，泵连续运行的时间不能超过 3min。应时刻注意泵是否干转，以免损坏轴封及泵内零件。

② 不能在铭牌规定额定流量的 0.7～1.2 倍范围之外长期运行、操作，否则可能会对操作者带来危险和造成泵的损坏。

③ 检查吸入和排出口压力表是否符合要求；检查密封处有无过多泄漏。

④ 检查是否有不寻常的噪声，如有噪声或不正常异响，应停泵查明原因并处理；检查电动机及泵体振动情况，若超过规定范围应立即停机检查。

⑤ 注意泵的轴承温度，滚动轴承温度不得超过 80℃，滑动轴承温度不得超过 70℃；检查轴承室油位（油润滑时），以不超过油镜中心线或恒位油杯出油口中心线为宜。定期检查轴承润滑，每运行 1000h，须注入适量的润滑油或脂。

3. 泵的关闭

① 停泵前应先关闭排出阀、旁通管路阀。

② 应快速关闭泵以保护靠泵内液体润滑的部件。

③ 关闭吸入阀。

④ 若停机时间较长，必须排放掉泵内液体，防止液体结晶、冻结及泵的冻裂，且应定期转动转子，以利启动。

（二） 泵的日常维护

1. 泵拆装注意事宜

① 装配前必须将所有零件加工表面毛刺、污物去除干净，并在表面涂上一层机油；装配困难时，不能任意锉削或锤打。

② 对于有高精度配合（如止口部位）的零件及磨光的轴等，要求搬运及装配的过程中，不得碰伤表面。

③ 凡重要装配表面，在装配前必须洗刷洁净，用压缩空气吹干，并涂上机油。

④ 非耐油橡胶材质零件（制品）均不得与油类接触。

⑤ 总装后，要求转子部件能自由转动。

⑥ 所有零件必须清洁干净，特别是密封、轴承区域。

⑦ 壳体密封的 O 形圈容易脱落被并易折叠，所以需小心安放。

⑧ 机械密封的静环安装不能侧偏，可用力均匀压入，拆、装均不能用锤直接敲打静环；填料安装时切口要错开。

⑨ 所有轴承不能用力敲打安装，可热入或均匀用力压内圈；入轴承座必须内外圈同时均匀用力压入。

⑩ 所有紧固螺母先预旋到位，锁紧时必须对角对称均匀用力。

2. 泵的日常运行维护

泵启动前先关小出口阀，但在出口阀关闭的情况下，泵的持续运行不能超过 3min。泵须在设计流量的 70%～120%范围内运行。

泵每运行 1000h 须用高压油枪在油杯处注入 3 号复合锂基润滑脂；油浴润滑的离心泵每运行 1000h 须更换 ISO VG46 润滑油一次。

每日：应检查吸入和排出口压力表（或真空表）；检查反常的操作条件（温度、流量、振动、压力等）；检查电机电流；检查密封，管路连接或泵有否泄漏；检查备用泵能否按要求开启。

每周：应检查振动；检查操作者对泵性能损失的记录。

每月：应检查润滑油有否污染，是否够量；检查涂装或防护罩。

每半年：必须更换润滑油；检查基座（基础）固定情况；检查泵的对中。

每年：应检查泵内部零件及辅助管线是否有磨损或腐蚀。

学习任务与训练

1. 用仿真软件进行离心泵仿真操作。
2. 用流体输送实训装置进行离心泵的串联、并联操作。

任务5

气体输送操作

一、净化压缩空气系统操作

压缩空气系统是工业领域中应用最为广泛的能源之一，其能耗在大多数工厂中约占其全部能耗 的10%～40%。制药企业压缩空气的使用虽然相对较少，但对压缩空气的洁净度要求特别高。

压缩空气有三种主要用途：动力用压缩空气作为能源做功；工艺用压缩空气成为工艺流程的一部分；控制用压缩空气用于启动或调整仪表、控制机械或设备的运行操作。

在原料药生产领域，压缩空气主要用于发酵、结晶、干燥、过滤等过程之中，在抗生素等药品的生产中，对压缩空气的质量要求极高，不但要求压缩空气中无油水，更重要的是要无尘、无菌。在制剂生产中，压缩空气主要用于液体制剂生产中的灌装，固体制剂生产中的制粒机、填充机、包装机、印字机的驱动，物料输送，干燥、仪表、控制器等的控制与驱动。在制剂生产的许多情况下，压缩空气与药品直接接触，所以对其质量要求非常严格。图5-1为制药压缩空气系统设备图。

制药用压缩空气的质量要求主要是含水量、含油量、含尘粒量和含生物粒子量，同时要求压缩空气无气味。

制药行业使用的洁净压缩空气的压力通常为0.5～0.8MPa。将常温、常压状态下8m^3的空气压缩成1m^3，可形成0.8MPa的压缩空气。这1m^3的压缩空气中会有3.2亿～4亿个大于0.5μm的尘埃粒子；空气在被压缩的过程中会带入润滑油和机械性磨屑；此外，压缩后的空气会有大量过饱和的蒸汽还原成的水滴。

压缩空气混入异物如润滑油、水蒸气、灰尘等，容易造成以下不利的影响：①混合在压缩空气中的油蒸汽聚集到一定程度就会形成易爆易燃源，而润滑油汽化后会形成一种有机酸，容易腐蚀压缩空气管道内表面以及气动元件；②混入的微小颗粒（如尘埃、铁锈等），极易损坏气动元件，堵塞节流孔，更加严重的是极易对物料造成严重的污染；③混合在压缩空气中的水分，在一定的温度压力下就会饱和析出水滴，当压缩空气与物料接触时，极易对物料的质量造成严重的影响；④压缩空气温度过高也会引起空压系统的密封件、软管材料、膜片等老化。因此，压缩空气在运送到使用点的时候必须经过降温、除油、除水、除去固体

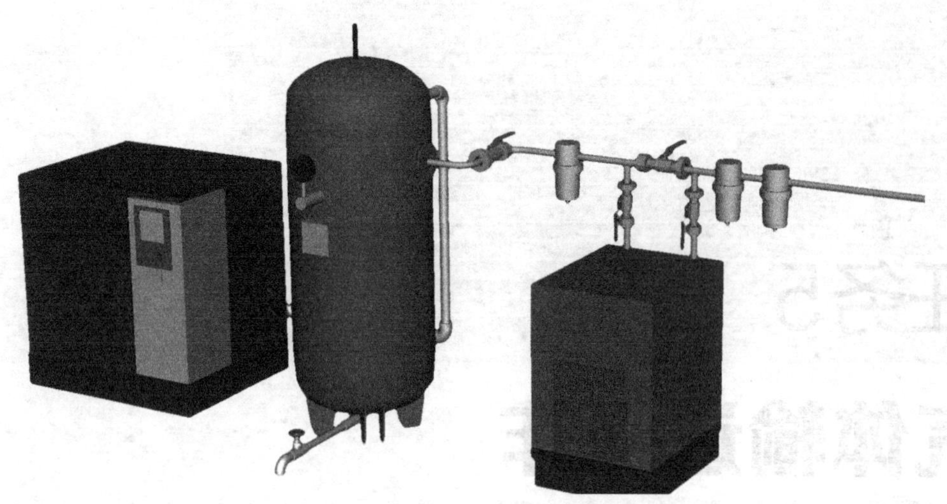

图 5-1 制药压缩空气系统设备图

尘埃颗粒等净化工序，使之达到 GMP 的要求。否则可能给药品生产企业造成不可估量的损失，如，因为油、水、尘埃带入的污染物和杂菌，造成生化培养的失败以及对药品的污染。

（一） 净化压缩空气系统基本工艺

净化压缩空气系统基本工艺流程如图 5-2 所示。

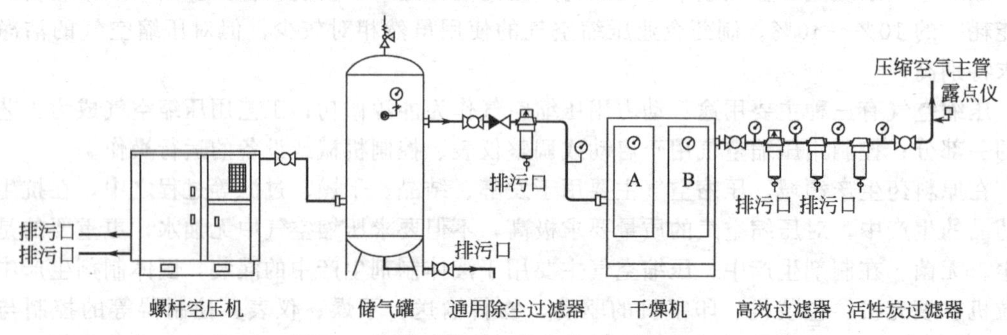

图 5-2 净化压缩空气系统基本工艺流程图

空气经空压机的滤网和空气过滤器和后进气控制器，然后进入螺杆式空气压缩机。经压缩后，经高效除油器，进入储气罐缓冲；再经 C 级（粒径≤3μm）过滤。经过冷冻式压缩空气干燥机和（或）微热吸附式压缩空气干燥机进一步去除压缩空气中水分；然后经过 T 级和 A 级过滤器，除去 99.99%游离状态下的水分、油分，过滤粒径大于 0.01μm 的微粒，最后通过活性炭过滤器除去异味和有机物，使输送到各使用点的压缩空气满足生产工艺要求。其中，各个设备的作用如下。

① 螺杆空压机：提供不含油的一定压力和流量的压缩空气。

② 储气罐：平衡气流脉冲与压力、分离冷凝水、储存压缩空气，能对压缩空气起到稳定的作用，当短时间用气量较高时，可以起到补充供气的作用，使管网的压力降减小。

③ C 级空气过滤器：去除 3μm 以上的灰尘颗粒粒子。

④ 冷冻式压缩空气干燥机和微热吸附式压缩空气干燥机：降低压缩空气的含水量。

⑤ T 级空气过滤器：去除 1m 以上的灰尘颗粒粒子。

⑥ A 级空气过滤器：去除包括油、水在内的大于 0.01μm 的粒子，并使含油量不超过

0.001mg/m³。

⑦ 活性炭级空气过滤器：去除油蒸气和碳氢化合物异味，在20℃条件下，含油量不超过0.003mg/m³。

（二） 净化压缩空气质量标准

一般来说，药品生产用的气源质量等级应该满足ISO 8573.1（或GB/T 13277）的要求，即露点−40℃，固体颗粒粒径≤0.1μm，含油量≤0.01mg/m³。压缩空气的质量标准与质量等级规定（ISO 8573.1）如表5-1所示。

表5-1 GB/T13277压缩空气的质量标准与质量等级规定

等级	颗粒尺寸/μm	颗粒含量/(mg/m³)	水含量(压力露点)/℃	油含量/(mg/m³)
1	0.1	0.1	−70	0.01
2	1.0	1.0	−40	0.1
3	5.0	5.0	−20	1.0
4	40.0	40.0	2	5.0

GMP对洁净空气悬浮粒子及微生物质量的要求如表5-2所示。

表5-2 压缩空气中悬浮粒子及微生物质量要求

等级	颗粒尺寸≥0.5μm	颗粒尺寸≥5μm	微生物
A	≤3520粒/m³	≤20粒/m³	<1cfu/m³
B	1.0	1.0	<10cfu/m³
C	5.0	5.0	<100cfu/m³

注：cfu，菌落形成单位，cfu/m³指的是立方米样品中含有的细菌菌落总数。

（三） 设备选型与布局

通常使用的空压机有活塞式、螺杆式和离心式三种。离心式空压机单台容量大，调节范围在70%～100%，在小气量时易发生喘振，故该机型对制药工厂不适应。活塞式空压机虽然价格较低，但机组结构尺寸大、需牢固的混凝土基础，易损件多、维修工作量大，噪声和震动也较大，且自动化水平较低，故近年来制药工厂已较少采用。螺杆式空压机结构尺寸小，仅需轻型基础，无脉动气流，震动噪声低，维修量小，自控水平高，在制药工厂中采用最多。

现在市场上有喷油螺杆空压机、无油螺杆空压机和水螺杆空压机。喷油螺杆空压机最终会排出油污，主要原因是喷油螺杆空压机结构内有油气分离器芯（见图5-3），长时间运转后油气分离器效果差，会跑出润滑油；水螺杆空压机和喷油螺杆空压机原理差不多，只不过是用水作为对螺杆转子的密封，但是时间久了水分离器效果差，会在排气终端出现水，水在循环管路中长期高温循环会污染，螺杆转子长期寖泡在水中会有细菌滋生，而制药业对无油无水无菌的压缩空气要求较高，所以它达不到制药的要求，欧洲的制药业不使用水螺杆压缩机；无油螺杆空压机的优点是不采用机油润滑压缩机，压缩空气中的含油量极低，但是无油螺杆空压机也存在价格高、容易磨损、维护与保养要求高、寿命短、磨损所致机械性颗粒多等缺点。实际上许多国产无油压缩机只能做到微油，也不能保证绝对无油。

制药工厂对于压缩空气水分的要求各有不同，如小型自动化水平较低的中药制药厂，要求压缩空气的压力露点5～10℃即可。而自动化水平较高，气动控制仪表和装置较多的大、中型制药厂，要求压缩空气的压力露点达到−40～−20℃。压缩空气的干燥方式，一般可分为冷冻式和吸附式两种。在压缩空气的压力露点要求大于等于3℃时，通常采用冷冻式干燥机。在压力露点小于3℃时，则采用吸附式干燥机或冷冻式加吸附式组合干燥装置。在选择

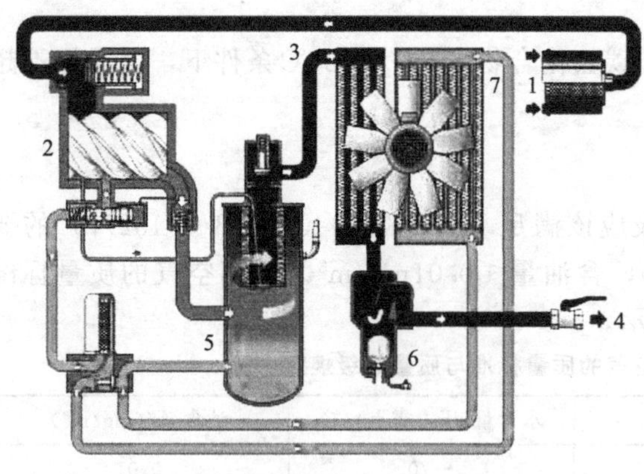

图 5-3 喷油螺杆空压机结构原理图
1—吸气过滤器；2—压缩腔；3—气体冷却器；4—排气口；5—油气分离器；6—自动排水器；7—油冷却器

干燥装置时不能只根据铭牌数据选用设备，而应考虑设备入口压缩空气温度、压力及环境温度对干燥器出力的影响。

过滤器的选择应考虑过滤器的分类、工作原理、结构和在净化系统中的作用。选用过滤器应根据其不同的作用、性能和精度进行组合，同时还应根据压缩空气的温度、压力对其处理气量进行修正。

在空压系统设计和布置上，应考虑以下几点：①采用冷冻式干燥机时，前置过滤器应布置在冷冻干燥机的上游，从而避免压缩空气中含有大量液态水、粒径不等的固体粉尘及油污、油蒸气等杂质直接进入冷冻干燥机，将使冷冻干燥机工作状态恶化。②如果采用吸附式干燥机，其上游应设除油过滤器，滤除压缩空气中的油污，防止干燥剂“中毒”失效。下游应布置后置过滤器，用于消除干燥剂粉尘等污染。③采用冷冻式干燥机时，还应注意空压机的排气温度，如果空压机的排气温度超过冷干机允许进气温度，应选用高温型冷冻干燥机。

（四）净化压缩空气系统操作与维护

1. 启动前检查

① 检查油气分离器中润滑油的容量，正常运行后，油位计中油面在上限和下限中间之上为最佳。

② 检查供气管路是否疏通，所有螺栓，检查接头是否紧固。

③ 检查低压配电柜上的各种仪表指示是否正确，电器接线是否完好，接地线是否符合标准。

④ 试车时，应从进气口内加入 0.5L 左右的润滑油，并用手转动数转或者点动几下，以防止启动时压缩机内失油烧毁，特别注意不要让异物掉入机体内，以免损坏压缩机。

⑤ 启动前，应打开压缩机排气阀门，关闭手动排污阀，操作人员应处于安全位置。

2. 运行操作

① 开车前准备工作。检查油气分离器中油位，略微打开油气分离器下方的泄油阀，以排除其内可能存在的冷凝水，确定无冷凝水后拧紧此阀，打开压缩机供气口阀门。

② 开机。合上电源开关，接通电源，观察操作面板上是否有异常显示，相序是否正确，若有异常显示应立即断电，故障处理后方可投入使用，电机严禁反转。

③ 启动。按控制面板上的“启动”（ON）键，压缩机按设定模式开始运转。此时应观察显示面板上的各种参数是否正常，是否有异常声音，是否有漏油情况，如有必须立即停机检查。

④ 停机。按控制面板上的“停机”（OFF）键，压缩机开始卸载一段时间后，才会停车，不立即停车是正常现象。

⑤ 若空气压缩机出现特殊异常情况，可按下紧急停车按钮，如需再重新启动要在 2min 之后。

⑥ 空压机严禁带负荷启动，否则将因启动电流过大而损坏电器元件。

⑦ 当空气压缩机停止使用时，应切断电源，关闭压缩机供气口阀门。排放冷却器、油水分离器、排气管路和风包中的积水。

⑧ 停机检修时，必须拉开电源柜刀闸并挂牌、打入安全接地线。

3. 运行中检查和注意事项

① 检查各种电气仪表指示是否正常。

② 倾听机器各部件工作声响有无变化。

③ 检查各部件温度不超过规定数值。

④ 检查润滑油油位是否正常，运转中禁止摸拭转动部位。

⑤ 更换油气分离器时，注意静电释放，要把内金属网和油桶外壳联通起来，防止静电累积引起爆炸。同时须防止不洁物品掉入油桶内，以免影响压缩机的运转。

⑥ 压缩机因空载运行超过设定时间时，会自动停机。此时，绝对不允许进行检查或维修工作，因为压缩机随时会恢复运行。带单独风机的机组，其风机的运行停止是自动控制的，切不可接触风扇，以免造成人身伤害。机械检查时必须先切断电源。

4. 压缩空气过滤器的更换与检查

① 过滤器压差计指示计每天检查一次。应检查过滤器压差计指示计是否在绿色区域内，如果压差指示针位于红色区域内则需要更换。

② 更换滤芯时应先关闭冷冻干燥机，再关闭空压管路上的阀门，拆开法兰，再拆开过滤器螺纹丝扣，取下过滤器，打开过滤器盖，取出滤芯，换上新滤芯。盖上过滤器盖，拧紧丝扣，装上法兰。

③ 过滤器滤芯应每 1 个月检查一次，检查方法：取出滤芯时检查滤芯是否堵塞或破损。

学习任务与训练

1. 压缩空气里含有哪些杂质？
2. 为什么必须对气源系统进行处理？
3. 为什么空气中油的危害是最大的？
4. 螺杆压缩机有什么特点？为何洁净压缩空气系统常常使用螺杆压缩机？
5. 用仿真软件进行净化压缩空气系统操作。
6. 无油压缩机可以完全消除污染物的产生吗？请说明原因。

二、空气净化与空调系统操作

制药工业洁净厂房（见图 5-4）是指需要对微粒和微生物污染进行控制的房间或区域，制药工业洁净厂房的主要控制对象是：① 微粒，② 微生物。为了防止污染和交叉污染，保证药品质量，2010 版 GMP 对洁净厂房的要求如下。

(a) 制粒车间　　(b) 包装车间　　(c) 液体制剂车间

图 5-4　制药工业洁净厂房

第四十二条　厂房应有适当的照明、温湿度和通风，确保生产和储存的产品质量以及相关设备性能不会直接或间接地受到影响。

第四十六条　为降低污染和交叉污染，厂房、生产设施和设备应根据所生产药品的特性、工艺流程及相应洁净度级别要求合理设计、布局和使用……

第四十八条　应根据药品品种、生产操作要求及外部环境状况配置空调净化系统，使生产区有效通风……

（一）大气中的颗粒物

大气中的颗粒物（见图 5-5）根据来源可分为天然颗粒物和人为颗粒物；根据形成机制可分为一次颗粒物和二次颗粒物；根据形成特征可分为雾、粉尘、烟尘、烟、烟雾、霾等；根据粒径可分为总悬浮颗粒、可吸入颗粒、粗颗粒、细颗粒等。

图 5-5　大气中的颗粒物

粉尘（微尘，dust）是指颗粒直径在 1～100μm 的机械性粉碎的固体颗粒，如扬尘、风沙等。烟（烟气，fume）是指直径为 0.01～1μm 由升华、蒸馏、熔融及化学反应产生的蒸汽凝结而成的固体颗粒。雾霾是雾（fog）和霾（hase）的组合词。雾是直径为 2～200μm 由大量悬浮在近地面空气中的微小水滴或冰晶，是近地面层空气中水汽凝结（或凝华）的产物。霾也称灰霾，是空气中的灰尘、硫酸、硝酸、有机烃类化合物等粒子使大气混浊呈浅蓝或微黄色，颗粒直径为 10μm 以下（平均 1～2μm）的干性颗粒。烟雾（smog）是指直径为 0.001～2μm 的固体颗粒，现泛指各种妨碍视程（能见度小于 2km）的大气污染现象，光化学烟雾产生的颗粒物粒径通常小于 0.5μm 并使大气呈淡褐色。

总悬浮颗粒物（TSP，Total Suspended Particle）是指空气动力学直径小于 100μm 的粒子的总和；PM_{10}是动力学直径小于 10μm 的粒子的总和，称可吸入颗粒物；$PM_{2.5}$是动力学直径小于 2.5μm 的颗粒物的总和，称细颗粒物。粒径 10μm 以上的颗粒物，会被挡在人的鼻子外面；粒径在 2.5μm 至 10μm 之间的颗粒物，能够进入上呼吸道，但部分可通过痰液等排出体外，对人体健康危害相对较小；粒径在 2.5μm 以下的细颗粒物，被吸入人体后会进入支气管，干扰肺部的气体交换，引发包括哮喘、支气管炎和心血管病等方面的疾病。这些颗粒还可以通过支气管和肺泡进入血液，其中的有害气体、重金属等物质溶解在血液中，对人体健康的伤害更大。通过卫星得到的 $PM_{2.5}$分布见图 5-6。

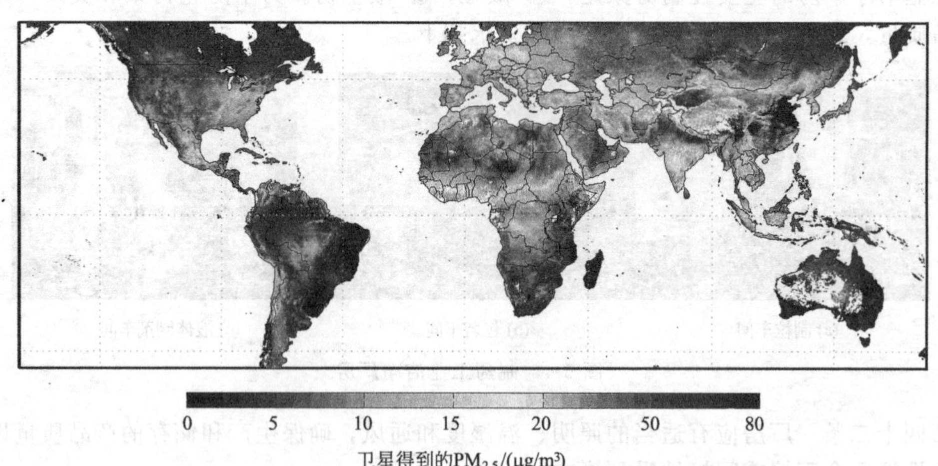

图 5-6　$PM_{2.5}$浓度卫星图

大气中的生物颗粒物包括细菌、病毒和花粉，颗粒最小的是病毒颗粒（粒径为0.005～0.25μm），颗粒最大的是花粉颗粒（粒径可大于5μm），细菌颗粒径在0.2～5μm之间。一般情况下，大气微生物日均浓度为1000～2000cfu/m^3。

学习任务与训练

1. 雾霾与$PM_{2.5}$有何区别？对人体有何危害？
2. 如何应对雾霾与$PM_{2.5}$？

（二）空气净化方式与质量标准

空气净化是指以创造洁净空气为主要目的的空气调节。常用的净化方法有如下几种。

① 一般净化：以温、湿度为主要指标的净化，可采取初效滤过器，大多数空调属于这种情况。

② 中等净化：对室内空气含尘量有一定的指标的净化，如规定室内允许含尘量为0.15～0.25mg/m^3，并无≥1μm的尘粒等。对这类空气净化采用初、中效两级滤过。

③ 超净净化：对室内空气含尘量提出严格的以颗粒计数为标准的要求，必须经过初、中、高效滤过器才能满足要求。

空气净化根据生产工艺要求，又分为工业洁净和生物洁净。

① 工业洁净：除去空气中悬浮的尘埃，在某些场合还有除臭、增加空气负离子等，以创造洁净的空气环境。

② 生物洁净：不仅除去空气中的尘埃，而且除去细菌等以创造生物洁净的环境。制药工业中的某些岗位、某些生物实验室、医院手术室等房间，需要生物洁净的环境。

药品的质量包括：安全性、有效性、稳定性。细菌、病毒、花粉污染和人体不需要吸收的其他药品以及尘埃等的污染是药物异物污染导致安全性问题的主要因素，因此药品生产中的空气净化必须以生物洁净为主。

洁净室的设计必须符合相应的洁净度要求，包括达到“静态”和“动态”的标准。“静态”是指所有生产设备均已安装就绪，但未运行且没有操作人员在场的状态。“动态”是指生产设备按预定的工艺模式运行并有规定数量的操作人员在现场操作的状态。

洁净级别是指每立方米（或每立方英尺）空气中含≥0.5μm的粒子数最多不超过的个数。如100级是指每立方米空气中含≥0.5μm粒子的个数不超过3500个（即：每立方英尺空气中含≥0.5μm粒子的个数不超过100个，1立方米≈35立方英尺）。

2010版GMP将无菌药品生产所需洁净区分为A、B、C、D四个级别，各级别的用途为：

① A级。高风险操作区。如灌装区，放置胶塞桶、敞口安瓿瓶、敞口西林瓶的区域，无菌装配区域等，通常用层流操作台（罩）来维持该区的洁净状态。

② B级。指无菌配制和灌装等高风险操作A级区所处的背景区域。

③ C级和D级。指生产无菌药品过程中重要程度较低的洁净操作区。

各级别具体标准见表5-3～表5-5。

表5-3 我国GMP2010版药品生产洁净室（区）的空气洁净度级别——悬浮粒子标准

洁净度级别	悬浮粒子最大允许数/立方米			
	静态		动态	
	≥0.5μm	≥5μm	≥0.5μm	≥5μm
A级	3520	20	3520	20

续表

洁净度级别	悬浮粒子最大允许数/立方米			
	静态		动态	
	≥0.5μm	≥5μm	≥0.5μm	≥5μm
B级	3520	29	352000	2900
C级	352000	2900	3520000	29000
D级	3520000	29000	不作规定	不作规定

注：为了确定A级区的级别，每个采样点的采样量不得少于$1m^3$。A级区空气尘埃粒子的级别为ISO 4.8，以≥0.5μm的尘粒为限度标准。B级区（静态）的空气尘埃粒子的级别为ISO 5，同时包括表中两种粒径的尘粒。对于C级区（静态和动态）而言，空气尘埃粒子的级别分别为ISO 7和ISO 8。对于D级区（静态）空气尘埃粒子的级别为ISO 8。测试方法可参照ISO 14644-1。

表5-4 我国GMP2010版药品生产洁净室（区）的空气洁净度级别——微生物标准

洁净度级别	浮游菌/(cfu/m^3)	沉降菌(ϕ90mm)/(cfu/4h)	表面微生物	
			接触(ϕ55mm)/(cfu/碟)	5指手套/(cfu/手套)
A级	<1	<1	<1	<1
B级	10	5	5	5
C级	100	50	25	—
D级	200	100	50	—

表5-5 2010年版GMP空气洁净度级别和送风量

洁净度级别	气流流型	平均风速/(m/s)	换气次数/(次/h)
A级	单向流	0.36～0.54	
B级	非单向流		40～60
C级	非单向流		20～30
D级	非单向流		10～20

洁净室应保持正压，洁净室之间按洁净度等级的高低依次相连，并有相应的压差以防止低级洁净室的空气逆流到高级洁净室，相邻不同洁净度等级的洁净室之间以及洁净区与非洁净区之间的压差不小于10Pa。除工艺对温、湿度有特殊要求外，洁净室温度宜保持18～26℃，相对湿度40%～60%。

学习任务与训练

1. 什么级别使用的传送带不得穿越与D级洁净区之间的隔墙？
2. 最终灭菌注射剂的灌封、胶囊的填充分别应在何种洁净级别？

（三）空气净化空调系统处理过程

空气净化空调系统可分为集中式和分散式两类。

1. 集中式净化空调系统

集中式净化空调系统是将净化空调设备（如加热器、冷却器、加湿器、初中效过滤器）集中在空调机房内，用风管将洁净空气输送到各个洁净室，如图5-7所示。

集中式空气净化系统包括集中空气处理单元系统、冷却系统、加热系统以及新风、送风和排风系统等。如图5-8所示。

2. 分散式净化空调系统

分散式净化空调系统各个洁净室自成系统，在各个洁净室或邻室内就地安装净化和空调

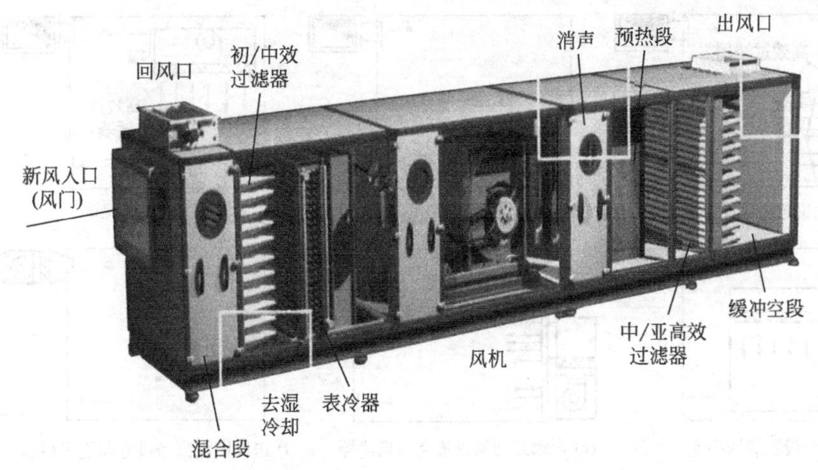

图 5-7 集中式空气净化空调系统空气处理单元（空调箱）

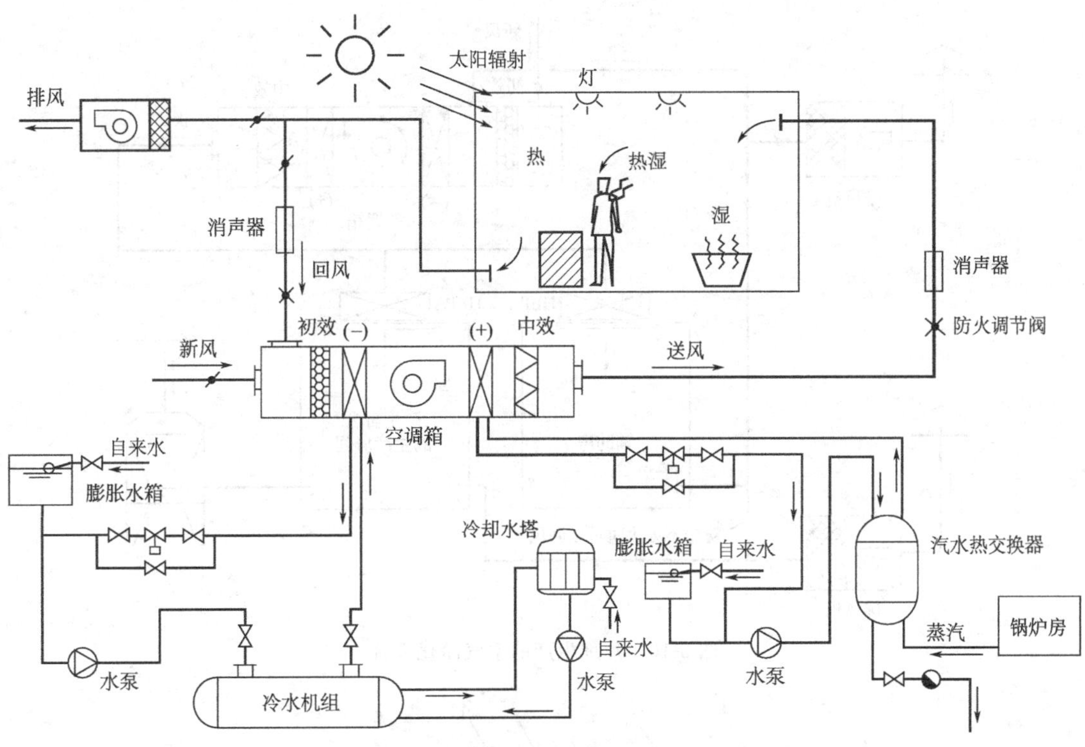

图 5-8 集中式空气净化空调系统示意图

设备或净化空调设备（如净化单元、空气自净器、单向流罩、净化工作台等），如图 5-9 所示。这种系统一般是一个定型机组产品，但处理的风量较少，往往不能满足较高洁净度的洁净室所需风量。

3. 其他净化空调系统

片剂车间有许多产生粉尘较多的生产场合，如粉碎、过筛、压片等，所以要在产尘多的地方设置除尘器，排出的空气有时不进入循环。片剂生产的空气净化系统如图 5-10 所示。

单风机净化空调系统如图 5-11 所示，它的优点是空调机房占地面积小，缺点是风机所需压头大，噪声、振动大。

双风机净化空调系统如图 5-12 所示，优点是两个风机可分担系统的阻力，具有风机所

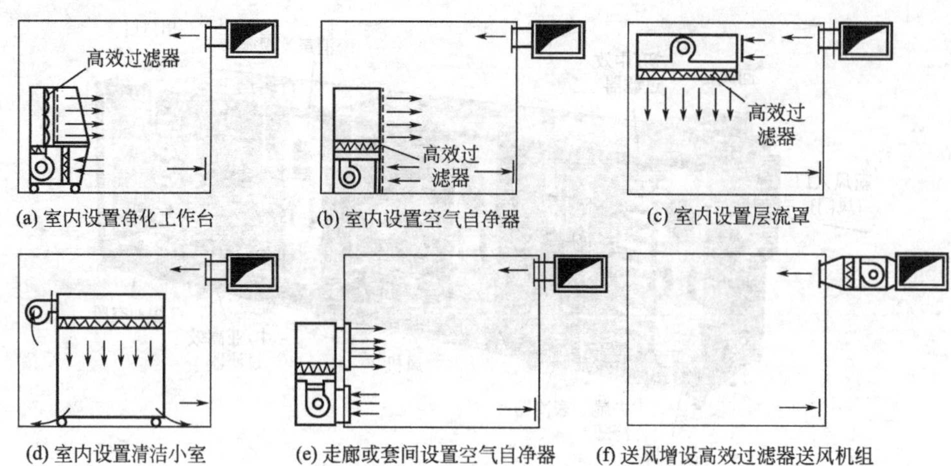

图 5-9 分散式空气净化空调系统示意图

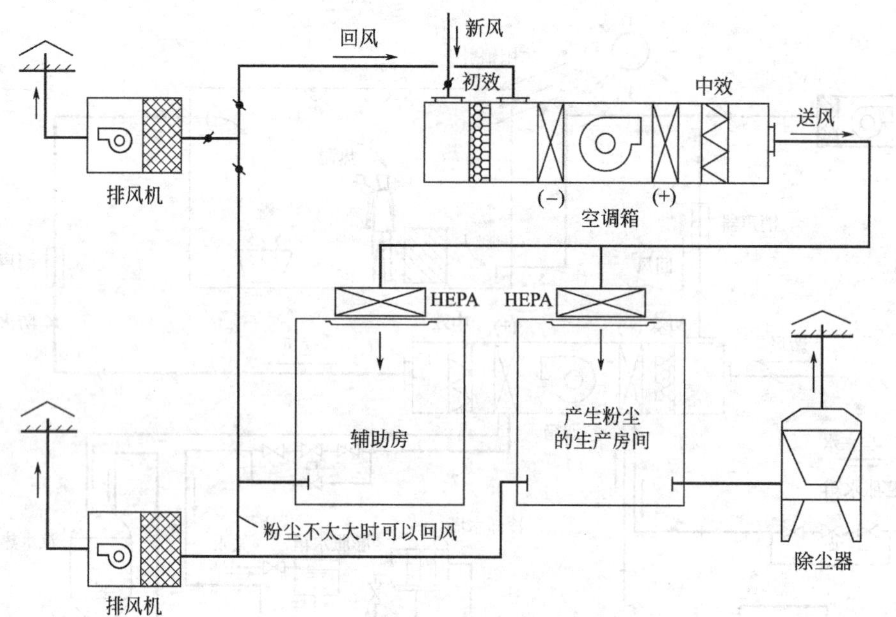

图 5-10 片剂生产的空气净化系统

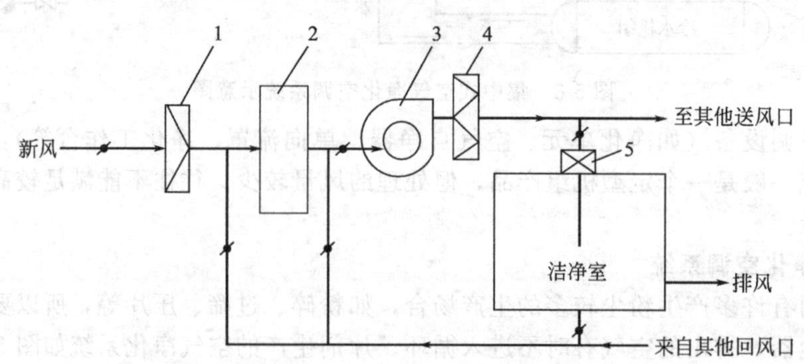

图 5-11 单风机净化空调系统

1—初效过滤器；2—温湿度处理室；3—风机；4—中效过滤器；5—高效过滤器

需压头小，噪声、振动小，可全年保证室内压力恒定，并实现多种运行方式等特点；另外，在洁净室需定期灭菌消毒时，通过排风管道的合理设计，调整相应的阀门，可迅速带走洁净室内残留的刺激性气体。

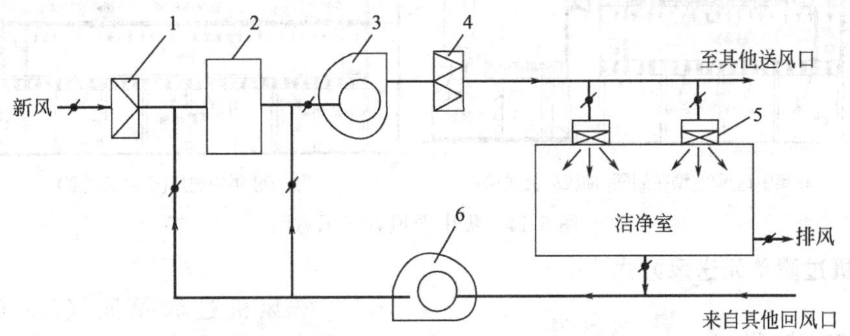

图 5-12 双风机净化空调系统

1—初效过滤器；2—温湿度处理室；3—送风机；4—中效过滤器；5—高效过滤器；6—回风机

学习任务与训练

1. 集中式和分散式空气净化空调系统各有什么特点？请分别说出其优缺点。
2. 单风机净化空调系统和双风机净化空调系统分别适合于哪种场合？

（四）送风系统与送风方式

洁净厂房的风系统的组成如图 5-13 所示。

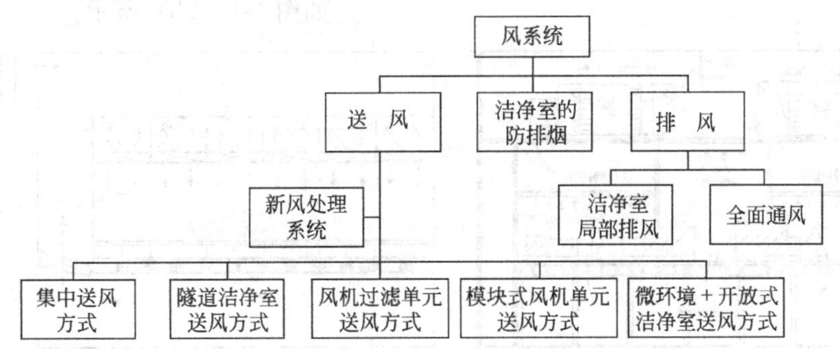

图 5-13 洁净厂房的风系统的组成结构图

送风方式有集中送风方式、隧道式送风方式、风机过滤单元送风方式、模块式风机单元送风方式。

1. 集中送风方式

集中送风方式由数台大型新风处理机组和净化循环机组集中安装在空调机房内，机房位置可处于洁净室的侧面或顶部，经温、湿度处理及过滤后的空气经风机加压后通过风道送入送风静音箱，再由高效或超高效过滤器过滤后送入洁净室。回风经格栅地板系统流入回风静音箱，回到净化循环系统。如图 5-14 所示。

2. 隧道式送风方式

隧道式送风方式将洁净区分成生产核心区和维护区，生产核心区要求高洁净度和严格的温、湿度控制，为单向流送风区；维护区要求较低，设置生产辅助设备或无洁净度要求的生产设备的尾部或配管配线等。隧道式送风由多台循环空气净化机组组成，所以其中一台循环空气净化机组故障不会影响其他区域的洁净度，各个循环系统可根据各自需要进行独立调控。如图 5-16（a）所示。

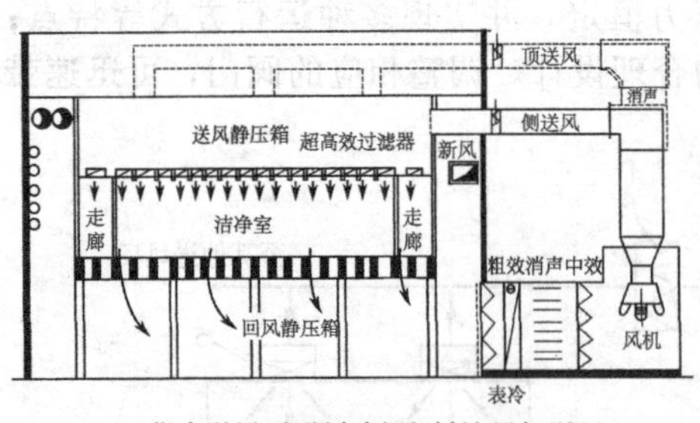

(a) 集中送风(空调在侧面,轴流风机送风)

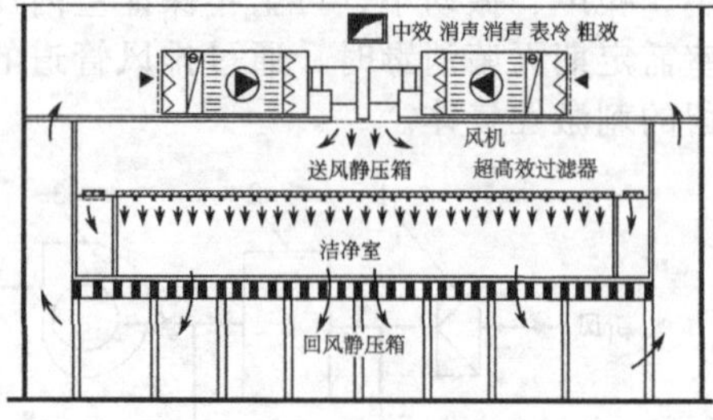

(b) 集中送风(空调在顶部)

图 5-14 集中送风方式示意图

3. 风机过滤单元送风方式

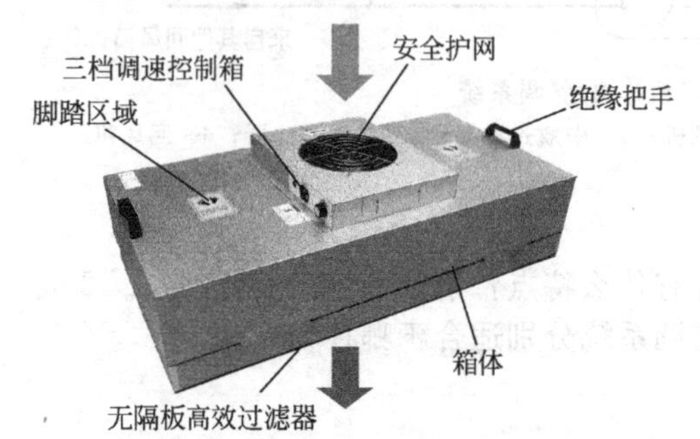

图 5-15 风机过滤单元（FUU）

风机过滤单元（fan filter unit，FFU，见图 5-15）送风方式是在洁净室吊顶安装多台 FFU，不需配备净化循环机房。空气由 FFU 送到洁净室，一般在回风夹道设置表冷器，新风处理机集中在空调机房内。随着 FFU 的制造技术的发展和普及，FFU 的价格不断下降，FFU 送风方式与传统送风方式的初投资相当，而 FFU 送风方式的运行费用比集中送风方式要低很多。如图 5-16（b）所示。

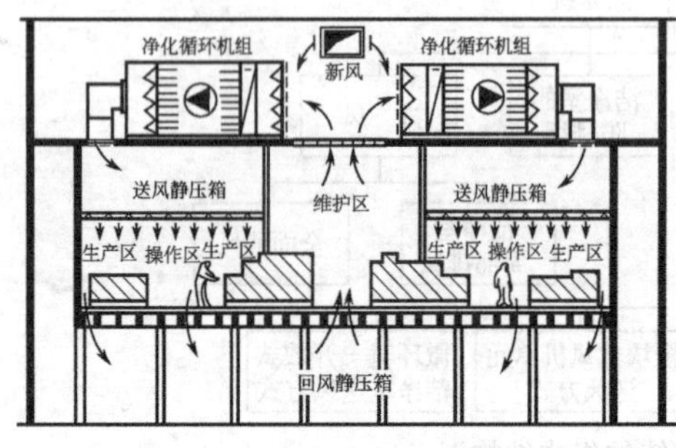

(a) 隧道式送风方式

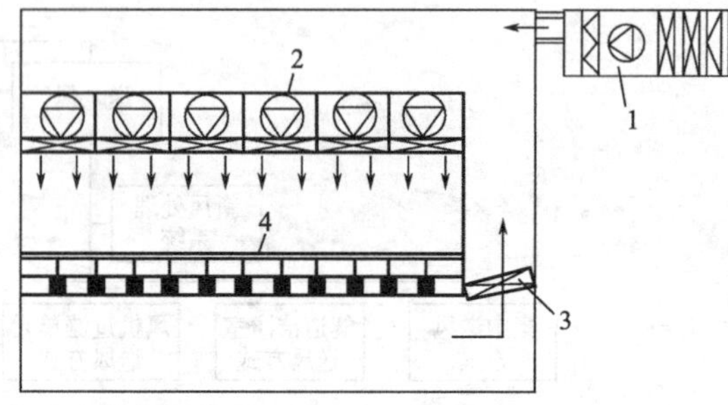

(b) 风机过滤单元(FFU)送风方式

图 5-16 隧道式送风方式、风机过滤单元送风方式示意图

1—新风处理机组；2—FFU；3—表冷器；4—活动地板

4. 模块式风机单元送风方式

模块式风机单元（fan module unit，FMU）送风方式中一台风机可配数台高效过滤器（与 FFU 相类似）组成空气循环系统，是一种无风管的循环系统，送风机和过滤器的维修比较方便，节能效果非常好。如图 5-17（a）所示。

微循环＋开放式送风方式中开放式洁净室内为单向流或混合流（ISO 6 级），局部的微环境为严格的单向流。其特点为：能量消耗少，工艺布置灵活，建设投资和运行费用较低。如图 5-17（b）所示。

新风集中处理系统，对于多套净化空调系统同时运行可起到节省投资、提高新风处理质量、降低运行成本的作用。新风对于洁净室是主要污染源，新风处理质量不高会降低表冷器的传热效果和高效过滤器的使用寿命。常用的新风处理是经过三级过滤，即经初效、中效、亚高效处理，有的场合还需经过水洗或化学过滤器处理。集中新风处理系统如图 5-18 所示。

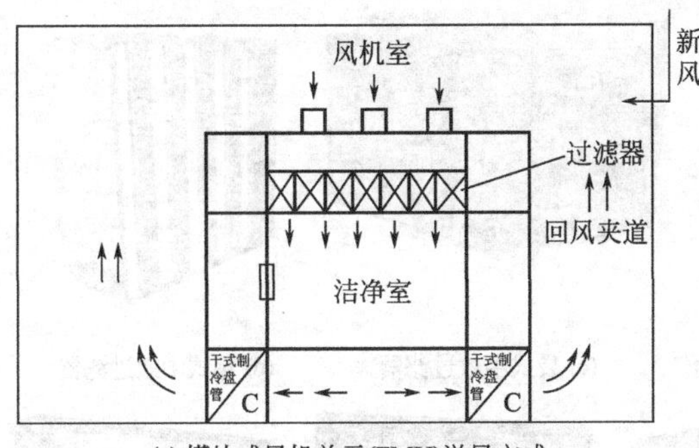

(a) 模块式风机单元(FMU)送风方式

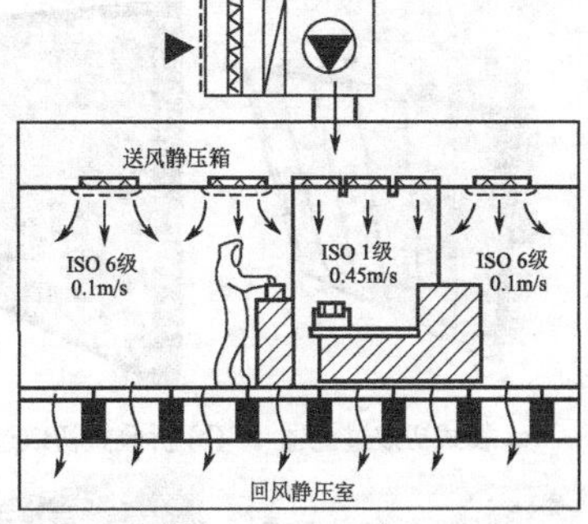

(b) 微循环+开放式送风方式

图 5-17 模块式风机单元（FMU）送风方式、微循环＋开放式送风方式示意图

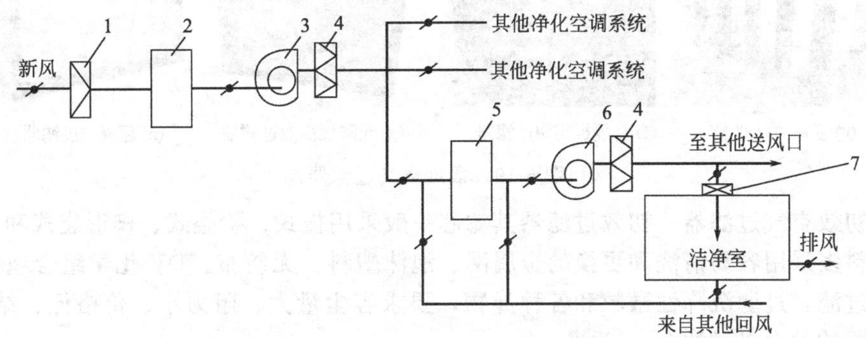

图 5-18 集中新风处理系统示意图

1—初效过滤器；2—新风湿度处理器；3—新风风机；4—中效过滤器；
5—混合风温湿度处理器；6—送风机；7—高效过滤器

学习任务与训练

1. 对集中送风与 FFU（FMU）系统作全面比较。
2. 画出一个实际的洁净空调系统示意图，分析其是否符合要求，指出其存在的问题。

（五）空气净化器件——空气过滤器

1. 空气过滤器按过滤效率分类

空气过滤器按过滤效率分为初效、中效、高中效、亚高效和高效过滤器（HEPA, High efficiency particulate air Filter），如表 5-6 所示部门常见空气过滤器见图 5-19。

表 5-6 空气过滤器按过滤效率分类

过滤效率	额定风量下的效率	额定风量下初阻力/Pa	通常提法	备注
初效	粒径≥5μm，80%>η≥20%	≤50	初效过滤器	效率为大气尘计数效率
中效	粒径≥1μm，70%>η≥20%	≤80	中效过滤器	
高中效	粒径≥1μm，99%>η≥20%	≤100	高中效过滤器	
亚高效	粒径≥0.5μm，99.9%>η≥95%	≤120	亚高效过滤器	
高效 A	η≥99.9%	≤190	高效过滤器	A、B、C3 类效率为钠焰法效率；D 类效率为计数效率；C、D 类出厂要检漏
高效 B	η≥99.99%	≤220	高效过滤器	
高效 C	η≥99.999%	≤250	高效过滤器	
高效 D	粒径≥0.1μm，η≥99.999%	≤280	超高效过滤器	

注：高效过滤器 D 类其效率以过滤 0.12μm 为准，又称为超高效过滤器（ULPA，Ultra Low Penetration Air Filte）。

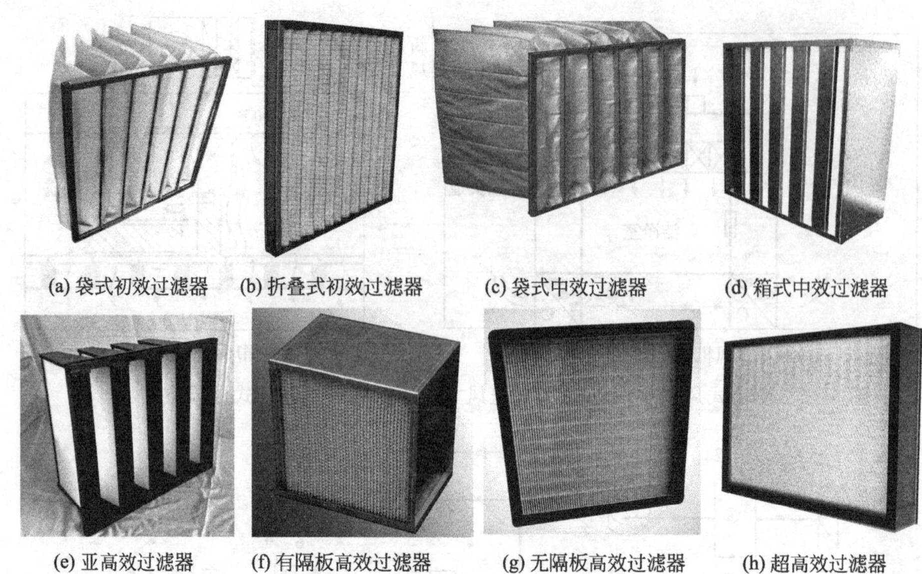

(a) 袋式初效过滤器 (b) 折叠式初效过滤器 (c) 袋式中效过滤器 (d) 箱式中效过滤器

(e) 亚高效过滤器 (f) 有隔板高效过滤器 (g) 无隔板高效过滤器 (h) 超高效过滤器

图 5-19 常见空气过滤器

(1) 初效空气过滤器　初效过滤器其滤芯一般采用板式、折叠式、楔形袋式和自动卷绕式等。滤料多采用容易清洗和更换的金属网、泡沫塑料、无纺布、DV 化学组合毡等。主要用于新风过滤，过滤沉降性微粒和各种异物，要求容尘量大、阻力小、价格低、结构简单。初效过滤器的效率以过滤 5μm 为准。

(2) 中效过滤器　滤芯形式一般为插片板式、楔形袋式、板式和折叠式等。滤料多采用中、细孔泡沫塑料或其他纤维滤料，如玻璃纤维毡、无纺布、复合无纺布和长丝无纺布。作为一般空调系统的最后过滤器和净化空调系统中高效过滤器的预过滤器，用于截留 1～10μm 的悬浮微粒，效率是以过滤 1μm 为准。

(3) 高中效过滤器　材料与中效过滤器相似。可以用作一般净化程度系统的末端过滤器，也可以为了提高净化空调系统的净化效果、更好地保护高效过滤器，而用作中间过滤器。主要用于截留 1～5μm 的悬浮性微粒。效率也以过滤 1μm 为准。

(4) 亚高效过滤器　用于洁净空调的滤芯有玻璃纤维滤纸、棉短纤维滤纸和静电过滤器等形式。可以作为洁净室末端过滤器使用，也可以作高效过滤器的预过滤器，还可以作为净化空调系统新风的末级过滤，提高新风品质。效率以过滤 0.5μm 的微粒为准。

(5) 高效过滤器　洁净空调采用的高效过滤器滤芯有玻璃纤维滤纸，石棉纤维滤纸和合成纤维三类。常作为三级过滤的末端过滤器。它是洁净室最主要的末级过滤器。效率习惯以过滤 0.3μm 的微粒为准。效率以过滤 0.12μm 的微粒为准的，习惯称为超高效过滤器。高效过滤器必须在初、中效过滤器的保护下使用。

2. 空气过滤器按使用目的分类

按使用目的洁净室过滤器可分为：

① 新风处理用过滤器。通常采用初效、中效、高中效、亚高效等。

② 室内送风用过滤器。通常是亚高效、高效或高效加化学过滤器（去除室内气体污染物）等。

③ 排气用过滤器。一般采用高效、超高效或高效加化学过滤器或超高效加化学过滤器等。

④ 洁净室内设备用过滤器。一般采用高效、超高效或高效加化学过滤器或超高效加化

学过滤器等。

⑤ 制造设备内装过滤器。通常采用高效、超高效或高效加化学过滤器或超高效加化学过滤器，这些过滤器与制造设备密切相关，而制造设备的要求差异很大，所以一般均为“非标准型”过滤器。

⑥ 高压配管用空气过滤器。通常用于压力＞0.1MPa 的气体输送过程用过滤器，此类过滤器与上述过滤器在滤材、结构形式上等均有很大差异。

3. 空气过滤器按过滤器材料分类

① 滤纸过滤器。洁净技术中使用最为广泛的一种过滤器，目前滤纸常用玻璃纤维、合成纤维、超细玻璃纤维以及植物纤维素等材料制作。

② 纤维层过滤器。纤维填充式过滤器由框架和滤料组成，采用不同粗细的纤维作为填料。

③ 泡沫塑料过滤器。泡沫塑料过滤器采用聚乙烯或聚酯泡沫塑料作过滤层。泡沫塑料预先进行化学处理，将内部气孔薄膜穿透，具有一系列连通的孔隙。尘粒通过时，由于惯性、扩散作用使空气得以净化，其孔径一般为 200～300μm。

④ 化学过滤器。化学过滤器以清除空气中的气体污染物为目的，主要以活性炭吸附的为主。

4. 其他净化装置配件

(1) 传递窗　传递窗是洁净室内外或之间传递物件时暂时隔断气流贯穿的装置，见图 5-20 (a)。传递窗两边的传递门，应有防止被同时打开的措施。传递窗要求密封性好并易于清洁，传递窗（柜）的尺寸和结构，应满足传递物品的大小和重量要求。

(2) 余压阀　余压阀是为了维持一定的室内静压、实现空调房间正压的无能耗自动控制而设置的设备见图 5-20 (b)，它是一个单向开启的风量调节装置，按静压差来调整开启度，用重锤的位置来平衡风压。通过余压阀的风量一般为 100～1200m^3/h，维持压差为5～40Pa。

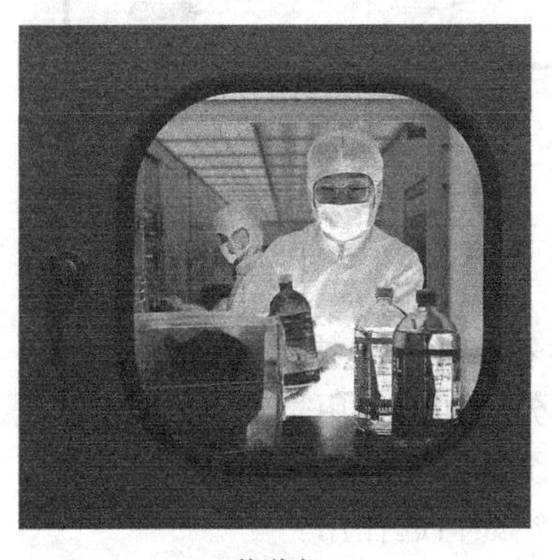

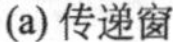

(a) 传递窗

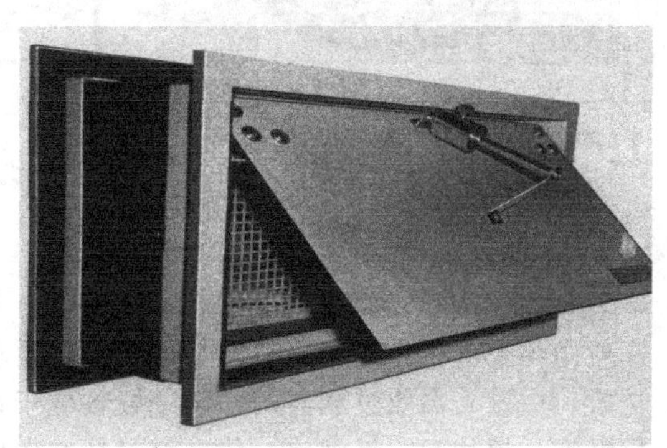

(b) 余压阀

图 5-20　传递窗和余压阀

(3) 风淋室　风淋室是洁净室入口必备的净化设备，主要作用是通过吹淋把人体身上的尘埃除掉，达到净化的目的。见图 5-21 (a)。只要风力足够，就可以除掉人身上在大部分尘埃。风淋室另一个重要的功能就是有效地隔离洁净室外界。

(4) 缓冲室　缓冲室结构和风淋室大致相同，它的主要作用就是带有电子互锁以防止洁净区与非洁净区直接联通，类似于普通标准传递窗，传递窗主要是用于过物，而缓冲室则主要用于过人，如图 5-21 (b) 所示。

(a) 风淋室

(b) 缓冲室

图 5-21 风淋室和缓冲室

(5) 微差压计 微差压计是医药行业 GMP 认证的专用仪表，用于测量不同洁净区之间或洁净区与非洁净区之间的正负压差，也用于暖通空调、净化空调、净化台、风淋室、洁净空调过滤网等的压差测量，配上皮托管还可以测量风速及风量，如图 5-22 所示。

不同压差要求的房间之间要装微压差计，一般在缓冲室和洁净室之间设有压差表，并设报警装置，缓冲室双门不能同时打开。

(a) 表式微差压计

(b) 斜管液柱式微差压计

图 5-22 微差压计

学习任务与训练

1. 0.3μm 高效过滤器净化含尘空气，能否用于生物洁净室中捕集细菌？
2. 一般净化要求、中等净化要求、超净净化要求分别如何选用过滤器？
3. 初效、中效、高效过滤器的安装一般各位于系统的哪个位置？
4. 风淋室、缓冲间、气闸室、传递窗起什么作用？如何起作用？

（六）空气过滤器的主要指标

(1) 过滤效率 η 过滤效率 η 是空气过滤器最重要的指标，它是指在额定的风量下，过滤器前后空气含尘浓度之差与过滤器前空气含尘浓度之比的百分数。

$$\eta=\frac{C_1-C_2}{C_1}\times 100\%=\left(1-\frac{C_2}{C_1}\right)\times 100\%$$

式中，C_1、C_2 分别是过滤器前后空气含尘浓度。

(2) 总效率 η_n 对于洁净空调系统，不同级别的过滤器通常是串联使用的，若有 n 个过滤器串联使用，则其总效率：

$$\eta_n = 1-(1-\eta_1)(1-\eta_2)\cdots(1-\eta_n)$$

(3) 穿透率 P 穿透率 P 是指过滤后空气的含尘浓度与过滤前空气的含尘浓度之比的百分数，可用上式表示采用穿透率可以明确表示过滤器前后的空气含尘量，用它来评价比较高效过滤器的性能较直观。

$$P=\frac{C_2}{C_1}\times 100\%=1-\eta$$

(4) 过滤器面速 u 过滤器面速 u 是指过滤器的断面上所通过的气流速度。

$$u=\frac{Q}{A}$$

式中 Q——通过滤器的风流量；

A——过滤器的迎风面积。

(5) 滤速 v 滤速 v 是指过滤器通过滤料的气流速度，滤速反映滤料的通过能力（过滤性能），一般高效和超高效过滤器的滤速为 2～3cm/s，亚高效过滤器的滤速为 5～7cm/s。

$$v=\frac{Q}{f}$$

式中 Q——通过滤器的风流量；

f——滤料净面积。

(6) 过滤器全阻力 ΔP 过滤器全阻力 ΔP 包括①滤料阻力 ΔP_1，②过滤器结构阻力 ΔP_2。

① 滤料阻力 ΔP_1

形成原因：滤料阻力是由气流通过纤维层时迎面阻力造成的。该阻力的大小与在纤维层中流动的气流状态是层流或湍流有关，一般因为纤维极细，滤速很小，此时纤维层内的气流属于层流。

$$\Delta P_1=\frac{120\mu v H\alpha^{m_2}}{\pi d_f^2\varphi^{0.58}}$$

式中 μ——动力黏度，Pa·s；

v——滤料的滤速，m/s；

H——滤料的厚度，m；

α——充填率，%；

m_2——与 d_f 有关的系数；

d_f——纤维的直径，m；

φ——纤维的断面形状系数。

对既定过滤器，滤料已经确定，则阻力公式简写为：

$$\Delta P_1=Av$$

式中 A——结构系数，与纤维层的特性有关；

v——滤料的滤速，m/s。

对于一定的微粒，在相当的滤速范围内，滤料阻力与滤速成正比，见图 5-23。

② 过滤器结构阻力 ΔP_2

流动特性：结构阻力是气流通过过滤器的滤材和支撑材料构成的通路时的阻力，以面风速为代表，一般达到 m/s 的量级，比滤速要大，此时的 Re 较大。因气流特性已不是层流，阻力与速度不是直线关系。

结构阻力计算公式：

$$\Delta P_2=Bu^n$$

式中　B——实测阻力系数；

u——过滤器的面风速，m/s；

n——系数，根据过滤器种类由实验得出，n 一般为 1～2。

过滤器全阻力计算公式：

$$\Delta P=\Delta P_1+\Delta P_2=Av+Bu^n$$

有时也用下式表示：

$$\Delta P=\Delta P_1+\Delta P_2=C\cdot v^m$$

式中　C——系数，一般为 3～10；

m——系数，一般为 1.1～1.36；

v——过滤速率，m/s。

(7) 过滤器全阻力与积尘量的关系　如图 5-24 所示，随着积尘量的增加，过滤器全阻力变化的趋势，多数呈抛物线型（初阻力：新制作的过滤器在额定风量状态下的空气流通阻力）。一般当积尘量达到某一数值时，阻力增加较快，这时应更换或清洗过滤器，以确保净化空调系统的经济运行（终阻力：过滤器报废时的阻力）。

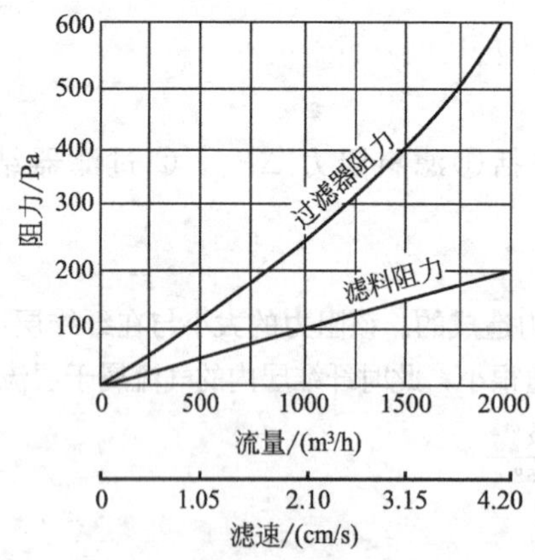

图 5-23　过滤器阻力与流量关系

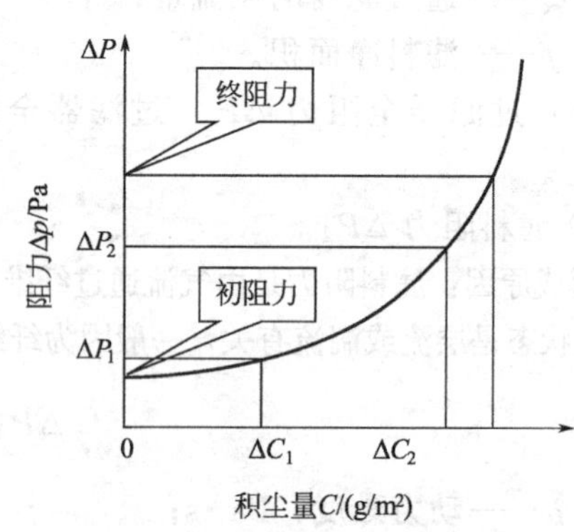

图 5-24　过滤器阻力与积尘量

设计时，有代表性的阻力值——“设计阻力”一般取初、终阻力的平均值。

每个过滤段要安装阻力监测装置，终阻力要靠仪表（压差计）来判断，过滤器达到终阻力，意味着需要更换过滤器。一般空气过滤器终阻力建议值如图 5-25 所示。

(8) 过滤器的容尘量　过滤器的容尘量与试验粉尘的大小有关。容尘量对过滤效率有一定的影响，在一定风速下，其影响取决于滤纸的性质和灰尘的性质与大小。

测试表明，当风速为 1000m³/h 时，一般折叠泡沫过滤器的容尘量为 200～400g；玻璃纤维过滤器为 250～300g；无纺布过滤器为 300～400g；亚高效过滤器为 160～200g；高效过滤器为 400～500g。

(9) 过滤器的使用寿命　一般以达到额定容尘量的时间作为过滤器的使用寿命，计算公式为：

$$T=\frac{P}{C_1\times 10^3\times Qt\eta}$$

式中　T——过滤器使用寿命，d；

P——过滤器的容尘量，g；

C_1——过滤器前空气的含尘浓度，mg/m³；

Q——过滤器风量，m³/h；

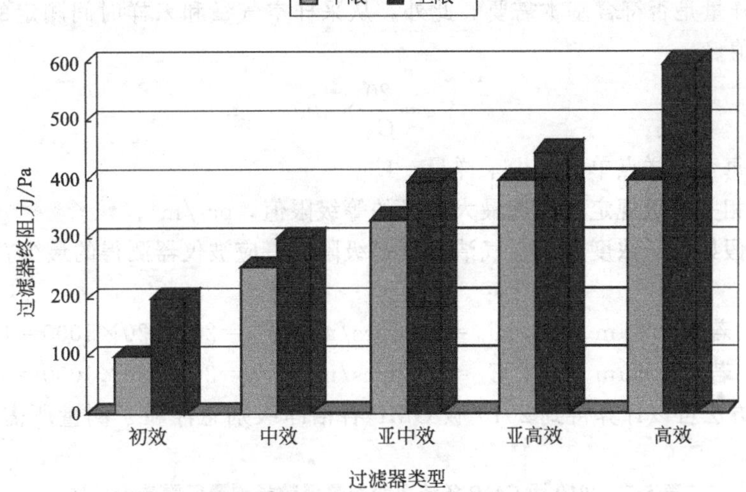

图 5-25 空气过滤器终阻力建议值

t——过滤器一天的工作时间，h；

η——计算过滤器的计重效率，%。

学习任务与训练

1. 过滤器的主要性能指标有哪些？
2. 如何提高过滤器的使用寿命？

（七）洁净系统检测

1. 空气中悬浮粒子的测试

根据 GB/T 16292《医药工业洁净室（区）悬浮粒子的测试方法》，洁净室检测时的最少采样点数均按下式决定：

$$N_L = \sqrt{A}$$

式中 A——洁净室或洁净区面积，m^2。

(1) 采样点位置 采样点一般在离地面 0.8m 高度的水平面上均匀布置，采样点多于 5 点时，也可以在离地面 0.8～1.5m 高度的区域内分层布置，但每层不少于 5 点。采样点平面布置图如图 5-26 所示。

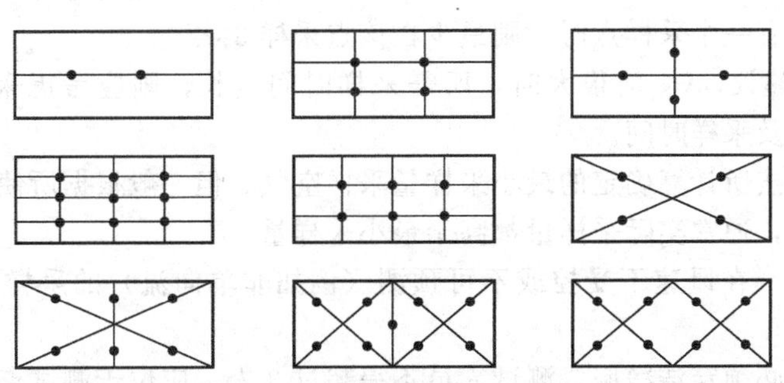

图 5-26 采样点平面布置图

(2) 各采样点的单次采样量 当所选最大粒径的粒子浓度处于指定的国际标准 ISO 14644—1 或国家标准 GB 50073—2001 相应的等级分级限值时，要保证在每个采样点的单次采样空气量中，至少能检测出 20 个粒子，这才能满足从统计学角度认定测量的可靠性，以此判定单次采样量是否符合基本需要。此外，从采样空气量和采样时间测定的可靠性考虑，也给定了下限值。

$$V_S=\frac{20}{C_n}\times 100$$

式中 V_S——每个采样点单次最少采样量，L；

C_n——相关等级规定的所选最大粒径的等级限值，pcs/m³；

20——假如粒子浓度处于空气洁净度等级限值，应被仪器测得的最少粒子数，pcs。

例如：

ISO 4 级，若以 0.3μm 为准，$C_n=1020$pcs/m³，$V_S=20/1020\times1000=19.6$（L）

ISO 5 级，若以 0.5μm 为准，$C_n=3520$pcs/m³，$V_S=20/3520\times1000=5.68$（L）

以这样的方法可以计算得到 2010 版 GMP 各洁净级别悬浮粒子测量所需最少采样，如表 5-7 所示。

表 5-7 2010 版 GMP 各洁净级别悬浮粒子测量所需最少采样

洁净度级别	悬浮粒子测量所需最少采样量/L			
	静态		动态	
	≥0.5μm	≥5μm	≥0.5μm	≥5μm
A 级	5.68	1000	5.68	1000
B 级	5.68	690	0.568	6.9
C 级	0.568	6.9	0.0568	0.69
D 级	0.0568	0.69		

各个洁净级别 0.5μm 粒子的限度远大于 5μm 粒子，最小采气量计算结果远远小于 5μm 粒子的标准，当同时检测 2 种以上粒径的尘埃粒子时，按照最大粒径的标准计算即可。

检测 C 级、D 级区时，最小采气量大于 6.9L 即可，此时选择传统的 2.83L/min 的检测仪器就能达到要求，每次采样的时间不超过 3min。

检测 A 级、B 级区时，如果选用 28.3L/min 的检测仪器，每次采样需 35min，对于面积小、采样点少的洁净区，可以符合要求。如果 A、B 级区面积很大，采样点很多，就应选用更大采样体积的检测仪器。

为保证采样量及采样时间测定的可靠性，规定每个采样点的采样量至少为 2L，采样时间最少为 1min。当公式计算的 V_S 或仪器的采样时间不满足上述要求时，以下限值为准。当洁净室、洁净区仅有一个采样点时，则最少在该点采样 3 次。

ISO 14644 还建议，V_S 值很大时，所需采样时间偏长，则应考虑采用序贯采样程序，以减少所需采样量及采样时间。

每个采样点可按所计算确定的最小采样量采样空气。但一般根据所使用粒子计数器的采样流量及时间设定，通常实际采样量都高于最小采样量。

（3）注意事项 在风速不受控或不可预测（例如非单向流）的采样点，采样口应竖直向上。

室内测试人员必须穿洁净服，测试人员不得超过 3 人，应位于测试点下风侧并远离测试点，并应保持静止。进行换点操作时动作要轻，应减少人员对室内洁净度的干扰。

对于单向流洁净室（区），粒子计数器的采样管口应正对气流方向；对于非单向流洁净室（区），粒子计数器的采样管口宜向上；采样口至粒子计数器传感器的连接管应尽量短，采样粒子粒径大于等于 1μm 时，连接管的长度和直径不应超过制造商的建议值；布置采样点时，应尽量避开回风口；采样时，测试人员应在采样口的下风侧，并尽量少活动；采样完毕后，宜对粒子计数器进行自净。

当采样点数多于 9 个时，洁净室空气中悬浮粒子浓度即为各采样点粒子浓度的算术平均值。

当采样点多于 1 个，但少于 10 个时，计算各采样点粒子平均中值、标准偏差和 95%置信上限 UCL。

（4）计算步骤

① 计算每个采样点的平均悬浮粒子浓度（粒/m³）。

② 计算洁净室的平均粒子浓度（粒/m³）。

③ 计算标准差 SE。

④ 计算 95%置信上限（UCL）：$UCL=M+t\times SE$，95%置信上限的 t 分布系数见表 5-8。

表 5-8　95%置信上限的 t 分布系数

采样点数	2	3	4	5	6	7	8	9	>9
t	6.31	2.92	2.35	2.13	2.02	1.94	1.90	1.86	—

注：当采样点数多于 9 点时，不需要计算 UCL。

如果在每个采样点测得的粒子浓度平均值以及计算所得的 95%置信上限都未超过所检测洁净室或洁净区的浓度限值，则认为该洁净室或洁净区达到了规定的洁净度级别。

如果测试计算结果未能满足规定的洁净度级别，可增加均匀分布的新采样点进行测试，对包括新增采样点数据在内的数据重新计算的结果，得到确定的结论。

（5）粒子计数器

① 光学粒子计数器（离散粒子计数器，DPC）具有粒径鉴别能力，能够显示或纪律空气中离散粒子的数目和粒径，用以检测所选级别相应粒径范围内的粒子总浓度。光学粒子计数器必须在仪器校准的有效使用期内使用，通常每年校准一次。

② 尘埃粒子计数器是用来测量空气中微粒的数量及大小的仪器，从而为空气洁净度的评定提供依据。常见的尘埃粒子计数器是光散射式（DAPC）的，测量粒径范围 0.1～10μm，此外还有凝聚核式的尘埃粒子计数器（CNC），可测量尺寸更小的尘埃粒子。

③ 手持式激光粒子计数器（见图 5-27）采样流量一般为 0.1ft²/min（0.1cfm），即 2.83L/min，其最小粒径通道一般为 0.3μm，通常均可采用电池或交流电工作。这类产品粒径通道又可分为双通道型，如美国 Met One 公司生产的 HHPC-2 型，有 0.3μm 和 0.5μm 及 0.5μm 和 5μm 两种标准配置。由于采样空气量小，测量精度相对较低，但移动灵便，适用于各种洁净室的监测，用于判定过滤设备的效率和密封性。这类产品可存储一定量的采样数据，备有下载软件，均不带打印装置。

④ 便携式激光粒子计数器（见图 5-28）较手持式激光粒子计数器，结构相对复杂，测量精度较高，体量、重量也较大，一般用于洁净室认证检测，通常有小流量与大流量之分，但均为多通道，根据所测试洁净室的级别不同对所需机型进行选择。这类产品多数内置打印机，也有的采取数据存储后输出打印方式。

⑤ 实时监控的激光粒子计数器及相关设备（见图 5-29），能在洁净室运行过程中，及时了解与判定洁净室环境，特别是监控一些关键区域或部位所处的状态。一些高级别洁净室对

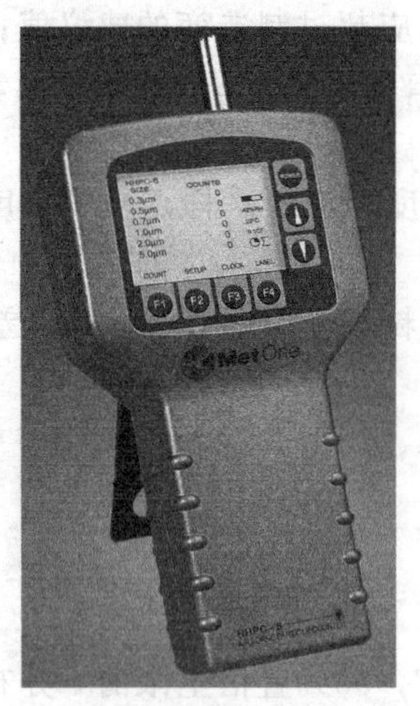

图 5-27 手持式激光粒子计数器

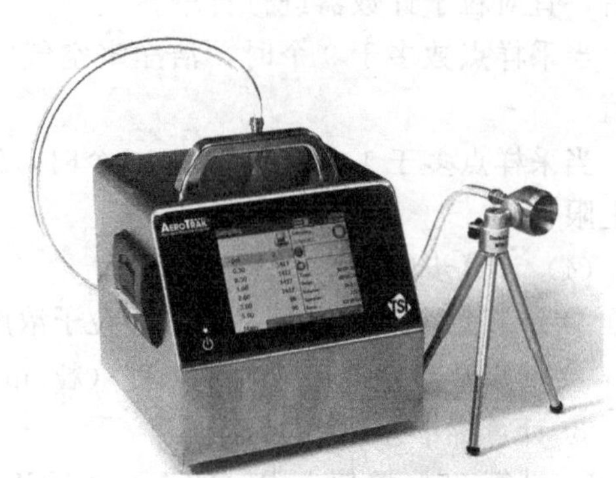

图 5-28 便携激光粒子计数器

一些关键指标（洁净度、温度、湿度和惰性气体等）设置了连续巡查的装置，以便随时考核洁净室的受控状态。

MetOne6000 系列远程空气颗粒计数仪，能够监控粒径 0.2～10μm 的粒子（在此范围可选通道）。可集成进入 FMS 系统。具有维护简便和方便校验的特点，数据输出采取以太网和模拟通信方式。内置流量传感器，流量偏差时能提早报警。

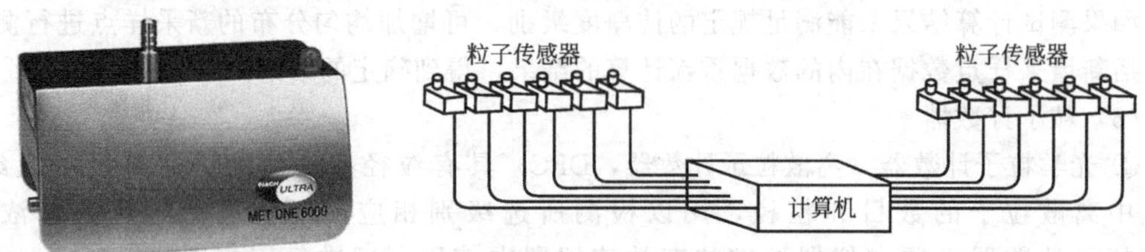

图 5-29 实时监控的激光粒子计数器及相关设备

2. 气流测试

气流测试是指测定非单向流洁净室的送风量，或单向流洁净室的风速分布（均匀度）。一般只测风速或只测风量，并且只报告一种结果：平均风速、平均风量或总风量。对于非单向流设施，总风量可决定换气次数。

(1) 单向流设施的检测

① 检测方法。单向流的风速决定单向流洁净室的性能。可在靠近末端过滤器表面测量风速，也可在室内测量风速。检测中，测量面垂直于送风气流并分成等面积网格。风速测点距过滤器出风面 150～300mm。测点数量应足以测定洁净室和洁净区的送风量，测点数量取测量面积 10 倍的平方根，且不少于 4 个测点。每只过滤器的出风面上至少要有一个测点。可使用软帘将对单向流的干扰隔开。为了获得可重复的读数，每点的测量时间应足够长，记录各测点风速的时间平均值。

实际工作中若测量过滤器面风速，距离宜为 150mm；若检查弱点，距离应大于 300mm。如果选择工作平面高度作为风速测定的基准面，通常选取距地面高度 800mm 处。

② 测量过滤器面风速确定送风量

$$Q=\sum(U_cA_c)$$

式中 Q——总风量；

U_c——各测量网格单元中心点的风速；

A_c——网格单元面积，其定义为设施面积除以测点数量。

国内外标准有关风速最少测点数的规定出入较大。一般具有 NEBB（美国国家环境平衡局）资质的公司习惯上在每台出风面为 2 英尺×4 英尺的高效空气过滤器出风口下风向均布 4 点或 8 点测风速；洁净室面积较大时，每台 FFU 测 4 点，洁净室面积较小时，每台 FFU 测 8 点。按此习惯测算，$100m^2$ISO4 级单向流洁净室，当满布率为 80%时测点数为 426 点或 852 点，满布率为 70%时测点数为 372 点或 744 点。

通常洁净级别越高，满布率也越大，需增加测点数和测试工作量。为取得测试结果的可靠性和测试工作量之间的平衡，一般建议划分单向流洁净室风速测定均布测点的等分格，等分格面积为 $0.09\sim0.36m^2$（$1\sim4ft^2$），测点间距宜在 0.3～0.6m。高级别的单向流洁净室等分格面积宜取小值，低级别的宜取大值。

（2）非单向流设施的检测

① 检测方法。送风量和换气次数是最重要的参数。为了测定总风量，有时需逐一测量每个送风口的风量。

为了排除送风口局部气流的扰动和气流喷射的影响，一般采用风罩测量末端过滤器或送风散流器的总送风量。可使用配有流量计的风量罩直接测量，也可用风罩出风的风速乘以有效面积求出送风量。可用软帘隔阻对单向流的干扰。

国内对单向流风速测定方面的相关规范，在测点布置与数量上与国外标准有所区别。如：GB 50333《医院洁净手术部建筑技术规范》规定Ⅰ级手术室送风口正投影区距地面 0.8m 高度均布测点测定风速，测点间距不应大于 0.3m，Ⅱ、Ⅲ、Ⅳ级手术室测点高度在送风面下方 0.1m 以内，测点间距不应超过 0.3m。GB 50591《洁净室施工及验收规范》、GB 50073《洁净厂房设计规范》关于单向流风速测定的规定见表 5-9。

表 5-9 国内相关标准对于单向流风速测定的规定

项目	GB 50591		GB 50073	
	垂直单向流	水平单向流	垂直单向流	水平单向流
测定截面选取	距地面 0.8m	距送风 0.5m	取离高效过滤器 0.3m 垂直于气流的平面	
测点布置	间距≤2m，均匀布置		≤0.6m，均匀布置	
最少测点数	10 点（算术平均值）		5 点（算术平均值）	
仪器	热球风速仪		未具体规定	
评定标准	1. 应大于设计风速，且不超过 20%		1～4 级	0.3～0.5m/s
	2. 不均匀的均方根差≤0.25		5 级（100 级）	0.2～0.5m/s

对于 $100m^2$（10m×10m）的洁净区，GB 50591—2010 要求测点布置间距≤2m，因此最少检测点数为 5×5＝25 点。GB 50073 要求测点布置间距小于 0.6m，因此最少检测点数为 17×17＝289 点。

② 风罩法测定非单向流洁净室或设施的风量。对于非单向流来说，风量和换气

次数是所需掌握的最重要参数。通常需要测定各个送风口的送风风速以确定各风口的送风量，但非单向流送风口一般设有散流器或扩散孔板，因此风速不均匀、风向不明，难于用风速计准确测定。目前普遍采用带流量计的风罩测定各风口的风量，其相应的出风风速为：

$$v_s=\frac{Q_s}{A_s}$$

式中 v_s——各终端过滤器或送风散流器的平均送风风速，m/s；

Q_s——各终端过滤器或送风散流器的送风量，m^3/s；

A_s——送风口出风面积，m^2。

非单向流洁净室或设施的换气次数按下式计算

$$AC=\frac{\sum Q_s}{V}\times 3600$$

式中 AC——洁净室或设施的每小时换气次数，1/h；

$\sum Q_s$——洁净室或设施各风口送风量之和，m^3/s；

V——洁净室或设施的容积，m^3。

3. 过滤系统检漏

过滤系统检漏的目的是确认过滤系统是否安装正确，使用过程中有无渗漏发生，用于保证过滤系统不存在影响设施洁净状况的渗漏。检测中，在过滤器的上风向注入气溶胶，在下风向紧靠过滤器和安装框架的地方扫描，或在风管中的过滤器下风向采样。检漏包括滤材、过滤器边框、密封垫和支撑架在内的整个过滤系统。已装过滤系统的检漏只在“静态”下进行，且该项检漏是在新建洁净室调试、现有设施需要再检测时，或更换了末端过滤器之后进行。检测方法：使用气溶胶光度计或离散粒子计数器。这两种方法获得的结果不能进行直接比较。

(1) 使用气溶胶光度计　下列情况下可使用气溶胶光度计法：洁净室的送风风管配有气溶胶注入口、可使气溶胶发尘达到规定的高浓度的系统；最易透过粒径整体透过率不小于0.003%的过滤系统；沉降在过滤器和风管内的油基挥发性检测气溶胶的释放气体对洁净室内的产品、工艺、人员无害的设施。

(2) 使用离散粒子计数器（DPC）　与光度计法相比，计数器法更灵敏，对过滤系统的污染也小得多。下列情况下可使用计数器法：配备任何类型空气处理系统的洁净室；配有最易透过粒径透过率低至0.000005%的过滤器系统；设施不允许有油基挥发性检测气溶胶沉降在过滤器和风管内并释放气体，或推荐使用固体气溶胶的场合。这时，采用发生器气溶胶产生的测试的平均当量中直径应在0.1～0.5μm；气溶胶平均当量中直径尺寸应恰好选择在所用离散粒子计数器最敏感的粒径的中间尺寸点；在上风向通常要配置离散粒子计数器采样稀释装置，以保证采样气溶胶浓度不至超过离散粒子计数器允许浓度。

4. 浮游菌、沉降菌的检测

浮游菌的测试方法需通过采样器采集在空气中的活微生物粒子，通过专门的培养基，在适宜的生长条件下繁殖到可见的菌落数。浮游菌的测试方法应符合 GB/T 16293《医药工业洁净室（区）浮游菌的测试方法》的要求。

浮游菌、沉降菌的检测对于制药工业的消毒区域至关重要。GMP、FDA 和 ISO-14698 导则中空气监测的标准不仅要求对无菌室的空气进行监测，而且要对无菌环境中的压缩气体进行监测。

高流速微生物流动空气采样仪（见图 5-30）是洁净空气微生物监测的常用设备。高流速采样仪的原理是离心式采样。它采样时间短（一般流速为 100L/min），可以使用遥控操作。浮游菌用空气取样仪进行取样时，一般采用 90mm 直径的普通平皿。各种空气取样仪都有可放入的平皿尺寸要求。

图 5-30 高流速微生物流动空气采样仪

表面取样可以用接触碟法或棉签擦拭法。

接触碟法一般采用 65mm 直径的专用平皿，该种平皿侧面边缘较低，平皿中培养基的量需利用培养基的表面张力超过其侧边边缘，从而与待取样的表面有充分的接触。需注意的是，应选用特定可用于表面取样的培养基，一般在普通的营养琼脂中会加入适当比例的中和剂，以中和表面上所使用的清洁剂、消毒剂等，确保得到可靠的结果。取样时应确保与待取样的表面有一定时间的接触，并施以一定的压力。

（八）风速、风量测试仪表

风速测量仪表按作用原理可分为机械式、散热率式和动力测压式等。

1. 翼形风速计

属机械式，它的风速传感元件是一个轻金属制成的叶轮，一般由 8～10 片组成，其转速与气流速度成正比，见图 5-31（a）。翼形风速计用于测量 0.2～10m/s 风速。如果风速低于 0.2m/s，由于机械摩擦，测值的误差将较大。测定时，气流方向应垂直于叶轮平面。风速不得超过测量上限，否则会造成螺丝松动或叶轮扭曲，以致损伤仪器。叶轮是翼形风速计的关键部件，由于裸露在外部，易受损伤，使用中严禁用手触摸和受到其他器物的碰撞。

2. 热球风速仪

热球风速仪分测头和指示仪表两部分，见图 5-31（b）。当电热丝通以额定电流时，它的温度升高，加热了玻璃球。因玻璃球体积很小，球体的温度可以认为与电热线圈的温度相同。气流速度大，球体散热快，温升小；反之，气流速度小，球体散热慢，温升大。按此原理，指示仪表可直接显示出风速。热球风速仪具有对微风速感应灵敏、热惯性小、反应快、灵敏度高的特点。此外整个仪器体积小、携带方便。

3. 热线风速计

一根被电流加热的金属丝，流动的空气使它散热，利用散热速率和风速的平方根成线性关系，再通过电子线路即可制成热线风速计，见图 5-31（c）。热线风速计适用于小风速测量。

热线风速计和热球风速仪的原理相同，一般用于低流速的测量，测量下限一般为 0.05m/s。

4. 超声波三维风速仪

它是利用超声波在空气中传播速度受空气流动的影响来测量风速，属于无惯性测量，能准确测出自然风中阵风脉动的高频成分，见图 5-31（d）。超声风速仪具有免维护、重量轻的优点，能进行 U、V、W 矢量及声速、声温输出。量程：风速 0～45m/s；风向 0～359.9°。分辨率：风速为 0.01 或 0.001m/s；风向为 0.1°或 1°。

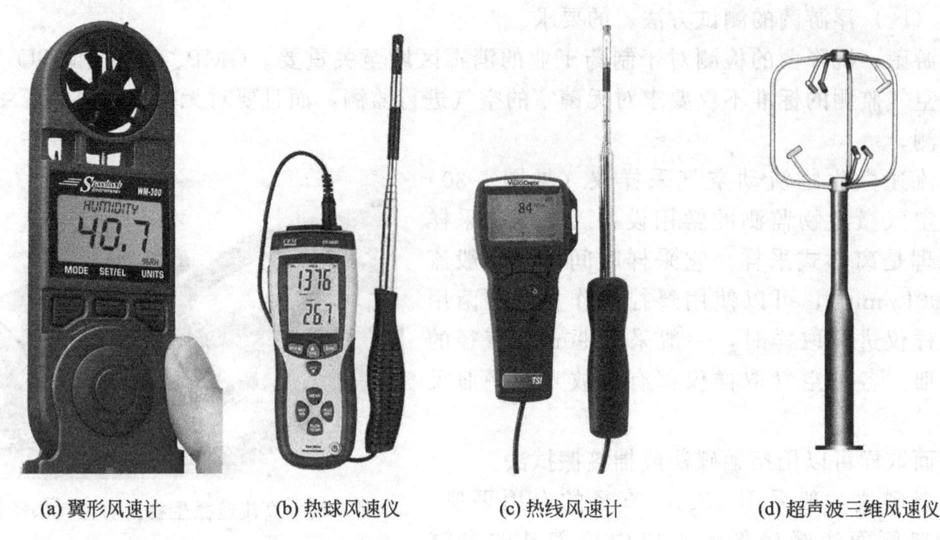

(a) 翼形风速计 (b) 热球风速仪 (c) 热线风速计 (d) 超声波三维风速仪

图 5-31 常用风速计

5. 风量罩

风量罩主要由三个部分构成：罩体、基座、PDA，见图 5-32。罩体主要用于采集风量，将风汇集至风速均匀器上。风速均匀器上装有热式传感器，热式传感器根据基底的尺寸将风量计算出来。风量罩采用 PDA 大屏幕液晶屏显示。使用者可以直接得到风速和风量的数据，可以设置记录时间间隔进行连续的参数记录，以便对数据进行分析。测量和记录的数据被记录在存储卡上，使用者可以通过计算机的串口将数据传递到 PC 机上做进一步的使用。

图 5-32 风量罩

学习任务与训练

1. 洁净系统检测指标有哪些？
2. 洁净度测点的布置原则是什么？

（九）洁净系统的运行与维护

1. 洁净系统的运行

空调洁净车间运行前需检查车间的各回风口是否畅通、车间的门是否关闭、车间内是否清洁卫生。检查合格后方能启动运行。通常操作步骤为：

① 打开风机箱电源开关；

② 开风机后，注意风机空调机运转是否正常；

③ 开机后观察洁净车间内的压差计与室外是否保持≥10Pa 正压风量；

④ 开机 30min 后，洁净车间可进行正常工作；

⑤ 洁净车间停止运行前，工作人员必须做好清洁工作；人员下班时关好所有门及物流通道口，同时打开紫外线杀菌灯 20～30min；

⑥ 关闭风机箱电源开关；

⑦ 操作人员检查所有电源开关是否全部关闭。

2. 洁净车间的维护

（1）清洁卫生工作 洁净车间每天生产完成后，必须搞好清洁卫生工作。擦洗地面、壁板及工艺设备。

（2）对洁净区环境进行定期监测　洁净区环境日常检测项目与要求见表5-10。

表5-10　洁净区环境日常检测项目与要求

<table>
<tr><th>监测项目</th><th>检测仪器</th><th>技术要求</th><th>测量位置</th><th>检测频率</th></tr>
<tr><td>风速</td><td>风速仪</td><td>A级≥0.4m/s</td><td rowspan="4">洁净区送风口</td><td>1次/月</td></tr>
<tr><td rowspan="3">换气次数</td><td rowspan="3">风速仪</td><td>B级≥40次/小时</td><td rowspan="3">1次/月</td></tr>
<tr><td>C级≥22次/小时</td></tr>
<tr><td>D级≥10次/小时</td></tr>
<tr><td>静压差</td><td>微压差计</td><td>≥10Pa</td><td>洁净区关键操作点</td><td>1次/月</td></tr>
<tr><td rowspan="3">尘埃粒子数</td><td rowspan="3">尘埃粒子计数器</td><td>A级≤3.5颗/升(≥0.5μm)</td><td>灌装区关键操作点</td><td rowspan="3">1次/季</td></tr>
<tr><td>B级≤350颗/升(≥0.5μm)</td><td rowspan="2">洁净灌装车间</td></tr>
<tr><td>C级≤3500颗/升(≥0.5μm)</td></tr>
<tr><td>沉降菌</td><td>双碟放置</td><td>B万级≤5个/皿
C万级≤50个/皿</td><td>洁净区关键操作点</td><td>1次/周</td></tr>
</table>

（3）根据监测结果进行维护

①百级风小于0.4m/s、万级区换气次数小于30次/小时、静压差小于5Pa时应作如下维护：

a. 应检查风箱中效过滤袋是否积尘太多，一般情况下三个月更换一次；

b. 应检查各回风口初效过滤布是否积尘太多，一般情况下一个月更换一次；

c. 应检查新风口是否积尘太多，一般情况下一个月更换一次。

②C级洁净区尘埃粒子数＞350颗/升时应作如下维护：

a. 根据监测结果，如按①a～c方法维护保养后，尘埃粒子仍大于350颗/升时，应检查车间内的高效送风口是否破损；

b. 应检查高效过滤的积尘是否达到终阻力（最大容尘量）。一般情况下每两年更换一次高效过滤器。

③ 沉降菌数B级净化区超过50个/皿时应作如下维护：对车间内清洁卫生全面检查，并进行杀菌消毒处理。

学习任务与训练

1. 参观洁净车间，画出洁净空调系统工艺简图，并用文字说明主要特点及重点控制区域。

2. 仿真软件进行洁净空调系统操作。

3. 对正常运行中的空气净化系统进行颗粒、风速、沉降菌、浮游菌的常规测试，判断是否符合生产要求。

（十）风道阻力与送风量

风道中的阻力分摩擦阻力和局部阻力两种。

1. 摩擦阻力

摩擦阻力是由空气的黏性和管壁的粗糙度所引起的空气与管壁间的摩擦而产生的阻力。克服摩擦阻力而引起的能量损失称为摩擦阻力损失或沿程损失。

空气在截面不变的管道内流动时，沿程损失可按下式计算：

$$\Delta P_{\mathrm{m}}=\lambda \frac{l}{4r_{\mathrm{H}}}\times\frac{u^2}{2}\rho$$

式中 ΔP_{m}——风道的沿程损失，Pa；

λ——摩擦阻力系数（用科尔布鲁克 Colebrock 迭代公式计算）；

u——风道内空气的平均流速，m/s；

ρ——空气的密度，kg/m^3；

l——风道的长度，m；

r_{H}——风道的水力半径，m。

单位长度的摩擦阻力，也称比摩阻。比摩阻可按下式计算：

$$R_{\mathrm{m}}=\lambda \frac{l}{4r_{\mathrm{H}}}\times\frac{u^2}{2}\rho$$

对于圆形风管：

$$\Delta P_{\mathrm{m}}=\lambda \frac{l}{d}\times\frac{u^2}{2}\rho$$

$$R_{\mathrm{m}}=\frac{\lambda}{d}\times\frac{u^2}{2}\rho$$

如果已经算得或查得常温、常压（20℃，101.3kPa）下的单位长度的摩擦阻力，那么可以通过温度、压力修正系数得到实际温度、压力下的单位长度的摩擦阻力：

$$R'_{\mathrm{m}}=\varepsilon_{\mathrm{t}}\varepsilon_{\mathrm{p}}R_{\mathrm{m}}$$

其中 ε_{t}、ε_{p} 分别是温度和压力的校正系数，它们可以分别通过下面的两式计算：

$$\varepsilon_{\mathrm{t}}=\left(\frac{273+20}{273+t'}\right)^{0.825}$$

$$\varepsilon_{\mathrm{p}}\left(\frac{p}{101.3}\right)^{0.9}$$

【例 5-1】 已知某厂通风系统采用钢板制圆形风道，$d=200$mm，内表面粗糙度为 0.18mm，风量 $V=1000m^3/h$，管内空气流速 $u=10$m/s，空气温度 $t=50$℃，管内压力为常压，求风管单位长度的沿程损失。

解：查得空气在 50℃时的黏度为 19.6×10^{-6}Pa·s，

空气密度用理想气体方程计算：

$$\rho=\frac{p_{\mathrm{a}}M}{RT}=\frac{1.01325\times10^5\times29\times10^{-3}}{8.314\times(273.15+50)}=1.094\ (\mathrm{kg/m^3})$$

流速

$$u=\frac{V}{\frac{\pi}{4}\cdot d^2}=\frac{1000}{\frac{\pi}{4}\times0.2^2\times3600}=8.842\ (\mathrm{m/s})$$

雷诺数

$$Re=\frac{du\rho}{\mu}=\frac{0.2\times8.842\times1.094}{19.6\times10^{-6}}=9.868\times10^4$$

摩擦系数用科尔布鲁克迭代公式计算

$$\lambda=\frac{1}{\left[1.74-2\times\lg\left(\frac{2\varepsilon}{d}+\frac{18.7}{Re\sqrt{\lambda}}\right)\right]^2}$$

得：$\lambda=0.02187$

单位长度的阻力

$$R_m=\frac{\lambda}{d}\frac{u^2}{2}\rho=\frac{0.02187}{0.2}\times\frac{8.842^2}{2}\times1.094=4.674\ (\text{Pa/m})$$

【例 5-2】 有一钢板制矩形风道，粗糙度为 0.15mm，断面尺寸为 500mm×250mm，流量为 2700m³/h，空气温度为 30℃，求单位长度摩擦阻力损失。

解：查得空气在 30℃时的黏度为 19.6×10^{-6}Pa·s，

空气密度用理想气体方程计算：

$$\rho=\frac{p_aM}{RT}=\frac{1.01325\times10^5\times29\times10^{-3}}{8.314\times(273.15+30)}=1.166\ (\text{kg/m}^3)$$

对于矩形风管，流速

$$u=\frac{V}{ab}=\frac{2700}{0.5\times0.25\times3600}=6.000\ (\text{m/s})$$

矩形风管的当量直径

$$d_e=4\times\frac{ab}{2\times(a+b)}=4\times\frac{0.5\times0.25}{2\times(0.5+0.25)}=0.3333\ (\text{m})$$

雷诺数

$$Re=\frac{du\rho}{\mu}=\frac{0.3333\times6\times1.166}{18.6\times10^{-6}}=1.254\times10^5$$

摩擦系数用科尔布鲁克迭代公式计算

$$\lambda=\frac{1}{\left[1.74-2\times\log\left(\frac{2\varepsilon}{d}+\frac{18.7}{Re\sqrt{\lambda}}\right)\right]^2}$$

得：$\lambda=0.01955$

单位长度的阻力

$$R_m=\frac{\lambda}{d_e}\frac{u^2}{2}\rho=\frac{0.01955}{0.3333}\times\frac{6^2}{2}\times1.166=1.231\ (\text{Pa/m})$$

2. 局部阻力

风道中流动的空气，当其方向和断面的大小发生变化或通过管件设备时，由于在边界急剧改变的区域出现旋涡区和流速的重新分布而产生的阻力称为局部阻力，克服局部阻力而引起的能量损失称为局部阻力损失，简称局部损失。

局部阻力损失可按下式计算：

$$\Delta P_j=\xi\frac{\rho v^2}{2}$$

风管弯头和进口的局部阻力系数见图 5-33。

局部阻力系数 ξ 通常用实验方法确定，可以通过有关手册查阅。在计算局部阻力时，要注意 ξ 值所对应的空气流速。

在通风系统中，局部阻力所造成的能量损失占有很大的比例，甚至经常成为主要的能量损失。为节能，在设计中应尽量减小局部阻力。如图 5-34 所示，减小局部阻力通常采用以

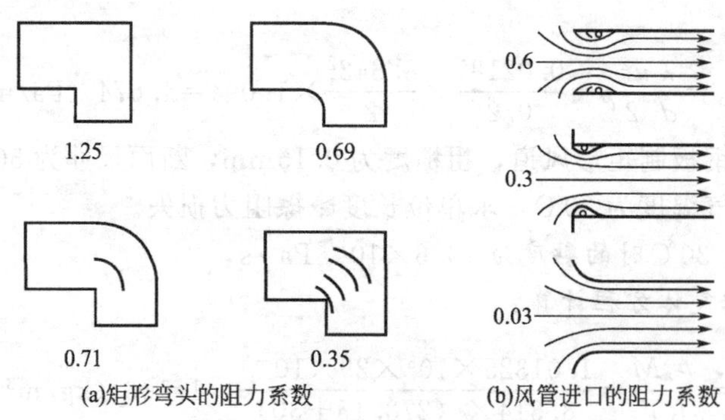

图 5-33 一些局部阻力系数

下措施：

①避免风管断面的突然变化，管道变径时，尽量利用渐扩、渐缩代替突扩、突缩。其中心角最好在 8°～10°，不超过 45°。②布置管道时，应力求管线短直，减少弯头。③圆形风管弯头的曲率半径一般应大于 1～4 倍管径；风管长宽比越小，阻力越小，应优先采用小长宽比风管；必要时可在弯头内部设置导流叶片，以减小阻力。④应尽量采用转角小的弯头，用弧弯代替直角弯。

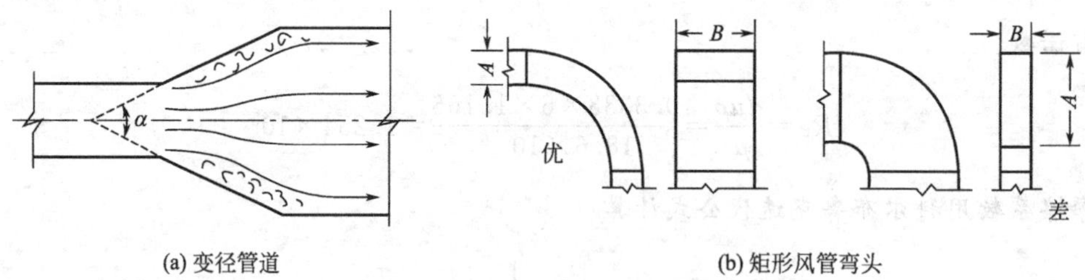

图 5-34 一些减少局部阻力的方法

3. 总阻力损失

摩擦阻力与局部阻力之和为总阻力，克服摩擦阻力和局部阻力而引起的能量损失称为称总阻力损失。

$$\Delta P=\Delta P_{m}+\Delta P_{j}$$

4. 送风量

由于夏季车间的余热较冬季大，一般以夏季工况计算所需的送风量，在冬季可降低风量运行。

$$L=\frac{Q}{I_{N}-I_{0}}=\frac{W}{H_{N}-H_{0}}$$

式中 L——送风量，kg/s；

Q——室内余热量，kW；

I_{N}——室内设计工况的焓，kJ/kg；

I_{0}——送入空调房空气的焓，kJ/kg；

W——室内余湿，kg/s；

H_{N}——室内设计工况的湿度，kg 水汽/kg 干空气；

H_{0}——送入空调房空气的湿度，kg 水汽/kg 干空气。

单向流洁净室的送风量可按下式计算：

$$L_1=3600uA$$

式中 L_1——送风量，m^3/h；

u——单向流洁净室要求风速，m/s；

A——洁净室截面积，m^2。

学习任务与训练

参观洁净车间的送风系统，根据测量管路长度、截面形状等尺寸，及实际风量大小，估算送风管路的阻力大小。

任务6 换热器操作

一、管壳式换热器的类型认识

根据管壳式换热器的结构特点，常将其分为固定管板式、浮头式、U 型管式等换热器。

（一）固定管板式换热器

固定管板式换热器的结构如图 6-1 所示，管束连接在管板上，管板与壳体焊接。

其优点是结构简单、紧凑、能承受较高的压力，造价低，管程清洗方便，管子损坏时易于堵管或更换；缺点是当管束与壳体的壁温或材料的线膨胀系数相差较大时，壳体和管束中将产生较大的热应力。它适用于壳程介质清洁且不易结垢并能进行溶解清洗，管、壳程两侧温差不大或温差较大但壳程压力不高的场合。

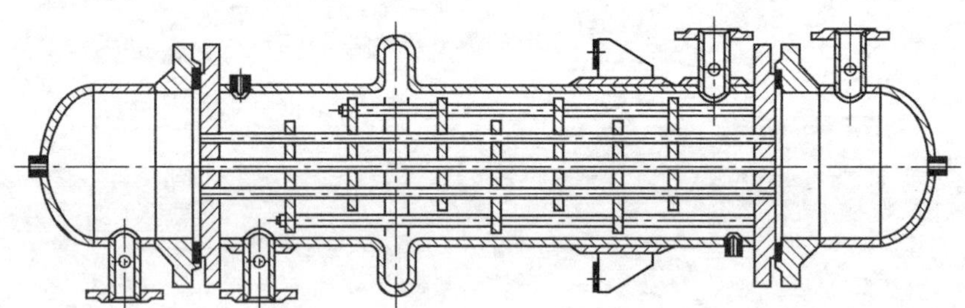

图 6-1　带膨胀节的固定管板式换热器

为减少热应力，通常在固定管板式换热器中设置柔性元件（如膨胀节、挠性管板等），来吸收热膨胀差。

（二）浮头式换热器

浮头式换热器的结构如图 6-2 所示，两端管板中只有一端与壳体固定，另一端可相对壳体自由移动，称为浮头。浮头由浮头管板、钩圈和浮头端盖组成，是一种可拆连接，管束可从壳体内抽出。

其优点是管间和管内清洗方便管束与壳体的热变形互不约束，不会产生热应力；缺点是

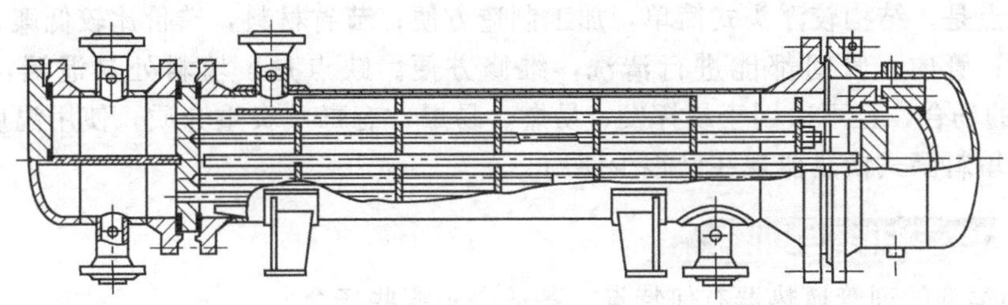

图 6-2 浮头式换热器

结构复杂，造价比固定管板式换热器高，设备笨重，材料消耗量大，且浮头端小盖在操作中无法检查，制造时对密封要求较高。它适用于壳体和管束之间壁温差较大或壳程介质易结垢的场合。

（三）U 形管式换热器

U 形管式换热器的结构如图 6-3 所示，其结构特点是只有一块管板，管束由多根 U 形管组成，管子可自由伸缩，不会产生热应力。

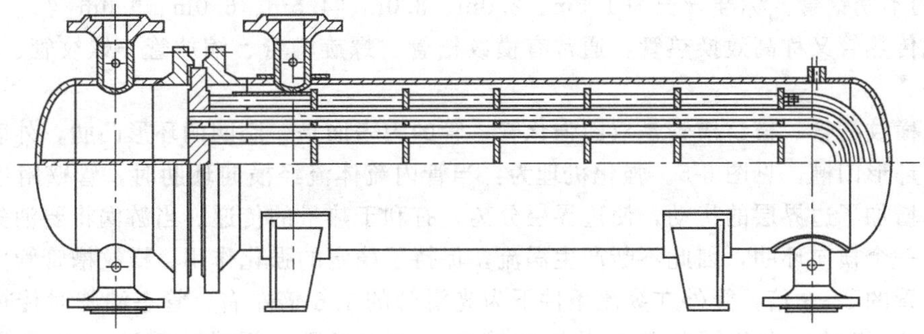

图 6-3 U 形管式换热器

它的优点是，结构比较简单、价格便宜，承压能力强。缺点是受弯管曲率半径限制，布管少；管束最内层管间距大，管板利用率低；壳程流体易短路，传热不利；当管子泄漏损坏时，只有外层 U 形管可更换，内层管只能堵死，坏一根 U 形管相当于坏两根管，报废率较高。

它适用于管、壳壁温差较大或壳程介质易结垢需要进行清洗，又不宜采用浮头式和固定管板式的场合。特别适用于管内走清洁而不易结垢的高温、高压、腐蚀性大的物料的场合。

（四）填料函式换热器

填料函式换热器结构如图 6-4 所示，其结构特点与浮头式换热器相似，浮头部分露在壳体之外，在浮头与壳体的滑动接触面采用填料函式密封结构。

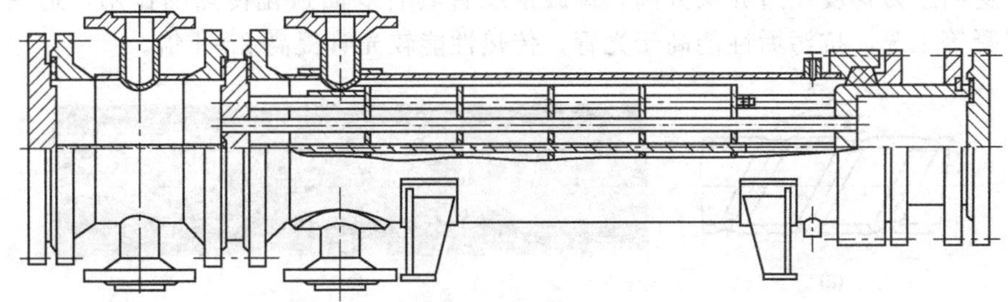

图 6-4 填料函式换热器

它的优点是，结构较浮头式简单，加工制造方便；节省材料，造价比较低廉；管束从壳体内可抽出；管内、管间都能进行清洗，维修方便。缺点是，填料处易泄漏，只适用于4MPa以下的场合，且不适用于易挥发、易燃、易爆、有毒及贵重介质，使用温度受填料的物性限制。填料函式换热器现在已很少使用。

1. 各种类型的列管换热器有何特点，各适合于哪些场合？

二、管壳式换热器的结构认识

管壳式换热器的从外部看主要有壳体、封头、接管，从内部看主要有换热管、管板、管箱、折流元件等。

（一）换热管

换热管的形式分光滑管和强化传热管二种。传统光滑换热管通常为 ϕ19mm×2mm、ϕ25mm×2.5mm 和 ϕ38mm×2.5mm 的无缝钢管，以及 ϕ25mm×2mm 和 ϕ38mm×2.5mm 的不锈钢管。标准管长为 1.5m、2.0m、3.0m、4.5m、6.0m、9.0m 等。

强化传热管又称高效换热管，通常有横纹槽管、螺旋槽管、缩放管、螺纹管、波纹管、翅片管等。

（1）横纹槽管　横纹槽管是双面强化管，管的内表面是一圈圈的环形凸肋，外表是相应的一圈圈环形凹槽，见图 6-5。强化机理为：当管内流体流经横向环肋时，管壁附近形成轴向游涡，增加了边界层的扰动，使边界层分离，有利于热量的传递。当游涡将要消失时流体又经过下一个横向环肋，因此不断产生涡流，保持了稳定的强化作用。横纹槽管管内传热系数为光滑管的 2～3 倍，管外在纵流条件下为光滑管的 1.6 倍左右，管态沸腾时传热系数比光滑管大 2～7 倍。在相同传热量及流体输送功率消耗下，用横纹管取代光滑管可减少 30%～50%的换热器材料消耗。

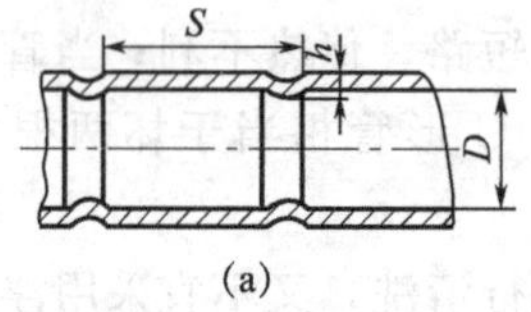

(a)

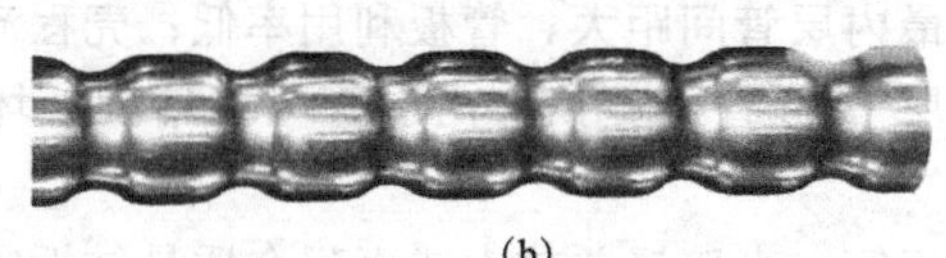
(b)

图 6-5　横纹槽管

（2）螺旋槽管　螺旋槽管是目前采用较多的强化传热管，有单程和多程螺旋类型。螺旋槽纹管管壁是由光管挤压而成，见图 6-6。其管内传热强化主要：一是螺旋槽近壁处流动的限制作用，使管内流体做整体螺旋运动来产生局部二次流动；二是螺旋槽所导致的形体阻力，产生逆向压力梯度使边界层分离。螺旋槽纹管具有双面强化传热的作用，适用于对流、沸腾和冷凝等工况，抗污垢性能高于光管，传热性能较光管提高 2～4 倍。

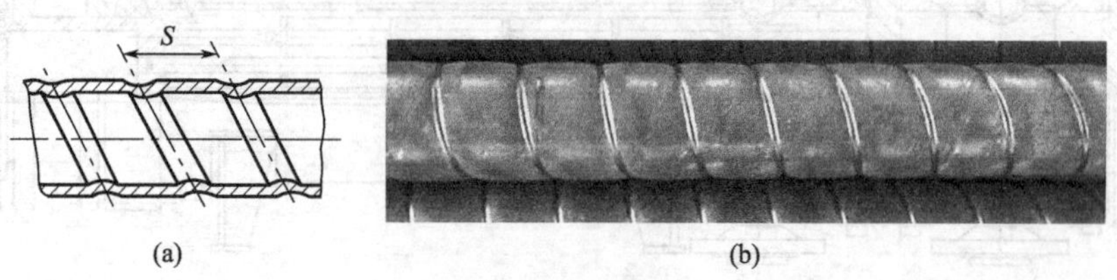

(a)　(b)

图 6-6　螺旋槽管

（3）缩放管　缩放管表面具有竹节状结构，使管内介质流动时，产生收缩和放大效应，使介质湍动程度增加，提高了管内介质的热交换能力，见图 6-7。管内靠近管壁的介质沿管的轴向流动时，其方向和速度在波节处产生突变，形成局部湍流，使管壁处流体的滞留底层减薄，热阻降低，也使管外介质的传热能力提高。同等压力降下，缩放管的传热量比光滑管提高 70％以上。

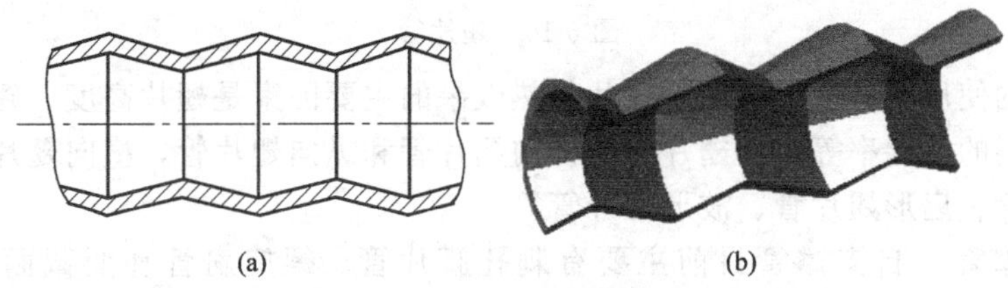
(a)　(b)

图 6-7　缩放管

（4）螺纹管　外螺纹管又称低肋管，一般用于管内传热系数比管外系数大一倍以上的场合，见图 6-8。对于管外冷凝或沸腾，由于表面积增加及表面张力等作用，传热效率有效提高。

内螺纹铜管由于内表面积的增加，以及流体扰动的增加，传热性能要比光管提高20％～30％。内螺纹铜管广泛应用于空调制冷行业中的高端机型。

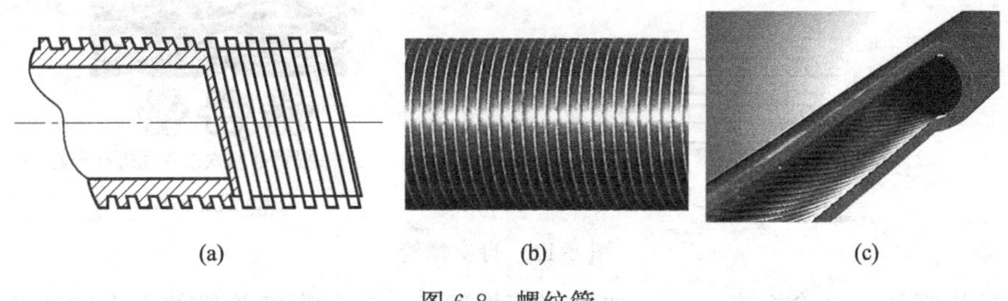
(a)　(b)　(c)

图 6-8　螺纹管

（5）波纹管　波纹管是以普通光滑换热管为基管，采用无切削滚扎工艺使管内外表面金属塑性变形而成，成为双侧带有波纹的管型，见图 6-9。波纹管管内被挤出凸肋，从而改变了管内壁滞流层的流动状态，减少了流体传热热阻，增强了传热效果，传热系数比光滑管提高 2～3 倍。此外，还有不易结垢、热补偿能力好、体积小、节省材料等优点。

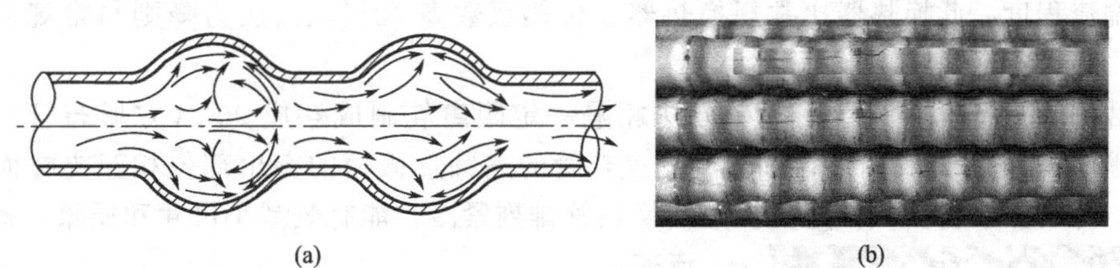
(a)　(b)

图 6-9　波纹管

（6）翅片管　翅片管传热壁面两侧对流传热系数往往相差较大，如当换热管外是气体、管内是液体或蒸汽冷凝或液体沸腾时，气体侧的传热系数相对会小得多，必须采用加装翅片的方法来提高表面积，减少热阻。翅片管可分为内翅片管和外翅片管，见图 6-10。

内翅片管除了增加传热面积，还通过改变管内的流动形式提高传热系数。尤其在管内介质层流流动时，传热效果的提高更加明显，但同时流动阻力也会增加。

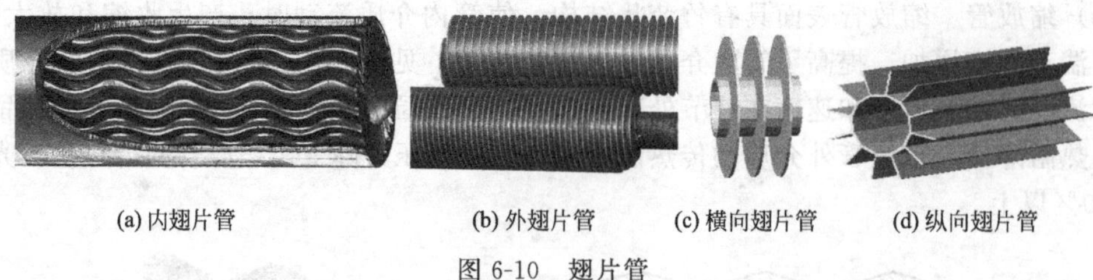
(a) 内翅片管 (b) 外翅片管 (c) 横向翅片管 (d) 纵向翅片管

图 6-10 翅片管

外翅片管的使用非常广泛，影响翅片传热效果的主要因素是翅片高度、翅片厚度、翅片间距、翅片材料的热导率等。外翅片管有横向翅片管和纵向翅片管，横向翅片管又有圆翅片管、螺旋翅片管、扇形翅片管、波形翅片管等。

（7）自支撑管　自支撑管目前主要有刺孔膜片管、螺旋扁管和变截面管，如图 6-11 所示。

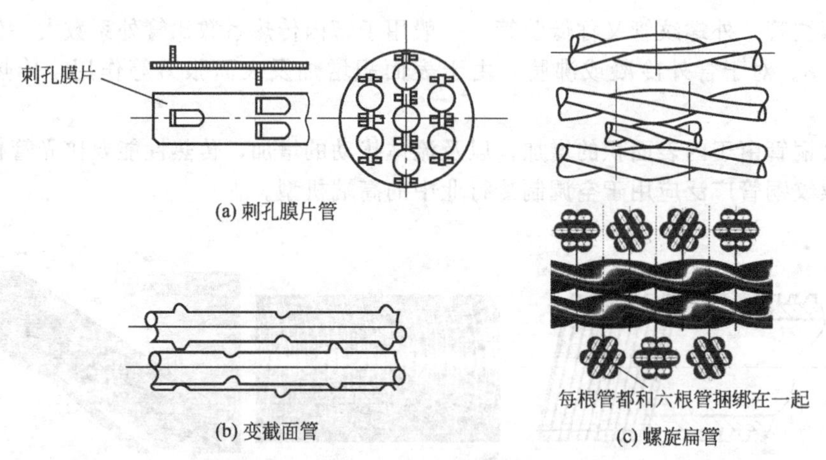

(a) 刺孔膜片管 (b) 变截面管 (c) 螺旋扁管

图 6-11 自支撑管

刺孔膜片管是在去除折流元件（如折流挡板）后，在每根换热管的上下两侧开槽，槽中嵌焊冲有孔和毛刺的膜片，多块膜片将同一纵向平面的列管连接为一个整体。刺孔膜片既是支撑元件，又增加了传热面积，并且小孔和毛刺增加了流体的湍动。

螺旋扁管是近几年推出的一种高效换热管，由圆管轧制或椭圆管扭曲而成。其结构特点是管子的任一截面均为一长圆。螺旋扁管的强化机理：它使管程与壳程同时处于螺旋流动，增强了湍流程度。此换热器比常规换热器总传热系数高 40%，而压力降则与常规换热器几乎相等。

变截面管是将普通圆管用机械方法相隔一定距离轧制成互成 90°（方形布管）或互成 60°（三脚形布管）的扁圆形截面，利用换热管的扁圆形截面的突出部位相互支撑而构成折流元件，并省去了折流板。这类换热器换热管排列紧凑，能有效减小尺寸和质量，提高壳程流速。

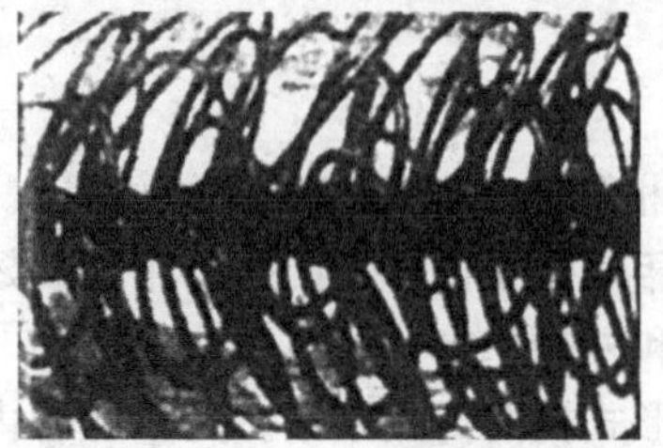
图 6-12 换热器插入物

（8）内插件管　内插件管是在管内放入插入物，这是强化管程单相流体传热的有效措施，尤其适用于气体、低雷诺数或高黏度流体的传热强化。插入物通常由金属的条、带、片、丝绕制或扭曲而成，如图 6-12 所示的换热器插入物。其传热强化机理是，利用插入物使流体在低速下产生径向位移和螺旋流相叠加的三维复杂运动，以获得较高的传热系数。

（二）管板

1. 管板的作用

管板的作用是：排布换热管；将管程和壳程流体分开，避免冷、热流体混合；承受管程、壳程压力和温度的载荷作用。多数管板是圆形的平板，钻孔后排布换热管。管板的成本直接关系整台换热器的成本，在满足强度前提下尽量减少管板厚度。当换热介质无腐蚀或腐蚀轻微时，一般采用低碳钢、合金钢制造或锻造管板。换热介质有腐蚀性时，管板采用耐腐蚀材料，如不锈钢。当管板厚度较大时，往往采用复合钢板，以降低成本。各种管板见图6-13。

(a) 制造加工中的兼作法兰的管板

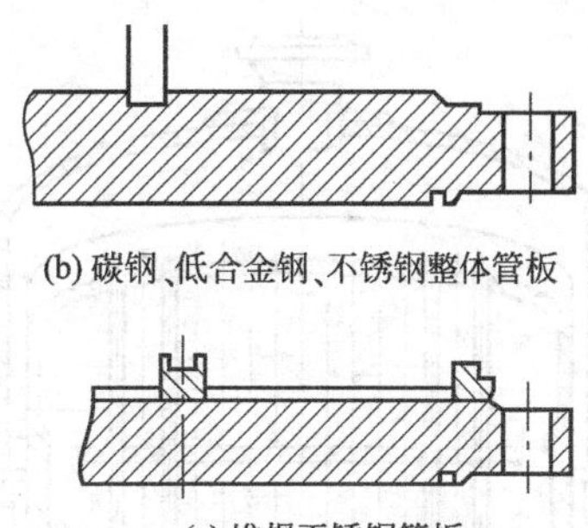

(b) 碳钢、低合金钢、不锈钢整体管板

(c) 堆焊不锈钢管板

图 6-13 管板

2. 管板的厚度

管板的厚度按照 GB 151《管壳式换热器》、美国管式换热器制造商协会标准 TEM、西德 AD 标准设计制造。其中，厚管板按照 GB 151《管壳式换热器》、美国管式换热器制造商协会标准 TEMA 标准；薄管板按照西德 AD 标准（其厚度一般为 8～20mm）。

3. 平管板

薄管板目前主要有平面形、椭圆形、碟形、球形、挠性薄管板等。

如图 6-14 所示，用于固定管板换热器的平面薄管板有下列四种结构。

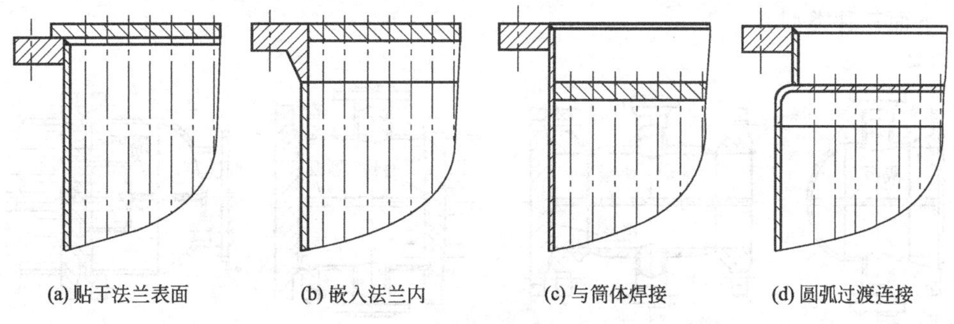

(a) 贴于法兰表面　(b) 嵌入法兰内　(c) 与筒体焊接　(d) 圆弧过渡连接

图 6-14 平面薄管板的四种结构

① 薄管板贴于法兰表面上，当管程通过腐蚀性介质时，密封槽开在管板上，法兰不与管程介质接触。

② 薄管板嵌入法兰内，并将表面车平。不论管程和壳程是否有腐蚀性介质，法兰都会与腐蚀性介质接触，需采用耐腐蚀材料，而且管板受法兰力矩的影响较大。

③ 薄管板在法兰下面且与筒体焊接。壳程通入腐蚀性介质时，不必采用耐腐蚀材料；管板离开了法兰，减小了法兰力矩和变形对管板的影响，降低了管板因法兰产生的应力；管

板与刚度较小的筒体连接，也降低了管板的边缘应力。是一种较好的结构。

④ 管板与壳体间有一个圆弧过渡连接，并且很薄，管板具有一定弹性，可补偿管束与壳体间的热膨胀；过渡圆弧可减少管板边缘的应力集中。该种管板不受法兰力矩的影响。壳程流体通入腐蚀性介质时，法兰不会受到腐蚀。但这种挠性薄管板加工比较复杂。

4. 其他管板

以椭圆形封头作为管板，与换热器壳体焊接在一起，受力情况比平管板好得多。它可以做得很薄，有利于降低热应力。适用于高压、大直径的换热器，见图 6-15（a）。

双管板结构适用于严格禁止管程与壳程介质互相混合的场合。短节圆筒内需充入高于管程、壳程压力的惰性介质，见图 6-15（b）。

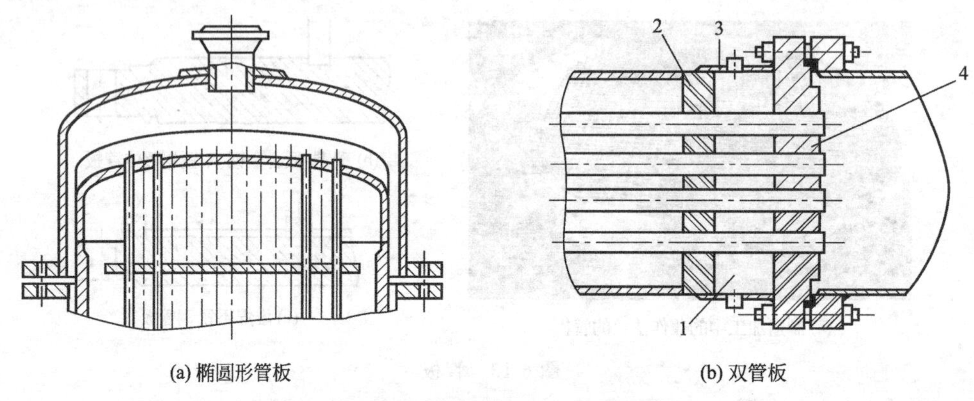

图 6-15 椭圆形管板与双管板

1—空隙；2—壳程管板；3—短节；4—管程管板

（三）管箱

壳体直径较大的管壳式换热器大多采用管箱结构。管箱位于换热器两侧，其作用是把从管道送来的流体均匀地分布到各换热管和把管内流体汇集在一起送出换热器。在多管程的管壳中，管箱还起到改变流体流向的作用。

如图 6-16 所示，管箱结构主要由换热器是否需要清洗及管束是否需要分程等因素决定，大致分下面三种类型。

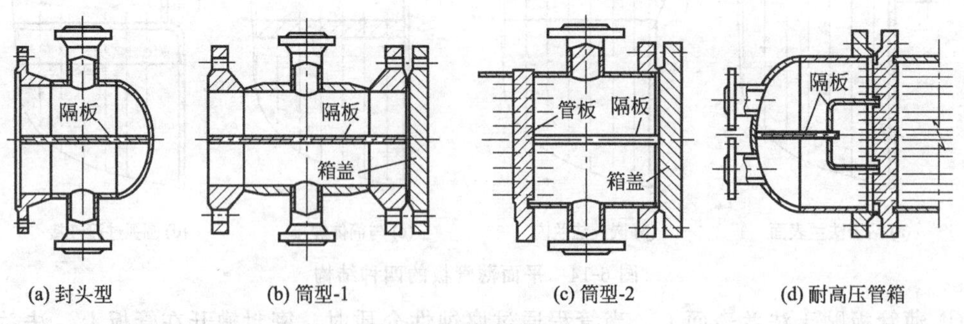

图 6-16 管箱结构形式

（1）封头型管箱 封头型管箱用螺栓固定在壳体上，没有可拆卸的端盖，适用于较清洁的介质。在检查和清洗换热器时，要拆除管路连接系统，较不方便。但成本较低。

（2）筒型管箱 筒型管箱上装有箱盖，可与壳体焊接或用螺栓固定。将箱盖拆除后，不用拆除连接管就可检查和清洗换热管，其缺点是用的材料较多。

(3) 耐高压管箱　耐高压管箱专门用来承受高压流体，管板和管箱通常通过锻压加工而成。从结构看，由于设置多层隔板，可以完全避免在管箱密封处的泄漏。但管箱不能单独拆下，检修和清理不方便，所以实际较少采用。

(四) 管束及分程

1. 管程

管内流动的流体从管子的一端流到另一端，称为一个管程。

一个换热器换热面积要变大，如用增加管数的方法就会使流速降低，最终导致传热系数下降；另外一个方法是加长管子，但管子太长会使换热器的比例不符合规范要求。因此换热器增大换热面积要采用增加管数并且增加管程的方法，在换热器的一端或两段的管箱中分别配置一定数量的隔板，使每一程中换热管数量基本相等，增加流体流动速度，提高传热系数。管束分程可采用不同的组合方式，如果管程流体的进出口温度变化很大，应避免流体温差大的两部分管束相邻，避免产生大的温差应力。

从加工、安装、操作及维护角度考虑，偶数管程更加方便，所以基本上采用的都是偶数管程。管程数不宜太多，否则会损失较多的布管面积。表 6-1 列出了 1～6 管程的管束分布形式。

表 6-1　管束分程布置形式

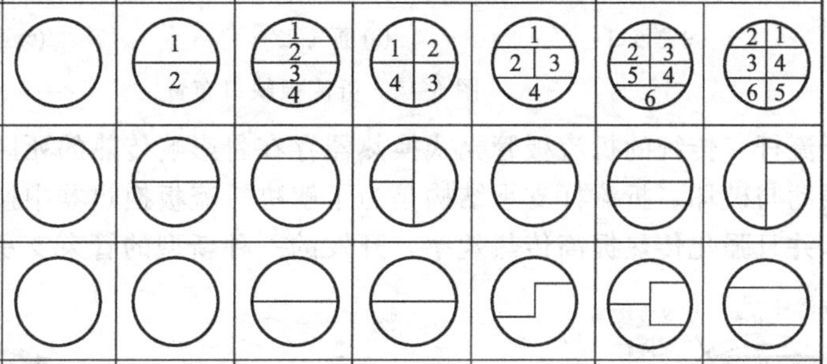

管程数	1	2	4			6	
流动顺序		1 2	1 2 3 4	1 2 4 3	1 2 3 4	2 3 5 4 6	2 1 3 4 6 5
管箱隔板							
介质返回侧隔板							
图序	a	b	c	d	e	f	g

2. 折流

(1) 折流板　折流板的设置可以提高壳程流体的流速，增加湍动程度，使壳程流体垂直冲刷管束，增大壳程流体的传热系数。

弓形折流板是最常见的折流板形式。弓形折流板有单弓形、双弓形、三弓形三种。多弓形的应用主要是为了防止在大直径换热器中，当折流板间距也较大时，在折流板背面连接壳体处形成不利于传热的流动“死区”。除弓形板外，还有圆盘-圆环形折流板。折流板形式见图 6-17。

缺口大小应使流体流过缺口时与横向流过管束时的流速相近，缺口大小用弓形弦高占壳体内直径的百分比来表示，如单弓形折流板，h 一般取 0.20～0.45D_i（圆筒内径），最常用 0.25D_i。

卧式换热器壳程为单相清洁液体时，折流板缺口上下布置［见图 6-18 (a) 和图 6-18 (b)］。卧式换热器的壳程介质为气液相共存或液体中含有固体颗粒时，折流板缺口应垂直左右布置，并在折流板最低处开通液口［见图 6-18 (c)］。

折流板按等间距布置，折流板的最小间距不宜小于圆筒内径的 1/5，且不小于 50mm；最大间距不大于圆筒内径。

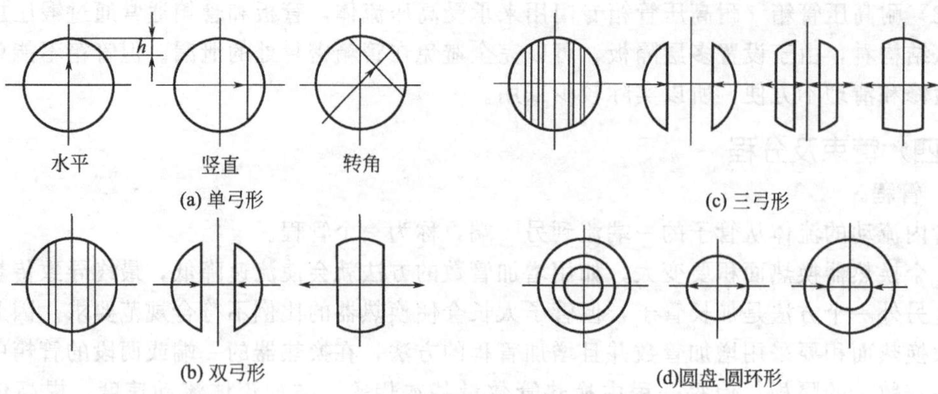

图 6-17 折流板形式

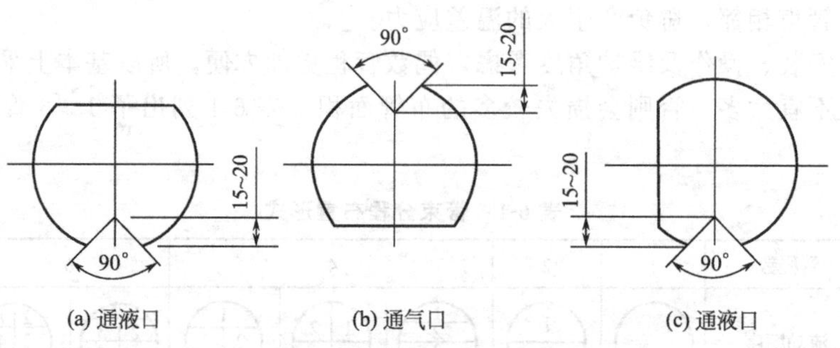

图 6-18 折流板缺口布置

（2）折流杆 传统的折流板管壳式换热器存在着影响传热的死区，流体阻力大，且易发生换热管振动与破坏。折流杆支承结构是为了解决折流板换热器中换热管的切割破坏和流体诱导振动，并且强化传热提高传热效率，开发的一种新型的管束支承结构，见图 6-19。

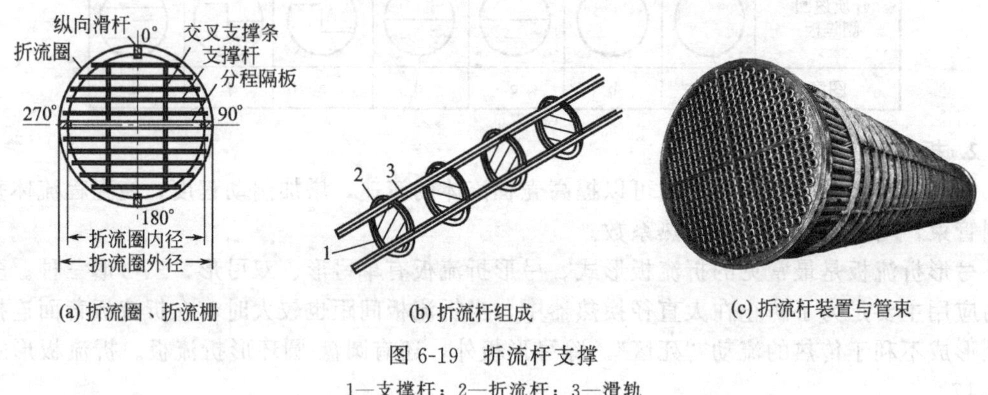

图 6-19 折流杆支撑

1—支撑杆；2—折流杆；3—滑轨

该支承结构由折流圈上的支承杆（杆可以水平、垂直或其他角度）组成。折流圈可由棒材或板材加工而成，支承杆可由圆钢或扁钢制成。一般 4 块折流圈为一组，也可采用 2 块折流圈为一组。支承杆的直径等于或小于管子之间的间隙，因而能牢固地将换热管支撑住，提高管束的刚性。

3. 换热管排列

换热管的管束排列常为图 6-20 所示的四种形式。三角形布管多，可节省约 15%的管板面积，但不易清洗；正方形及转角正方形较易清洗，排列时要保证有不少于 6mm 的清洗通道。此外，用于小壳径的同心圆排列比正三角形排列还要紧凑，因为靠近壳体处布管更均匀。

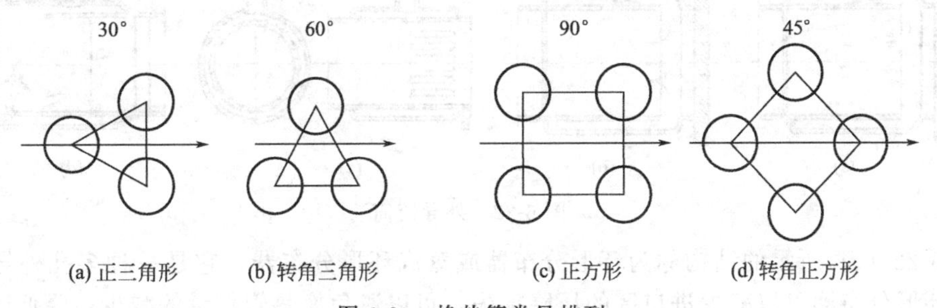

图 6-20 换热管常见排列

注：流向箭头垂直于折流板切边

对于多管程换热器，可采用组合排列法。如，每程均采用三角形排列，各程之间用正方形排列，以便于安排分程隔板。

换热管中心距按规范要求不宜小于 1.25 倍的换热管外径，常用的换热管中心距见表 6-2。

表 6-2 常用的换热管中心距

换热管外径 d_o/mm	12	14	19	25	32	38	45	57
换热管中心距/mm	16	19	25	32	40	48	57	72

（五）其他结构

1. 导流筒

由于壳程的进出口接管受法兰及开孔补强等尺寸的限制，不能靠近管板，因此容易在接管和管板之间造成死区，影响传热效果。设置导流筒可以防止进口流体直接冲击管束，可以减少传热死区，可以均匀分布流体并防止流体的振动。导流筒可分内导流筒和外导流筒两种。

(1) 内导流筒　内导流筒如图 6-21 所示，是在换热器的壳程筒体内设置的导流筒。导流筒端部至管板的距离，应使得该处环形流的面积不小于导流筒外侧的流通面积。内导流筒会造成布管面积的减少，并且造成壳程周向更大的旁路流。

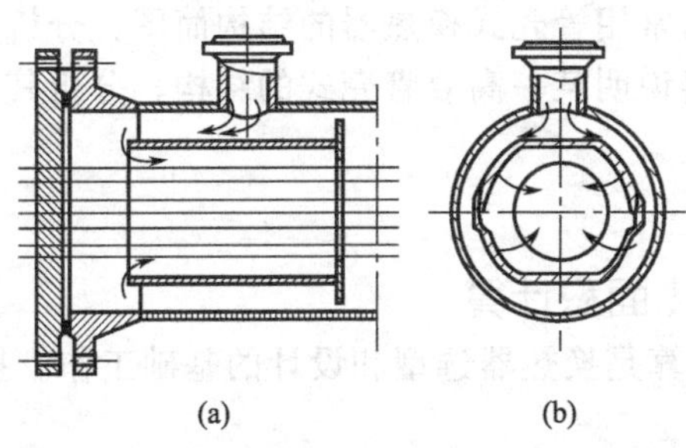

图 6-21 内导流筒

(2) 外导流筒　外导流筒如图 6-22 所示，是在壳程筒体上增加一个放大筒节用以扩散壳程流体，并使流体从换热器壳程的两端进入壳程。外导流筒不会影响布管面积和造成旁路，比内导流筒的压降更低。外导流筒还有一定的温差补偿的作用（类似于膨胀节），这种比较完善的结构在管壳换热器中有较广泛的应用。

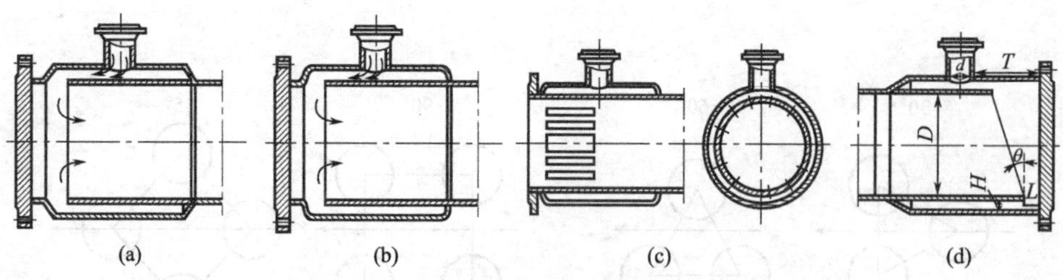

图 6-22 外导流筒

图 6-22（c）所示的结构称为环形分布器或蒸汽环形分布器，它是一种多孔外导流筒的结构。环形分布器可以减少进口区的压降损失，可以避免换热管数量的减少，降低防冲板造成的压力损失。环形分布器设计时，应使进口接管的流通面积、接管泄放面积、环形流通面积和壳程泄放面积依次增加 10%～15%，以此来决定分布器的泄放间隙尺寸。图 6-22（d）是一种变截面的外导流筒，它能克服传统直导流筒存在的介质进入壳内流体阻力不同导致分布不均匀的缺点。

2. 防冲板

当换热管内的流速大于 3m/s 时，或有腐蚀或摩蚀的气体、蒸汽和气液混合物时，为减少流体的不均匀分布和流体对换热管的直接冲蚀，应在壳程进口管处设置防冲板。图 6-23（a）和（b）所示的结构是将防冲板焊接在定距管或拉杆上。图 6-23（c）所示的结构是将防冲板焊接在壳体上，也可以用 U 形螺栓较防冲板固定在换热管上［见图 6-23（d）］。

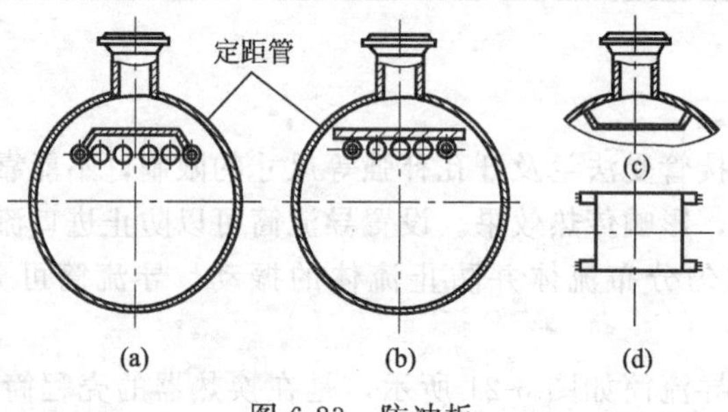

图 6-23 防冲板

学习任务与训练

1. 参考实物或资料画出常用管壳式换热器的结构简图，分析其结构特点及适用条件。
2. 参考实物或查阅资料说明某一高效管壳式的结构，分析其为何比普通换热器高效。

三、换热器传热计算

（一）换热器所需传热面积计算

换热器所需传热面积估算是换热器选型和设计的基础工作。换热器冷热流体之间的传热系数范围如表 6-3 所示。

表 6-3 传热系数的范围

热流体	冷流体	传热系数/[W/(m^2·K)]
水	水	850～1700
轻油	水	340～910
重油	水	60～280

续表

热流体	冷流体	传热系数/[W/(m²·K)]
气体	水	17～280
水蒸气冷凝	水	1420～4250
水蒸气冷凝	气体	30～300
水蒸气冷凝	水沸腾	2000～4250
水蒸气冷凝	轻油沸腾	455～1020
水蒸气冷凝	重油沸腾	140～425
低沸点烃类蒸气冷凝(常压)	水	455～1140
低沸点烃类蒸气冷凝(减压)	水	60～170

常见流体的污垢热阻如表 6-4 所示。

表 6-4 常见流体的污垢热阻

流体	水							气体
	蒸馏水	海水	清净的河水	未处理的凉水塔用水	已处理的凉水塔用水	已处理的锅炉用水	硬水、井水	空气
污垢热阻/(m²·K/kW)	0.09	0.09	0.21	0.58	0.26	0.26	0.58	0.26～0.53
流体	气体	水蒸气			液体			
	溶剂蒸汽	优质(不含油)	劣质(不含油)	往复机排出	处理过的盐水	有机物	燃料油	焦油
污垢热阻/(m²·K/kW)	0.14	0.052	0.09	0.176	0.264	0.176	1.056	1.76

1. 无相变时换热器传热面积计算

【例 6-1】 在逆流换热器中，用初温为 20℃的水将流量为 1.25kg/s 的有机液体［比热容为 1.90kJ/（kg·K）、密度为 850kg/m³］由 85℃冷却到 30℃。换热器的列管管径为 ϕ25mm×2.5mm 的钢管，水走管程。水侧和有机液体侧的对流传热系数分别为 1500W/(m²·K) 和 800W/（m²·K)，污垢热阻分别为 0.2m²·K/kW 和 0.15m²·K/kW。若水的出口温度不高于 40℃，试求（1）换热器的传热面积及冷却水的用量为多少？（2）如果其他条件不变，换热器采用并流方式，所需的冷却水用量为多少？

解：（1）首先计算总传热系数，通过参考资料可查得钢的热导率为 45W/（m·K)，总热阻计算公式如下：

$$\frac{1}{K_o}=\frac{1}{\alpha_o}+R_{so}+\frac{b}{\lambda}\times\frac{d_o}{d_m}+R_{si}\times\frac{d_o}{d_i}+\frac{1}{\alpha_i}\times\frac{d_o}{d_i}$$

需先计算换热管的对数平均直径

$$d_m=\frac{d_o-d_i}{\ln\left(\frac{d_o}{d_i}\right)}=\frac{25-20}{\ln\left(\frac{25}{20}\right)\times1000}=0.02241\ (\mathrm{m})$$

则总热阻为：

$$\frac{1}{K_o}=\frac{1}{800}+0.15+\frac{0.0025}{45}\times\frac{0.025}{0.02241}+0.2\times\frac{0.025}{0.02}+\frac{1}{1500}\times\frac{0.025}{0.02}=2.545\times10^{-3}\ (\mathrm{m^2\cdot K/W})$$

总传热系数

$$K_o=392.9\mathrm{W/(m^2\cdot K)}$$

传热速率可通过热流体计算：

$$Q=W_hC_{ph}\ (T_1-T_2)$$

$$Q=1.2\times1.9\times\ (85-30)\ =130.625\ (\text{kW})$$

换热管两侧冷热流体之间的对数平均温差：

$$\Delta t_m=\frac{(T_1-t_2)\ -\ (T_2-t_1)}{\ln\left(\dfrac{T_1-t_2}{T_2-t_1}\right)}$$

$$\Delta t_m=\frac{(85-40)\ -\ (30-20)}{\ln\left(\dfrac{85-40}{30-20}\right)}=23.27\ (\text{K})$$

由总传热速率方程

$$Q=K_oS\Delta t_m$$

可得，传热面积：

$$S=\frac{Q}{K_o\Delta t_m}$$

代入已经求得的数据：

$$S=\frac{130.6\times1000}{392.9\times23.27}=14.3\ (\text{m}^2)$$

冷却水用量的计算用以下公式：

$$Q=W_cC_{pc}\ (t_2-t_1)$$

冷却水用量：

$$W_c=\frac{Q}{C_{pc}\times\ (t_2-t_1)}=\frac{130.6}{4.18\times\ (40-20)}=1.56\ (\text{kg/s})$$

所以，换热器的传热面积为 14.3m²，冷却水用量为 1.56kg/s。

(2) 当换热器不变，先假设总传热系数 K_o 不变，冷却水与热流体为并流时由于传热速率 Q、换热面积 S 不变，所以对数平均温差 Δt_m 也不变，为 23.27K。

由于并流时的对数平均温差的计算式为：

$$\Delta t_m=\frac{(T_1-t_1)\ -\ (T_2-t_2)}{\ln\left(\dfrac{T_1-t_1}{T_2-t_2}\right)}$$

通过试差（或迭代）法，可求得：

$$t'_2=25.08\ (℃)$$

冷却水用量：

$$W'_c=\frac{Q}{C_{pc}\times\ (t'_2-t_1)}=\frac{130.6}{4.18\times\ (25.08-20)}=6.152\ (\text{kg/s})$$

$$\frac{W'_c}{W_c}=3.94$$

所以并流时冷却水用量为 6.15kg/s，是逆流的 3.94 倍。

由于无相变时圆形管道内的对流传热系数与 $Re^{0.8}$ 成正比，冷流体的流量提高到原来的 3.94 倍，那么冷流体一侧的对流传热系数为原来的 $3.94^{0.8}=2.99$ 倍。

$$\alpha_i=3.937^{0.8}\times1500=4.49\times10^3\ [\text{W/}\ (\text{m}^2\cdot\text{K})\ ]$$

重新计算总传热系数

$$K_o=\frac{1}{\dfrac{1}{\alpha_o}+R_{so}+\dfrac{b}{\lambda}\times\dfrac{d_o}{d_m}+R_{si}\times\dfrac{d_o}{d_i}+\dfrac{1}{\alpha_i}\times\dfrac{d_o}{d_i}}$$

代入数据计算后，得

$$K_o=502.413\text{W/(m}^2\cdot\text{K)}$$

用下式重新计算对数平均温差

$$\Delta t_m=\frac{Q}{SK_o}$$

代入数据计算后，得

$$\Delta t_m=18.20℃$$

通过试差（或迭代）法，解下面方程

$$\Delta t_m=\frac{(T_1-t_1)-(T_2-t_2)}{\ln\left(\frac{T_1-t_1}{T_2-t_2}\right)}$$

可求得：

$$t'_2=27.96℃$$

计算冷流体流量：

$$W'_c=\frac{Q}{C_{pc}\times(t'_2-t_1)}=3.928\ (\text{kg/s})$$

与逆流时的冷流体用量相比：

$$\frac{W'_c}{W_c}=2.514$$

用上述方法多次计算，使得前后两次计算所得结果的相对差小于1%，最后得到：

$$W'_c=4.155\ (\text{kg/s})$$

$$\frac{W'_c}{W_c}=2.66$$

所以，要达到同样的传热效果，并流冷却水的用量为4.155kg/s，是逆流时的2.66倍，可见逆流时冷却水的用量比并流时的用量要少得多。

2. 有相变流体时换热器传热面积计算

【例6-2】 质量流量为每小时750kg的常压苯蒸气，用管壳式换热器冷凝，并冷却至35℃，冷却的流体为20℃的水，冷却水的出口温度不超过45℃，冷、热流体在换热器中呈逆流流动。已知，苯蒸气的冷凝温度为80℃，汽化潜热为390kJ/kg，平均比热容为1.86kJ/(kg·K)，估算的冷凝段的传热系数为600W/(m²·K)，冷却段的传热系数为200W/(m²·K)。所需的传热面积及冷却水的用量为多少？

解：换热器中冷却段的传热速率为

$$Q_1=W_hC_{ph}(T_1-T_2)=\frac{750}{3600}\times1.86\times10^3\times(80-35)=1.744\times10^4\ (\text{W})$$

冷凝段的传热速率为

$$Q_2=\frac{750}{3600}\times390\times10^3=8.125\times10^4\ (\text{W})$$

冷却水的用量为

$$W_c=\frac{Q_1+Q_2}{(t_2-t_1)\times C_{pc}}=\frac{1.744\times10^4+8.125\times10^4}{(45-20)\times4.19\times10^3}=0.942\ (\text{kg/s})$$

设：换热器中冷却段与冷凝段交界处冷却水的温度为t'，那么

$$t'=t_1+\frac{Q_1}{W_cC_{pc}}=20+\frac{1.744\times10^4}{0.942\times4.19\times10^3}$$

$$t'=24.41℃$$

冷却段对数平均温差

$$\Delta t_{m_1}=\frac{(T_1-t')-(T_2-t_1)}{\ln\left(\frac{T_1-t'}{T_2-t_1}\right)}$$

代入数据后算得

$$\Delta t_{m_1}=30.98℃$$

冷却段传热所需面积

$$S_1=\frac{Q_1}{K_1\cdot\Delta t_{m_1}}=\frac{1.744\times10^4}{200\times30.98}=2.814\ (m^2)$$

冷凝段对数平均温差

$$\Delta t_{m_2}=\frac{(T_1-t')-(T_1-t_2)}{\ln\left(\frac{T_1-t'}{T_1-t_2}\right)}$$

代入数据后算得

$$\Delta t_{m_2}=40.50℃$$

冷却段传热所需面积

$$S_2=\frac{Q_2}{K_2\Delta t_{m_2}}=\frac{8.125\times10^4}{600\times44.50}=3.043\ (m^2)$$

所需的总传热面积为

$$S=S_1+S_2=2.814+3.043=5.86\ (m^2)$$

所以冷凝器所需的传热面积为 5.86m^2，所需冷却水用量为 0.942kg/s。

（二）已有换热器传热效果计算

【例 6-3】 一薄壁换热器管间是流量为 1.5kg/s 的空气，空气的进出口温度分别为 125℃和 55℃，管内为流量为 0.7kg/s 的冷却水，冷却水的进口温度为 25℃。已知空气侧的对流传热系数为 57W/（m^2·K），水侧的对流传热系数为 1500W/（m^2·K），空气和水的平均比热容分别为 1.1kJ/（kg·K）和 4.19kJ/（kg·K）。分别求取冷却水热空气和的流量各提高一倍后换热器的传热速率。

解：（1）冷却水的流量提高一倍后换热器的传热速率计算

先计算原工况下换热器的传热速率

$$Q=W_hC_{ph}(T_1-T_2)=1.5\times1.1\times10^3\times(125-55)=1.155\times10^5\ (W)$$

原工况下冷流体的出口温度

$$t_2=t_1+\frac{Q}{W_cC_{pc}}=20+\frac{1.155\times10^5}{0.7\times4.19\times1000}$$

$$t_2=50.38℃$$

原工况下的对数平均温差

$$\Delta t_m=\frac{(T_1-t_2)-(T_2-t_1)}{\ln\left(\frac{T_1-t_2}{T_2-t_1}\right)}=\frac{(125-59.38)-(55-20)}{\ln\left(\frac{125-59.38}{55-20}\right)}$$

$$\Delta t_m=48.72℃$$

换热器的总传热系数

$$K=\frac{1}{\frac{1}{\alpha_o}+\frac{1}{\alpha_i}}=\frac{1}{\frac{1}{57}+\frac{1}{1500}}=54.913\ [\mathrm{W/(m^2\cdot K)}]$$

换热器的传热面积

$$S=\frac{Q}{\Delta t_m K_o}=\frac{1.155\times10^5}{48.72\times54.91}=43.174\ (\mathrm{m^2})$$

冷却水流量增加一倍以后新工况下

总传热速率

$$K'=\frac{1}{\frac{1}{\alpha_o}+\frac{1}{\alpha'_i}}=\frac{1}{\frac{1}{57}+\frac{1}{1500\times2^{0.8}}}=55.783\ [\mathrm{W/(m^2\cdot K)}]$$

按热流体计算的传热单元数（也可以按冷流体来计算）

$$NTU'_h=\frac{K'_o S}{W_h C_{ph}}=\frac{55.783\times43.174}{1.5\times1.1\times1000}=1.460$$

热流体与冷流体的热容量流率之比

$$\frac{W_h C_{ph}}{W'_c C_{pc}}=\frac{1.5\times1.1\times1000}{1.4\times4.19\times1000}=0.2813$$

按热流体计算的传热效率

$$\varepsilon'_h=\frac{1-\exp\left[-NTU'_h\times\left(1-\frac{W_h C_{ph}}{W'_c C_{pc}}\right)\right]}{1-\frac{W_h C_{ph}}{W'_c C_{pc}}\times\exp\left[-NTU'_h\times\left(1-\frac{W_h C_{ph}}{W'_c C_{pc}}\right)\right]}$$

$$=\frac{1-\exp[-1.460\times(1-0.2813)]}{1-0.2813\exp[-1.460\times(1-0.2813)]}=0.7207$$

热流体的出口温度

$$T'_2=T_1-\varepsilon'_h\times(T_1-t_1)=125-0.7207\times(125-20)$$

$$T'_2=48.72℃$$

传热速率

$$Q'=W_h C_{ph}\times(T_1-T'_2)=1.5\times1.1\times1000\times(125-49.322)=1.249\times10^5\ (\mathrm{W})$$

新旧工况下的传热速率之比

$$\frac{Q'}{Q}=\frac{1.249\times10^5}{1.155\times10^5}=1.08$$

冷流体的出口温度

$$t'_2=t_1+\frac{Q'}{W'_c C_{pc}}$$

计算得：

$$t'_2=41.29℃$$

新工况下的对数平均温差

$$\Delta t'_m=\frac{(T_1-t'_2)-(T'_2-t_1)}{\ln\left(\frac{T_1-t'_2}{T'_2-t_1}\right)}=\frac{(125-41.29)-(49.322-20)}{\ln\left(\frac{125-41.29}{49.322-20}\right)}=51.85\ (\mathrm{K})$$

新旧工况下对数平均温差之比

$$\frac{\Delta t'_m}{\Delta t_m}=1.064$$

新旧工况下总传热系数之比

$$\frac{K'}{K}=1.016$$

可见传热速率的提高主要是依靠平均温差的提高（占 6.4%），总传热系数的提高只占 1.6%。

(2) 热空气的流量提高一倍后换热器的传热速率计算

热空气流量增加一倍以后新工况下

总传热速率

$$K''=\frac{1}{\frac{1}{\alpha_o}+\frac{1}{\alpha'_i}}=\frac{1}{\frac{1}{57\times 2^{0.8}}+\frac{1}{1500}}=93.08\ [\text{W/ (m}^2\cdot\text{K)}]$$

按热流体计算的传热单元数

$$NTU''_h=\frac{K''S}{W'_hC_{ph}}=\frac{93.08\times 43.174}{3\times 1.1\times 1000}=1.218$$

热流体与冷流体的热容量流率之比

$$\frac{W'_hC_{ph}}{W_cC_{pc}}=\frac{1.5\times 1.1\times 1000}{1.4\times 4.19\times 1000}=1.125$$

按热流体计算的传热效率

$$\varepsilon''_h=\frac{1-\exp\left[-NTU''_h\times\left(1-\frac{W'_hC_{ph}}{W_cC_{pc}}\right)\right]}{1-\frac{W'_hC_{ph}}{W_cC_{pc}}\times\exp\left[-NTU''_h\times\left(1-\frac{W'_hC_{ph}}{W_cC_{pc}}\right)\right]}$$

$$=\frac{1-\exp\ [-1.218\times\ (1-1.1251)\ ]}{1-1.1251\times\exp\ [-1.218\times\ (1-1.1251)\ ]}=0.5304$$

热流体的出口温度

$$T''_2=T_1-\varepsilon''_h\times\ (T_1-t_1)\ =125-0.5304\times\ (125-20)$$

$$T''_2=69.30℃$$

传热速率

$$Q''=W'_hC_{ph}\times\ (T_1-T''_2)\ =1.5\times 1.1\times 1000\times\ (125-69.305)\ =1.838\times 10^5\ (\text{W})$$

新旧工况下的传热速率之比

$$\frac{Q''}{Q}=\frac{1.838\times 10^5}{1.155\times 10^5}=1.59$$

冷流体的出口温度

$$t''_2=t_1+\frac{Q''}{W_cC_{pc}}$$

计算得： $t'_2=82.66℃$

新工况下的对数平均温差

$$\Delta t''_m=\frac{(T_1-t''_2)\ -\ (T''_2-t_1)}{\ln\left(\frac{T_1-t''_2}{T''_2-t_1}\right)}=\frac{(125-82.66)\ -\ (69.305-20)}{\ln\left(\frac{125-82.66}{69.305-20}\right)}=45.73\ (\text{K})$$

新旧工况下对数平均温差之比

$$\frac{\Delta t''_m}{\Delta t_m}=0.939$$

新旧工况下总传热系数之比

$$\frac{K''}{K}=1.695$$

可见，传热速率比改变流量前提高 59%，传热速率的提高主要是依靠总传热系数的提高（提高 70%），对数平均温差比改变流量前要低 6%左右。

学习任务与训练

1. 根据实际应用进行换热器选用面积计算，并与实际面积对比，判断是否符合要求？
2. 根据实际应用对换热器进行校核计算，判断其是否符合工艺要求？

四、其他类型换热器认识

（一）板式换热器

板式换热器是由一系列具有一定波纹形状的金属片叠装而成的一种高效换热器，见图 6-24。各种板片之间形成薄矩形通道，通过换热片进行热量交换。板式换热器是液-液、液-气进行热交换的理想设备。它具有换热效率高、热损失小、结构紧凑轻巧、占地面积小、安装清洗方便、应用广泛、使用寿命长等特点。在相同压力损失情况下，其传热系数比管式换热器高 3～5 倍，占地面积为管式换热器的三分之一，热回收率可高达 90%以上。

板式换热器主要有可拆卸式和钎焊式。板片形式主要有人字形波纹板、水平平直波纹板和瘤形板片三种。

1. 板式换热器的分类

（1）可拆卸式　这是最典型也是最普遍的一种板式换热器结构，其结构特征为换热板片表面装有密封垫片，通过密封垫起到分配流道、隔断介质、防止泄漏的目的。换热板片按照一定的顺序排列在固定压紧板和活动压紧板之间，用外力（一般为螺栓夹紧力）将板片夹紧，使板片间的接触不为相互接触，通过密封垫形成压力，保证设备的承压和密封能力。这种结构的优点在于当设备使用一段时间发生堵塞或者某一板片或密封垫有损坏时，能够随时将设备拆开进行清洗和更换，延长了设备的使用周期，降低了设备的使用成本。其缺点在于受到密封垫材料性能的限制，设备的耐温和耐压性能都不是很高，耐温不超过 200℃，耐压不超过 2.0MPa。并且在一些特定工况中，密封垫材料易与介质发生化学反应，从而引起泄漏失效。

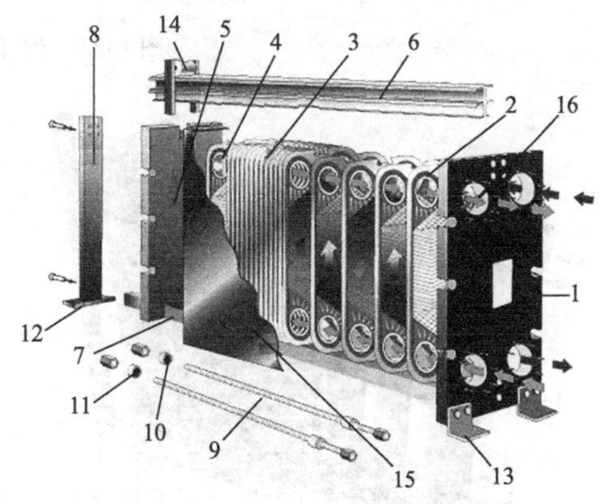

图 6-24　板式换热器基本结构

1—固定压紧板（Fixed pressure plate）；
2—前端板（Fore stand plate）；
3—换热板片（Heat exchange plate）；
4—后端板（End plate）；
5—活动压紧板（Flexible pressure plate）；
6—上导杆（Top guide bar）；
7—下导杆（Bottom guide bar）；
8—后立柱（Back post）；
9—夹紧螺栓（Clamp bolt）；
10—锁紧垫圈（Lock washer）；
11—紧固螺母（Fastening nut）；
12—支撑地脚（Support foot）；
13—框架地脚（Frame foot）；
14—滚轮组合件（Roller assembly）；
15—保护板（Protection board）；
16—接口（Connection）

（2）焊接式　焊接式结构又分为两种形式，一种是全焊式结构，另一种是半焊式结构。全焊式结构是将板片通过焊接组合在一起，用焊缝取代可拆式中的密封垫，见图 6-25（a）。其优点是克服了可拆式中受到密封垫性能影响而无法耐高温高压的缺点，最高温度可达 250℃甚至更高，耐压可达 2.5～3.0MPa。缺点在于由于是焊缝连接，板片间无法拆卸，因此维修和清洗非常不方便，往往在发生堵塞和板片损坏时，整台设备都要报废。同时焊缝区域往往容易受到腐蚀而开裂，引起泄漏。虽然也出现了一些改良品种，但也无法从根本上解决清洗、维修困难的缺点。半焊式结构则是综合了焊接式与可拆式的一些优点，它将两片板片作为一组焊接起来，每两组之间则用密封垫来密封，组合方式与可拆式相同，见图 6-25（b）。在使用时，高温高压介质通过焊接板片组；而另一类要求较低的介质，如水或者冷却液则通过由密封垫密封的板片组。这在一定程度上改变了全焊式不能清洗的缺点，同时焊缝和密封垫同时应用，提高了设备对某一介质的使用性能，焊接板片组也可以随时更换，比全焊式结构更优良。半焊式板式换热器见图 6-26。

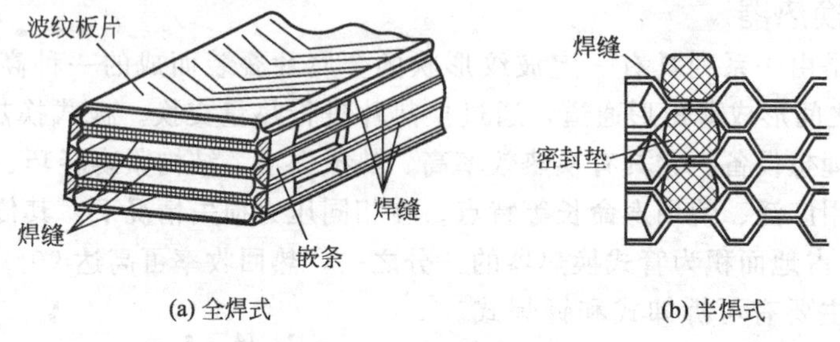

图 6-25　焊接式换热板结构

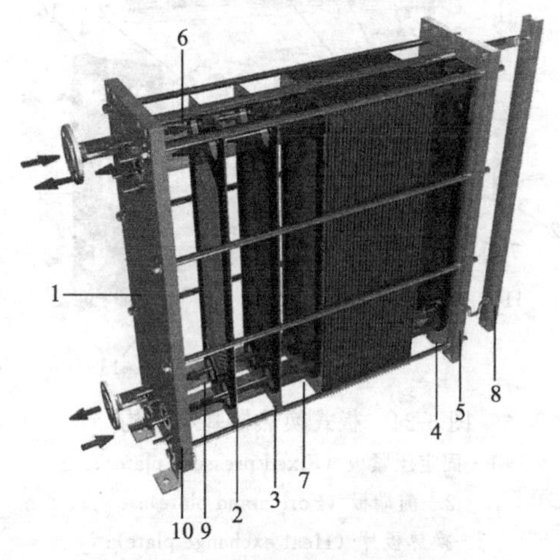

图 6-26　半焊式板式换热器

1—固定压紧板；2—前端板；
3—换热板片；4—后端板；5—活动压紧板；
6—上导杆；7—下导杆；
8—后立柱；9—夹紧螺栓；10—接口

图 6-27　钎焊式板式换热器

（3）钎焊式　钎焊式的特点为板片周边有一圈折边，用以起到板片之间相互定位的作用。板片与板片之间填入铜箔或者镍箔作为焊料，将填有焊料的板片组放入真空炉内加热，由于焊料的熔点低于板片，液化后将板片相互焊接在一起。这种结构的主要特点是结构紧凑、重量轻，除了板片和端板外没有多余的结构；耐高温高压，压力降较小；换热器的生产大多依靠设备，人为因素较少，生产的自动化程度高。其缺点是，受真空炉大小的限制，钎焊式结构的单片面积与总装面积都不能很大；和全焊式相同，焊接后的设备无法拆卸、清洗。钎焊式板式换热器见图 6-27。

(4) 板壳式　板壳式换热器由板束和壳体两部分组成，板束结构与全焊式结构基本相同，都是采用焊接将板片组合在一起；壳体一般为圆筒，在耐温和耐压性能上都要远好于焊接式的箱体结构见图 6-28。组装时将板束置于壳体内，两种介质一路走板程，一路走壳程。这种结构的优点在于采用圆筒结构能够大幅提高设备的承压性能，同时综合了全焊式的焊接结构，在耐温上也能达到较高的要求，更重要的是，板壳式结构能够使板式换热器更趋于大型化，单台换热面积可达 $10m^2$。在拆洗方面也较全焊式有一定的优势。不足之处在于受壳体直径影响，板片宽度不能很大，一般不超过 1m，大换热面积的板片长度较长，给板片的压制带来一定的困难，同时设备的占地面积也较大；相对其他几种结构而言成本也较高。近年来，板壳式受到用户的重视，主要是因为板壳式结构综合了上述一些结构的优点，能够在一些高要求的工况下使用。

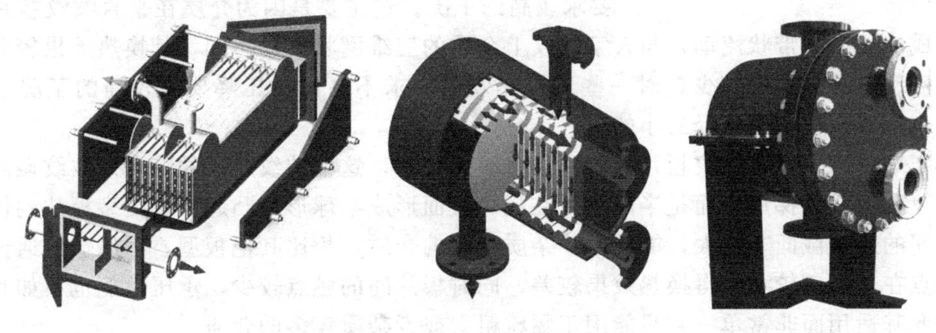

图 6-28　板壳式换热器

2. 板式换热器板片

换热板片表面压制成为波纹型或槽型，以增加板的刚度，增大流体的湍流程度，提高传热效率。其材质多为不锈钢、铜、铝、铝合金、钛、镍等。板角处的角孔起着连接通道的作用。工作介质分别在板片间形成的窄小而曲折的通道中交错流过，进行换热。由于板片相互倒置安装，波纹交叉所形成的数千个触点错列均布，使流体绕这些触点回绕流动，产生强烈扰动，形成极高的换热系数，使换热器具有极高的换热效率和承压能力。波纹的形式有人字形波纹、水平平直波纹、球形波纹、斜波纹、竖直波纹等，如图 6-29 所示，每种波纹均有相应的代号。

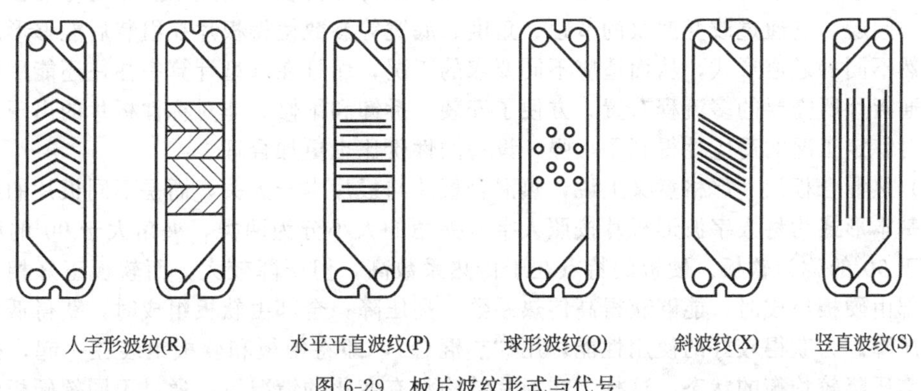

图 6-29　板片波纹形式与代号

(1) 人字形波　这是目前使用最为普遍、衍生变化最多的一种波纹形式，见图 6-30。人字波的波纹板片组装以后，板片间的交叉触点多，相互支撑力大，因此能够承受较大的压力。同时人字夹角大小的不同，能够使得设备在换热效果与压降大小两个指标上产生很大的

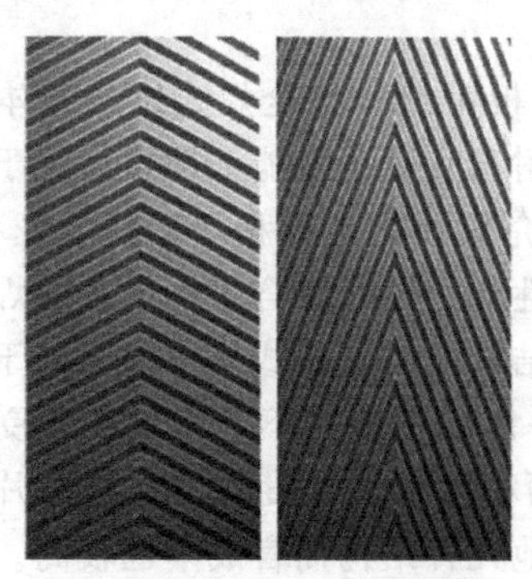
(a) 大角度波纹 (b) 小角度波纹

图 6-30 不同夹角波纹

差异。如夹角较大的板片能够获得较好的换热系数与较高的压降，而夹角较小的板片则正好相反。人字波也是目前研究最多的一种板片形式，现在已经发展出多种变化。如纵向与横向人字波（人字波纹朝向不同）、单人字与双人字或多人字（同一水平线上人字数量不同）等。相对而言，横向人字波的压降较小，相对换热系数较低，比较适用于黏度较高的介质，如油；纵向人字波使用最为广泛，换热效果较好，但压降也较大。多人字波纹的刚性要好于单人字波纹，多用于单片面积较大的板片。

(2) 平直波　平直波是板式换热器早期经常使用的一种波纹形式，目前使用得已经较少，主要应用在对压力降要求较高的工况。这主要是因为介质在平直波纹板片表面流动形成的是二维带状流动，与人字波纹上介质的三维网状流动不同，其换热效果较差，但在二维流动中压力损失较少，对一些对换热效果要求不高而对压降要求较高的工况非常适用。这也是所有板型中压降最小的之一。

(3) 球形波　球形波纹板片的应用场合更加单一，这种波纹形式的特点是波纹截面并非一般的正弦形或者梯形，而是半圆形，在板片表面形成半球形的凸起。该类型板片的优点在于板片间的通道截面非常大，能够用于杂质较多的介质，相比其他板型，不易造成通道的堵塞。缺点在于通道较大使得换热效果较差，同时板片间的触点较少，承压性能也不如其他板型。因此其适用面非常单一，只能用于颗粒粗大或者杂质较多的介质。

(4) 浅波纹　浅波纹的波纹深度较一般波纹深度浅，在 2.5mm 左右。通常采用人字形波纹结构，但板片性能与普通人字形波纹有较大差别。该类型板片由于波纹深度浅，比较容易压制，因此波纹节距较小，板片厚度较薄，能够获得很高的换热效果，非常适用于平均对数温差不超过 1℃的工况，在采暖、空调以及制冷等行业使用有着很高的性价比。其缺点在于通道截面较小，极易造成堵塞，对介质的净度要求较高。

(5) 非对称性板片　上述几种板片虽然形式各异，但无论是冷侧还是热侧，其板片的通道截面都是相同的，从而使两者的换热效果及压降都比较接近。但两种介质工况要求不同的情况越来越多。如热介质要求获得较好的换热效果，对压降要求较低，而冷介质相反；又如热介质的流量远大于冷介质等。普通的板片都无法取得经济合理的效果。非对称性板片就能解决这一问题，它通过改变波纹的节距、角度、底宽等参数使得板片在组装后能够形成冷热通道截然不同的通道形式，从而适应不同要求的工况，而且在选型计算中往往还能用单流程代替普通板片所需要的多流程布置，方便了安装、拆卸和维修。非对称性板片的出现使板式换热器对特定工况的适应性得到了加强，设备的性价比也更加合理。

(6) 热混合板片　严格意义上说，热混合板片与板片本身无关，而是不同板片的组合形式。其基本形式为将人字波形板片按照人字波夹角的大小分为两类，夹角大于 90°的称为硬板；小于 90°的称为软板。硬板的特点在于传热系数高，但压降较大，而软板正好相反。当设备全部由硬板组成时，能够获得高传热系数、高压降；全部由软板组成时，获得低传热系数、低压降。为获得较好的使用性能，用“热混合”，即将硬板和软板组装在一起，获得传热系数与压降较均衡的状态。这样，在板片结构没有变化的情况下，通过不同软硬板的组合能够获得截然不同的产品性能。通过研究发现，对于相同的工况，热混合板式换热器比常规设备能节约近三分之一的换热面积。这种组装方式现在也使用得较为普遍，受到制造商和用户的青睐。需要注意的是，热混合板片的应用有三个前提条件，一是板片形式为人字波；二是冷、热介质的流程组合相同；三是介质的黏度不宜大于 0.5Pa·s。

3. 板式换热器的流程

板式换热器根据介质的温差和流量，可以装配成单流程、双流程、三流程以及多流程的形式。单流程是指介质在换热器内流过一个流程，双流程是指介质在换热器内折返流过两个过程，依此类推。各种流程的其流程示意图如图 6-31 所示。当采用多流程时，换热器的四个接口就不能在同一侧的夹紧板上，进出口要位于前后两个夹紧板上。

一般类似于水等黏度较低的介质在换热流道内的平均流速为 0.4m/s 较为适合，流速过大，则阻力也大；流速过小，流道内流体流动不易形成湍流，易形成死区，换热效果不好。应根据介质流量的大小来选择流程数，使换热流道内的流速接近 0.4m/s，以获得最佳的换热效果。对于类似于液压油等黏度较高的介质，流速应减小，0.3m/s 较为合适。当流量较小时，可增加流程数来提高流速。例如当所确定的换热面积在表中所对应的流量比使用的流量大一倍时，采用双流程组装形式，换热流道内的流速就可增加一倍达到合适的流速。两个流道根据流量的不同可采用不相等的流程数。流程数增加，阻力也会相应增加。对于用蒸汽加热的换热器，蒸汽一侧应装成单流程的形式，以利于蒸汽的充分进入和冷凝水的顺利排出。此外还有混合流程组装形式，即一种流体用单流程，另一种流体采用多流程。

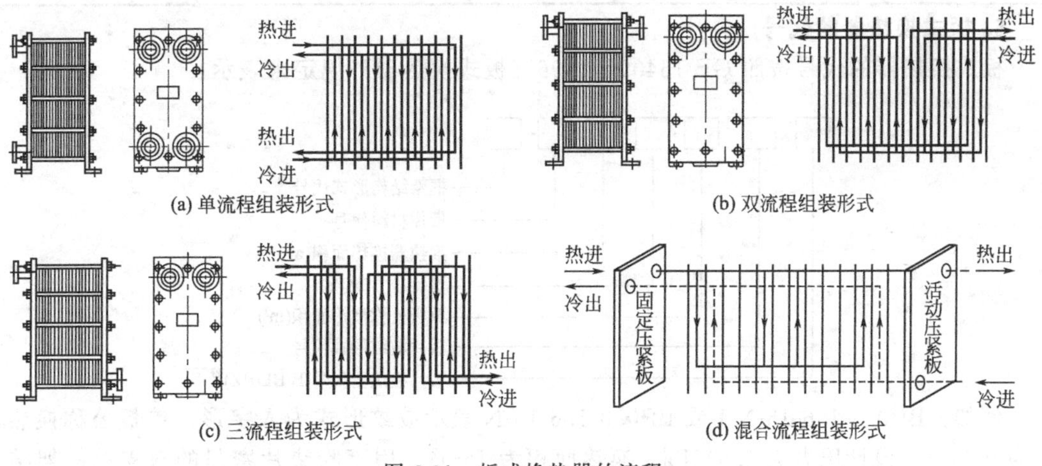

图 6-31 板式换热器的流程

4. 板片与密封垫的材料

板片材料决定于介质的耐腐蚀性。板式换热器主要采用不锈钢材料的板片，除了不锈钢以外，一些稀有金属以及部分牌号的铜材可供选择使用，以适应各类介质。板片采用厚度在 0.6～1.2mm 的薄板。常有材料有：奥氏体不锈钢（AISI 304/304L、AISI 316/316L 等）、哈氏合金 Hastelloy（C276、C22、D205、B2G）、钛（Ti）、钛钯合金（Ti-Pd）、镍（Ni）、254SMO（20Cr18Ni6Mo）等。其中 304 和 316L 是应用最广的两种钢板材料，能适用于大多数无腐蚀或微腐蚀的介质。但是这两种材料对于硫酸和盐酸的耐腐蚀性较差。304 不锈钢对于氯离子引起的缝隙腐蚀比较敏感，316L 能用于 100℃以内的稀盐酸，但不能用于硫酸溶液。

密封胶垫为在板的周边放置的垫片，不仅起到密封作用，也使板与板之间形成一定间隙，从而构成流体通道。垫片能承受的温度实质上就是板式换热器的工作温度，板式换热器的工作压力也受垫片制约。垫片的上下主密封面应平整光滑，不能有任何气泡、凹坑、飞边及其他影响密封的缺陷。垫片应保存在阴凉、干燥、避光、不超 40℃的环境中，不与酸、碱、油类及有机溶剂接触，避免重压。各种密封胶垫材质代号如表 6-5 所示。

表 6-5 密封胶垫材质代号

丁腈橡胶	三元乙丙橡胶	氟橡胶	氯丁橡胶	硅橡胶
N	E	F	C	Q

各种密封胶垫材质的适用场合及适用温度如表 6-6 所示。

表 6-6 密封胶垫材质的适用场合及适用温度

材料	适用介质范围	适用温度/℃
丁腈橡胶(NBR)	耐油，适用于一般工况场合，如：水、海水、矿物油、润滑油、动植物油、食品果汁、烷烃、烯烃、洗涤剂等	−20～135
三元乙丙橡胶(EPDM)	适用于耐酸、碱、盐、氯化物及有机溶剂等严重腐蚀的场合，如：过热水、水蒸气、大气臭氧、非石油基润滑油、弱酸、弱碱、酮、醇、有机酸、无机酸、浓碱液等	−50～180
氟橡胶(FR)	适用于耐高温、酸、碱、油类、试剂等场合，如：高温水蒸气、98%以上高浓度硫酸、非极性矿物油(如泵油、润滑油等)，也可用于食物油、氯水、磷酸盐	−50～250
氯丁橡胶(BR)	耐油，适用于一般工况场合	−20～150
硅橡胶(SR)	抗低温，耐干热	−65～230

5. 板式换热器的代号

板式换热器的代号按照 GB 16409—1996《板式换热器》规定来表示：

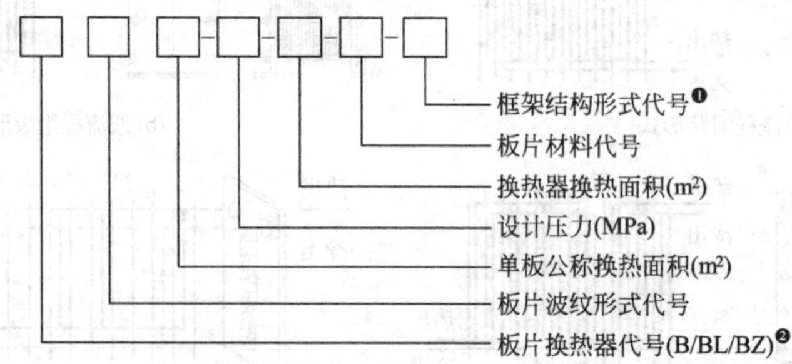

例如：BR0.3-1.6-15-N-I 或 BR0.3-1.6-15-N 表示波纹形式为人字形、单板公称换热面积为 $0.3m^2$、设计压力为 1.6MPa、换热面积为 $15m^2$、用丁腈垫片密封的双支撑框架结构的板式换热器。

 学习任务与训练

1. 拆装板式换热器，说明其板片、密封材料及流程的类型，估算其换热面积。
2. 简述板式换热器的主要组成零部件。
3. 举例板式换热器的应用。

(二) 板翅式换热器

1. 结构与特点

板翅式换热器的结构形式很多，但其最基本的结构元件是大致相同的。如图 6-32 所示的结构元件中，在两块金属平板间，夹装了波纹状的金属导热翅片，称为二次表面，两边以侧条密封而组成单元体。将单元体进行适当的叠积、排列，并用钎焊焊牢，即可得到不同型

---

❶框架结构形式为 I 时，框架结构形式代号省略。

❷B 板式为换热器代号，BL 为板式冷凝器代号，BZ 为板式蒸发器代号。

式的组装体。所得组装体称为板束，常用的有逆流或错流板翅式换热器的板束。将板束焊在带有流体进、出口的集流箱上，即可构成板翅式换热器。波纹翅片是最基本的元件，它的作用一方面承担并扩大了传热面积（占总传热面积的67%～68%），另一方面促进了流体流动的湍动程度，对平隔板还起着支撑作用。这样，即使翅片和平隔板材料较薄（常用平隔板厚度为1～2mm，翅片厚度为0.2～0.4mm的铝锰合金板），仍具有较高的强度，能耐较高的压力。此外，采用铝合金材料，热导率大，传热壁薄，热阻小，传热系数大。这种换热器结构最为紧凑，并且轻巧而牢固，单位体积的传热面积可达2500～4000m^2，甚至更高。主要缺点是流道小，容易产生堵塞并增大压降；一旦结垢，清洗很困难，因此只能处理清洁的物料；对焊接要求质量高，发生内漏很难修复；造价高昂。

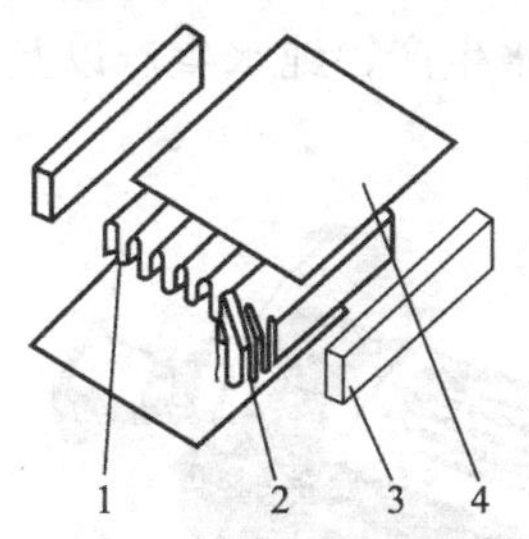

(a) 板翅式换热器通道结构

(b) 板翅式换热器外形

(c) 多股流钎焊板翅式换热器

图6-32 板翅式换热器

1—翅片；2—倒流片；3—封条；4—隔板

2. 翅片型式

翅片有锯齿形、平直形、多孔形等多种结构型式（见图6-33），可根据不同的操作条件来选择合适的翅片型式。翅片的扩展面和翅片对流体的扰流能力决定了热交换能力。

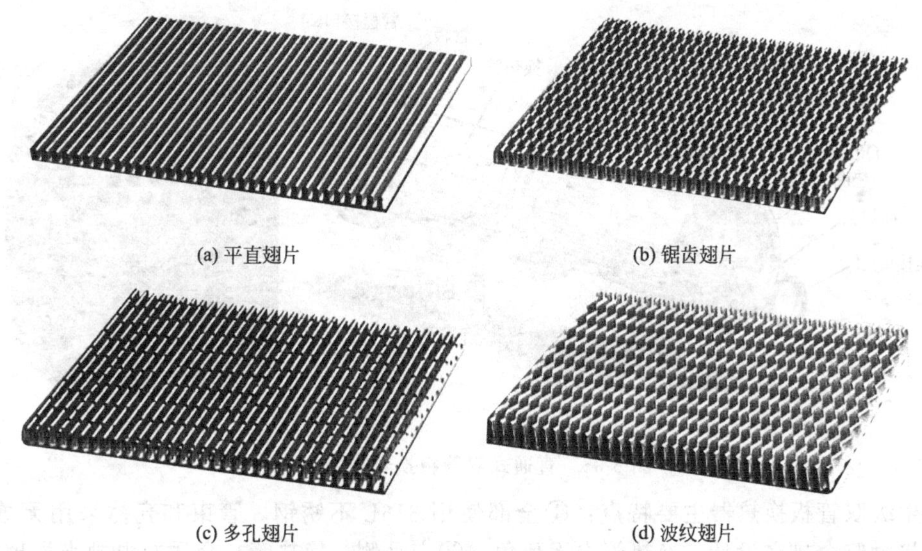
(a) 平直翅片　(b) 锯齿翅片

(c) 多孔翅片　(d) 波纹翅片

图6-33 板翅式换热器的翅片型式

① 平直翅片特点是有很长的带光滑壁的长方型翅片，传热与流动特性类似于流体在长圆型管道中的流动。

② 锯齿翅片特点是流体的流道被冲制成凹凸不平，从而增加流体的湍流程度，强化传热过程，故被称为“高效能翅片”。

③ 多孔翅片是在平直翅片上冲出许多孔洞而成的，常放置于进出口分配段和流体有相变的地方。波纹翅片是在平直翅片上压成一定的波纹，促进流体的湍动。波纹越密，波幅越大，其传热性能越好。

④ 板翅式换热器有钎焊式和扩散焊两种基本结合型式。大多数热交换工况采用的是真空钎焊的铝制板翅式换热器，对于腐蚀性较高的介质，有真空钎焊的不锈钢板翅式换热器和钛板翅式换热器。

（三）卫生级双管板换热器

卫生级双管板换热器一种小型的列管换热器（见图 6-34），通过合理的设计、选材、加工，使得其容易完全排空和清洁，不存在常规换热器易出现的交叉污染风险。卫生级双管板换热器通常用于工作在最高卫生等级要求的情况，例如注射用水生产，纯水生产以及其他医药产品的冷却和加热过程。

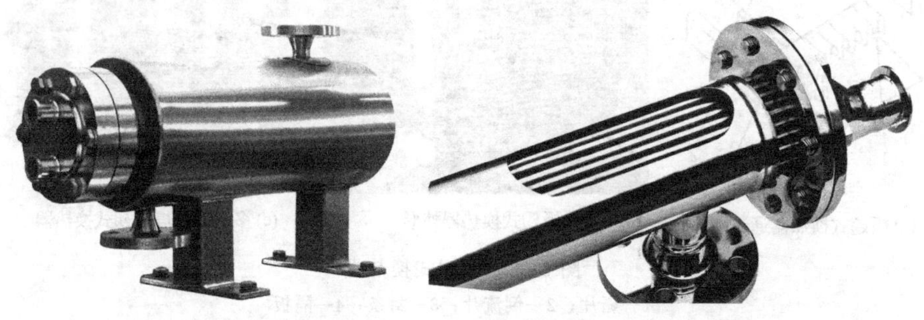

(a) U形管二管程双管板换热器　　(b) 直通式双管板换热器

图 6-34　双管板换热器

直通式双管板换热器的结构如图 6-35 所示。

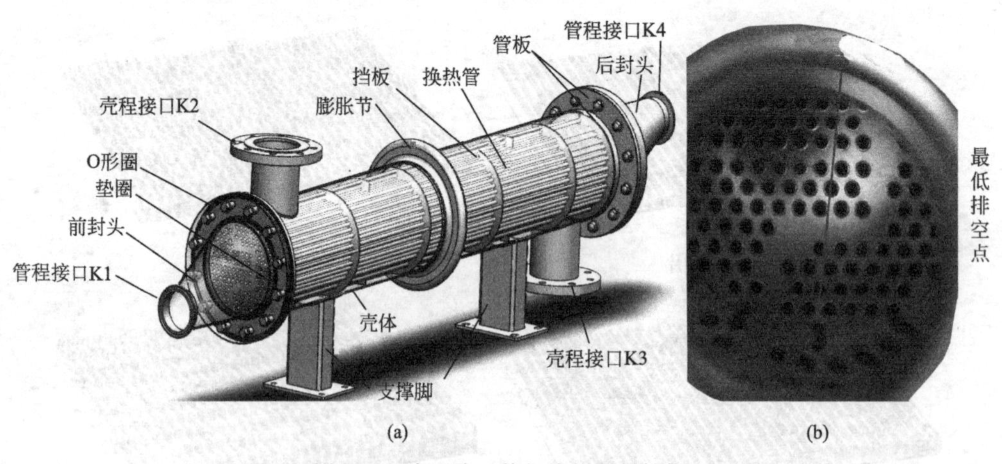

(a)　　(b)

图 6-35　直通式双管板换热器的结构

卫生级双管板换热器主要特点：①全部使用 316L 不锈钢，管束和壳体采用无缝钢管；②产品接触侧全排空设计，换热管内无死角；③产品侧（换热管）介质在电抛光处理的无缝钢管束进行流动，表面粗糙度 $R_a<0.5\mu m$；④换热管束的末端采用双管板紧固，采用内管板采用两次胀接及外管板先胀后焊的工艺，同时有渗漏监测点，防止产品和冷却介质双向交叉污染；⑤热应力被双路 U 形管单元和竖直管路上的内焊波纹管单元（多弯膨胀节）所吸收，当有大范围的温度变化时，渗漏的风险也极低；⑥管程（产品侧）接口采用卫生级快装

设计，胶垫采用耐温的氟橡胶、三元乙丙橡胶。

卫生级双管板换热器主要用于注射水、纯水系统的加热和冷却、无菌流体的加热和冷却、在线清洗（CIP）、在线消毒（SIP）过程中的加热和冷却以及纯蒸汽的取样冷却等。

取水点冷却器是卫生级双管板换热器的应用之一（见图 6-36）。图 6-37 所示的是其中的两种使用方案。

图 6-36 双管板换热器应用实例

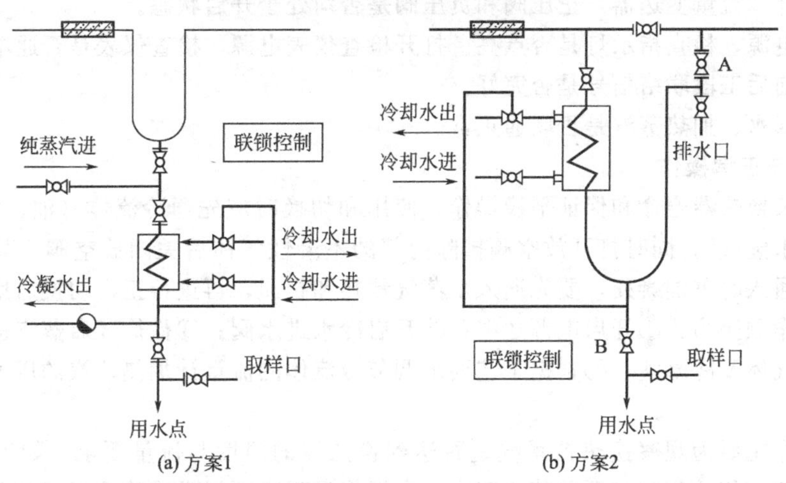

图 6-37 双管板换热器在注射用水取水时的应用方案

方案 1：用水时，阀门都打开，换热器内注入高温注射用水进行消毒，1min 后冷却水开始工作，换热器开始产出合乎温度要求的注射用水。不用水时，阀门均关闭，换热器内水排空，注射用水不在换热器内流动。优点：安装和控制简单，换热器部件出问题不会造成整个管路的水质污染，风险控制点较少，对换热器的要求相对较低。缺点：需要定期在线清洗和在线消毒，由于管路脚长，每次使用前需要冲刷的时间较长。

方案 2：不用水时，常温冷却水不流动，B 阀关闭，A 阀开启，保持换热器内一直在消毒灭菌。用水时，B 阀开启，A 阀关闭，30s 后，换热器冷却水开始循环，出水口产出符合温度要求的冷却注射用水。优点：换热器不用频繁清洗，日常在线清洗，每次用完后只有少量冷却水进入主管路循环，不会影响主管路温度，适合每天使用时间补偿的情形。整体运行成本低。缺点：对换热器的要求高，风险控制点较多，一旦出现问题，就可能对主管路水质造成污染。一次性投资高。

学习任务与训练

1. 举例板翅换热器的应用。

2. 参观制药车间或参考有关资料，说明制药行业使用换热器有哪些场合，有什么特点？

五、换热器的操作与维护

（一）换热器的操作

1. 开车前准备与检查

为防止换热器因安装不好而泄漏，在开工前必须进行水压试验和气密性试验。

试压用热水或水蒸气。试验压力一般应是公称压力的 1.5 倍，但根据现有的设备制造水平，可以适当降为最高操作压的 1.25～1.5 倍。试压时重点检查法兰接合面和胀口是否泄漏。检查内漏的方法是重点观察压力降的变化，系统保压时间一般不少于 30min。气密性试验时还可以在设备、管路连接处用涂抹肥皂水的方式检查。

在系统压力和气密性试验过程中若发现有泄漏，应在泄漏处做上标记，等系统压力撤除后再进行检修。压力试验结束后，应打开排污阀、排除系统内积水。

开车前应检查装置上的压力表、温度计、流量计及各阀门是否齐备完好。注意各种阀门的阀位，通常将各阀门顺时针旋转操作到全关的状态（有的阀门可能要求是全开状态）。检查孔板流量计（流量变送器）正压阀和负压阀是否均处于开启状态。

打开总电源，检查指示灯是否点亮。打开检查仪表电源，检查仪表是否通电，指示是否正常。检查前后工段联络信号是否完好。

检查冷却水、加热蒸汽是否联通正常。

2. 开车与正常操作

为了延长换热器寿命和保证平稳操作，使用和切换时应先通冷流体（油、水），后通热流体（油、水蒸气），同时打开放空阀排除内部的不凝性气体后关闭放空阀。某些重油换热器为避免初通入时重油凝死，要先通入水蒸气预热和扫通，再进行正常切换启用。

正常操作顺序为：①开启电源送电；②开启冷水进水阀；③徐徐开启蒸汽进口阀，排除设备不凝性气体及冷凝液；④根据工艺要求调节冷流体的流量计加热蒸汽的压力，使之达到所需温度。

正常操作主要为观察换热器系统是否达到换热器的温度与流量要求，如出现未达标情况，应及时调节相关阀门和开关使之正常。在操作过程中要经常排除冷凝液和不凝气，以免影响传热。

3. 停车

停车时，要先关蒸汽阀或其他热流体阀，再关冷水，并切断电源。

停车后必须将换热器内残留的流体排出，以防冻结和腐蚀。

4. 安全操作要点

① 注意冷、热流体的进入次序，一定要先通冷流体，再缓慢通入热流体，防止骤冷骤热损坏换热器。

② 开、停换热器时，勿将蒸汽阀或被加热介质阀开得太猛，防止产生热应力，使局部焊缝开裂或管子胀口松弛。

③ 停车时，要先切断高温流体，后切断冷流体，并将壳程及管程流体排净，防止换热器锈蚀。

（二）日常维护与故障处理

1. 日常维护要求

① 装置系统蒸汽吹扫时，应尽可能避免对有涂层的冷换设备进行吹扫，工艺上确实避免不了，应严格控制吹扫温度（进冷换设备）不大于200℃。以免造成涂层破坏。

② 装置开停工过程中，换热器应缓慢升温和降温，避免造成压差过大和热冲击，同时应遵循停工时“先热后冷”，即先退热介质，再退冷介质；开工时“先冷后热”，即先进冷介质，后进热介质。

③ 螺纹锁紧环式换热器在开工前应确认系统通畅，避免管板单面超压。

④ 认真检查设备运行参数，严禁超温、超压。对按压差设计的换热器，在运行过程中不得超过规定的压差。

⑤ 操作人员应严格遵守安全操作规程，定时对换热设备进行巡回检查，检查基础支座稳固及设备泄漏等。

⑥ 应经常对管、壳程介质的温度及压降进行检查，分析换热器的泄漏和结垢情况。在压降增大和传热系数降低超过一定数值时，应根据介质和换热器的结构，选择有效的方法进行清洗。

⑦ 应常检查换热器的振动情况。

⑧ 有防腐涂层的冷换设备在操作运行时，应严格控制温度，避免涂层损坏。

⑨ 保持保温层完好。

⑩ 定期检查换热器的连接螺栓是否紧固、垫片密封是否严密。

⑪ 要保持主体设备外部整洁，各种仪表清晰准确。

2. 常见故障与处理

换热器常见故障与处理方法如表6-7所示。

表6-7 换热器常见故障与处理方法

序号	故障现象	故障原因	处理方法
1	两种介质互串（内漏）	1. 换热管腐蚀穿孔、开裂 2. 换热管与管板胀口(焊口)裂开 3. 浮头式换热器浮头法兰密封漏 4. 螺纹锁紧环式换热器管板密封漏	1. 更换或堵死漏管 2. 重胀(补焊)或堵死 3. 紧固螺栓或更换密封垫片紧固内圈压 4. 紧螺栓或更换盘根(垫片)
2	法兰处密封泄漏	1. 垫圈承压不足、腐蚀、变质 2. 螺栓强度不足,松动或腐蚀 3. 法兰刚性不足与密封面缺陷 4. 法兰不平行或错位 5. 垫片质量不好	1. 紧固螺栓,更换垫片 2. 螺栓材质升级、紧固螺栓或更换螺栓 3. 更换法兰,或处理缺陷 4. 重新组对或更换法兰 5. 更换垫片
3	传热效果差	1. 换热管结垢 2. 水质不好、油污与微生物多 3. 隔板短路	1. 化学清洗或射流清洗垢物 2. 加强过滤、净化介质,加强水质管理 3. 更换管箱垫片或更换隔板
4	阻力降超过允许值	1. 过滤器失效 2. 壳体、管内外结垢	1. 清扫或更换过滤器 2. 用射流或化学清洗垢物
5	振动严重	1. 因介质频率引起的共振 2. 外部管道振动引发的共振	1. 改变流速或改变管束固有频率 2. 加固管道,减小振动

学习任务与训练

1. 冷态开车是先送冷物料，后送热物料；而停车时又要先关热物料，后关冷物料，为什么？

2. 开车时不排出不凝气会有什么后果？如何操作才能排净不凝气？

3. 为什么停车后管程和壳程都要高点排气、低点泄液？

4. 影响间壁式换热器传热量的因素有哪些？

5. 工业生产中常见的换热器有哪些类型？

6. 用仿真软件进行换热器操作实训及考核。

任务7

反应釜（搅拌容器）操作

反应釜又称搅拌容器，材质一般有碳锰钢、不锈钢、锆、镍基合金及其他复合材料。反应釜的通用性大、价格低，用途最广。它可以连续操作，也可以间歇操作。釜式反应器比较灵活通用，在间歇操作时，搅拌良好，可以使釜温均一、浓度均匀，反应时间可长可短，可以常压、加压、减压操作，反应结束后，出料容易，釜的清洗方便，其机械设计十分成熟。

一、反应釜的结构与类型

（一）反应釜的结构

1. 基本组成结构

其结构有搅拌容器和搅拌机构两大部分组成，包括釜体、传动装置、搅拌装置、加热装置、冷却装置、密封装置等，如图 7-1 所示。其中搅拌容器结构包括筒体、底、盖（或称封头）、夹套、手孔或人孔、视镜及各种工艺接管口等；搅拌机构包括搅拌器、搅拌轴、密封装置、传动装置等。

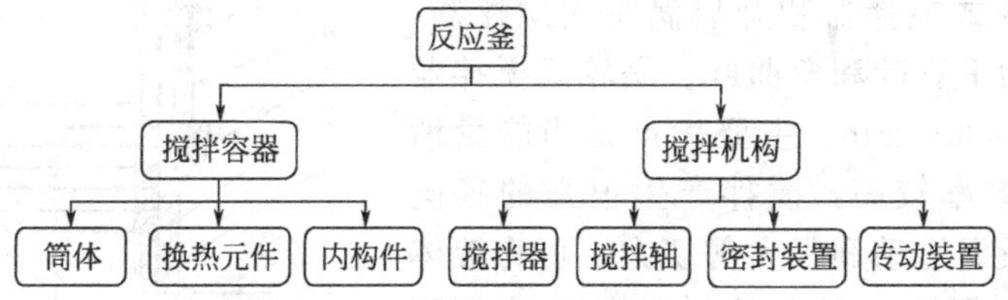

图 7-1　反应釜结构部件组成图

图 7-2 为通气反应釜的结构与部件。相应配套的辅助设备有：冷凝器、分水器、收集罐、过滤器等。

2. 轴封装置

搅拌装置的轴封通常有填料密封和机械密封两种。

(1) 填料密封　当转轴密封段的外径线性速度较低时，可采用填料密封。为了提高密封

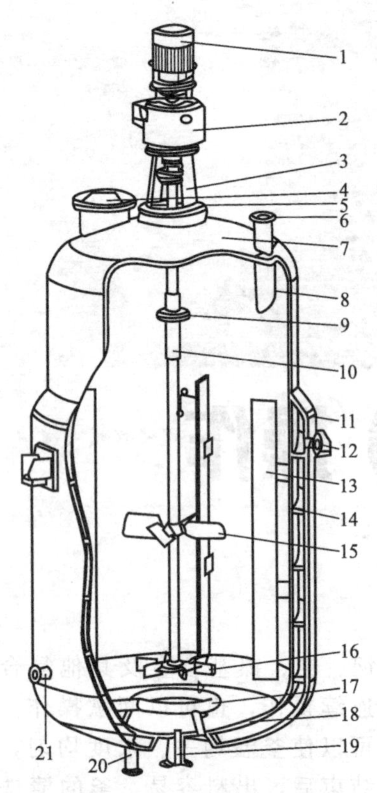

图 7-2 通气反应釜结构

1—电动机；2—减速机；3—机架；4—人孔；5—密封装置；6—进料口；7—上封头；8—筒体；9—联轴器；10—搅拌轴；11—夹套；12—载热介质出口；13—挡板；14—螺旋导流板；15—轴向流搅拌器；16—径向流搅拌器；17—气体分布器；18—下封头；19—出料口；20—载热介质进口；21—气体进口

性，可在填料的底部设置以聚四氟乙烯为材料的衬套。应根据压力、温度和介质等操作条件来选用填料，一般选用聚四氟乙烯石棉、石墨石棉、石棉绳等软质垫料。当操作温度较高或填料箱温度升高时，应设置冷却水夹套。填料密封的特点是：结构简单，安装方便；成本低；对轴磨损大；摩擦功耗大；需经常调整。填料箱结构如图 7-3 所示。

(2) 机械密封　机械密封是由两块密封元件在垂直于轴线的光洁平面上相互贴合，并作相对运动而构成的密封装置，一般由动环、静环、辅助密封圈和推环、弹簧等组成。机械密封密封性能可靠；功率损耗低；轴和轴套不受磨损；使用寿命长；能满足高温、低温、真空、条件及易燃、易爆、腐蚀性、磨蚀性介质和自动化生产的要求。

密封一般介质时，可采用单端面机械密封（见图 7-4）。当转轴轴径为 40～110mm 时，设计压力≤0.4MPa；当转轴轴径为 125～140mm 时，设计压力≤0.25MPa。密封易燃、易爆、有毒介质时，采用双端面机械密封（见图 7-5），当转轴轴径为 40～110mm 时，设计压力≤1.0MPa。

3. 常用搅拌器的型式

(1) 螺旋桨式（推进式）搅拌器　螺旋桨式搅拌器如图 7-6 所示，由桨叶、键、轴环、竖轴组成。推进式搅拌器搅拌时能使物料在反应釜内循环流动，所起作用以容积循环为主，剪切作用较小，上下翻腾效果良好。当需要有更大的流速时，反应釜内设有导流筒。推进式搅拌器直径约取反应釜内径 D_i 的 1/4～1/3，转速为 300～600r/min，搅拌器的材料常用铸铁、铸钢、不锈钢等。

(2) 涡轮式搅拌器　如图 7-7 所示，涡轮式搅拌器分为圆盘涡轮式搅拌器和开启涡轮式搅拌器；按照叶轮又可分为平直叶和弯曲叶。涡轮式搅拌器速度较大，300～600r/min。主要优点是当能量消耗不大时，搅拌效率较高，搅拌产生很强的径向流。造成强烈的漩涡运动和很大剪切力，可将液体微团破碎很细。适用于黏度小于 50Pa·s（中等黏度）液体和要求小尺寸均匀的搅拌过程。

(3) 桨式搅拌器　桨式搅拌器如图 7-8 所示，转速较低，一般为 20～80r/min。桨叶不宜过长，当反应釜直径很大时采用两个或多个桨叶。旋转时液体作圆周运动，轴向则形成总体循环流动。其特点是循环量大，湍动程度不大，径向搅动范围大。

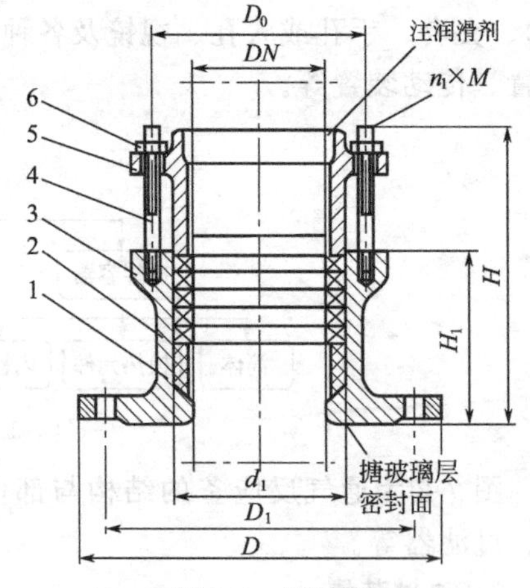

图 7-3 填料箱

1—箱体；2—衬套；3—填料；4—双头螺栓；5—压盖；6—螺帽

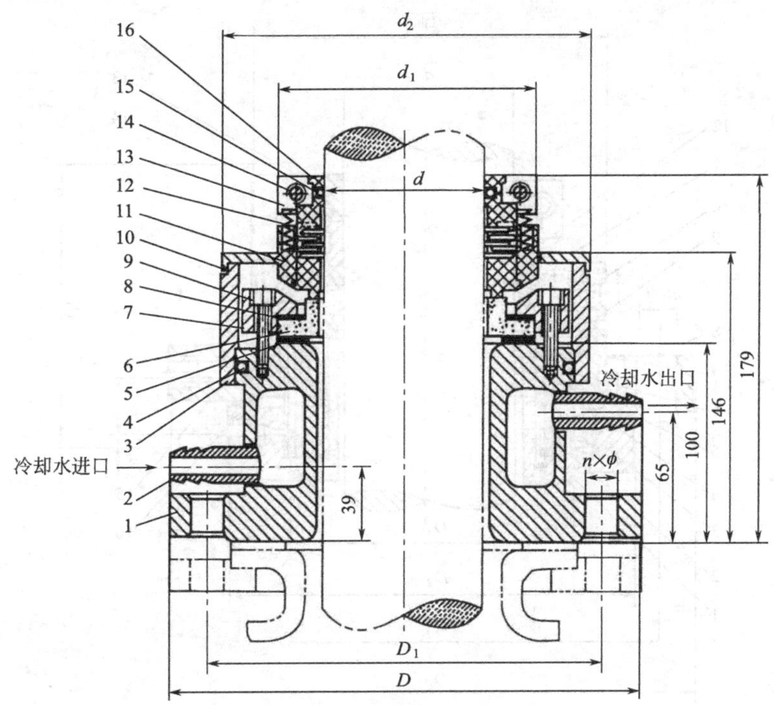

图 7-4 单端面机械密封（单位：mm）

1—冷却水套；2—冷却水接管；3—密封液盒；4,15—O 形密封圈；5，8—垫片；6—静环；7—静环压盖；9—内六角螺钉；10—密封液盒盖；11—弹簧座；12—弹簧；13—剖分环；14—内六角紧定螺钉；16—旋转环

桨式搅拌器适用于黏度小于 2Pa·s 的流体和以宏观混合为目的的搅拌过程，也适用于纤维状和结晶状的溶解液，物料层很深时可在轴上装置数排桨叶。

（4）框式和锚式搅拌器　框式搅拌器可视为桨式搅拌器的变形，其结构比较坚固，搅动物料量大。如果这类搅拌器底部形状和反应釜下封头形状相似时，通常称为锚式搅拌器，如图 7-9 所示。这种搅拌器直径与釜内径接近，间隙小，$d/D=0.95\sim0.98$；$b/d=0.07\sim0.1$；间隙 15～40mm；速度低，$v=0.5\sim1.5$m/s；剪切力小，搅动范围大，不会产生死区。适用于高黏度液体结晶或传热过程，可防止在釜壁成膜或沉积。常用于传热、晶析操作和高黏度液体、高浓度淤浆和沉降性淤浆的搅拌。

（5）螺带式搅拌器和螺杆式搅拌器　搅拌器直径与反应釜内径之比 $d/D=0.9\sim0.98$，搅拌器螺带宽度与搅拌器直径之比 $b/d=0.1$，搅拌切向速度 $v<2$m/s。如图 7-10 所示，螺带式搅拌器和螺杆式搅拌器常做成几条紧贴釜内壁，与釜壁的间隙很小，所以搅拌时能不断地将粘于釜壁的沉积物刮下来。快速旋转时，搅拌器叶片所带动的液体把静止层从反应釜壁上带下来；慢速旋转时，有刮板的搅拌器能产生良好的热传导。螺带式搅拌器和螺杆式搅拌器的转速都较低，通常不超过 50r/min，产生以上下循环流为主的流动，主要用于高黏度液体的搅拌。

4. 反应釜的换热装置

如图 7-11 所示，反应釜的转热方式通常有：夹套式、蛇管式、列管式、外部循环式、回流冷凝式、电感加热式。

（1）夹套式　夹套是套在反应器筒体外面能形成密封空间的容器，既简单又方便。夹套上有传热介质的进出口，夹套的高度取决于传热面积，而传热面积由工艺要求确定。夹套高度一般应高于料液的高度，应比釜内液面高出 50～100mm，以保证传热。

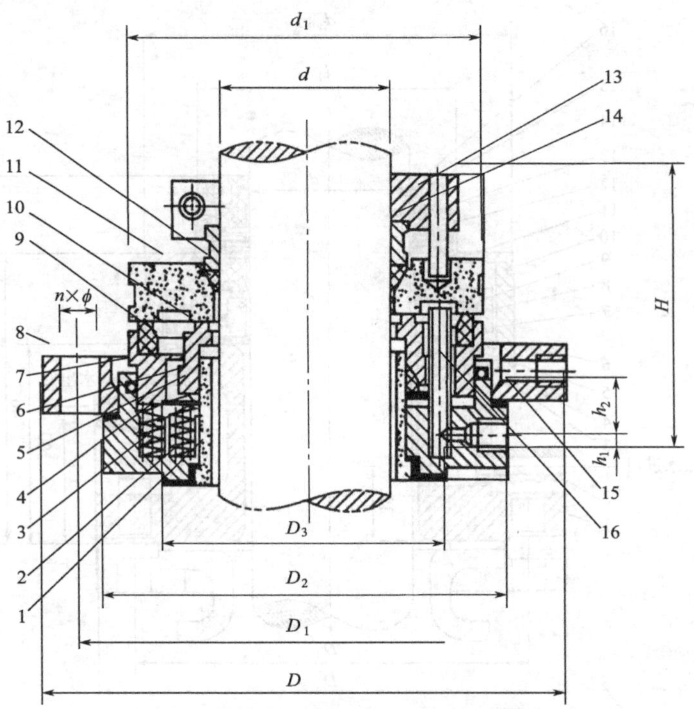

图 7-5 双端面机械密封

1—密封轴套；2，15—垫片；3—静环座；4—弹簧；5—推环；6,12—楔形密封圈；7—O 形密封圈；8—法兰；9—外静止环组件；10—内静止环；11—旋转环；13—夹紧套；14—隔环；16—密封流体接管

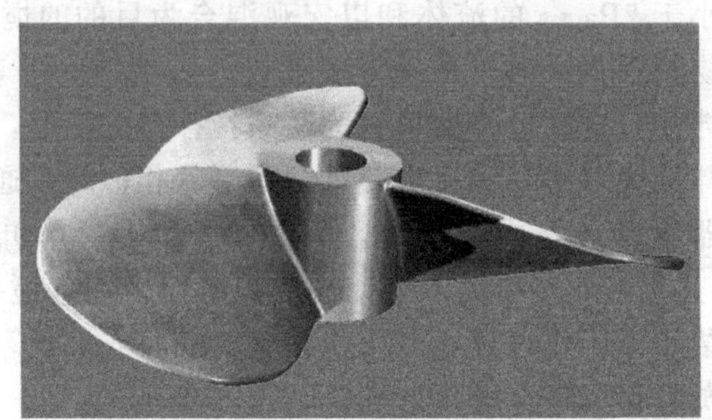

图 7-6 螺旋桨式搅拌器

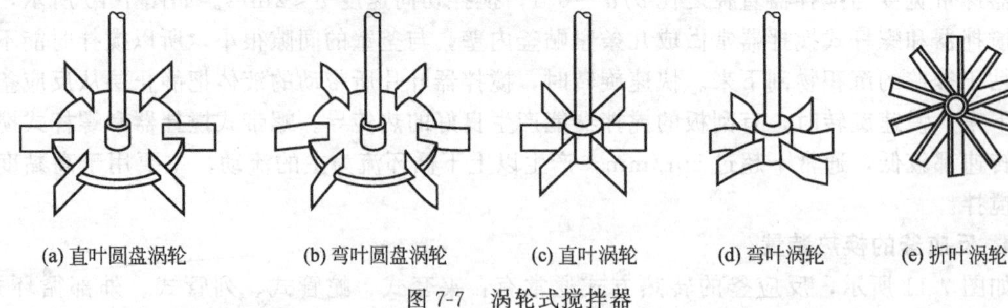

图 7-7 涡轮式搅拌器

（2）蛇管式　当工艺需要的传热面积大，单靠夹套传热不能满足要求时，或者是反应器内壁衬有橡胶、瓷砖等非金属材料时，可采用蛇管、插入套管、插入 D 形管等传热方式。蛇管浸没在物料中，热量损失少，且由于蛇管内传热介质流速高，它的给热系数比夹套大很

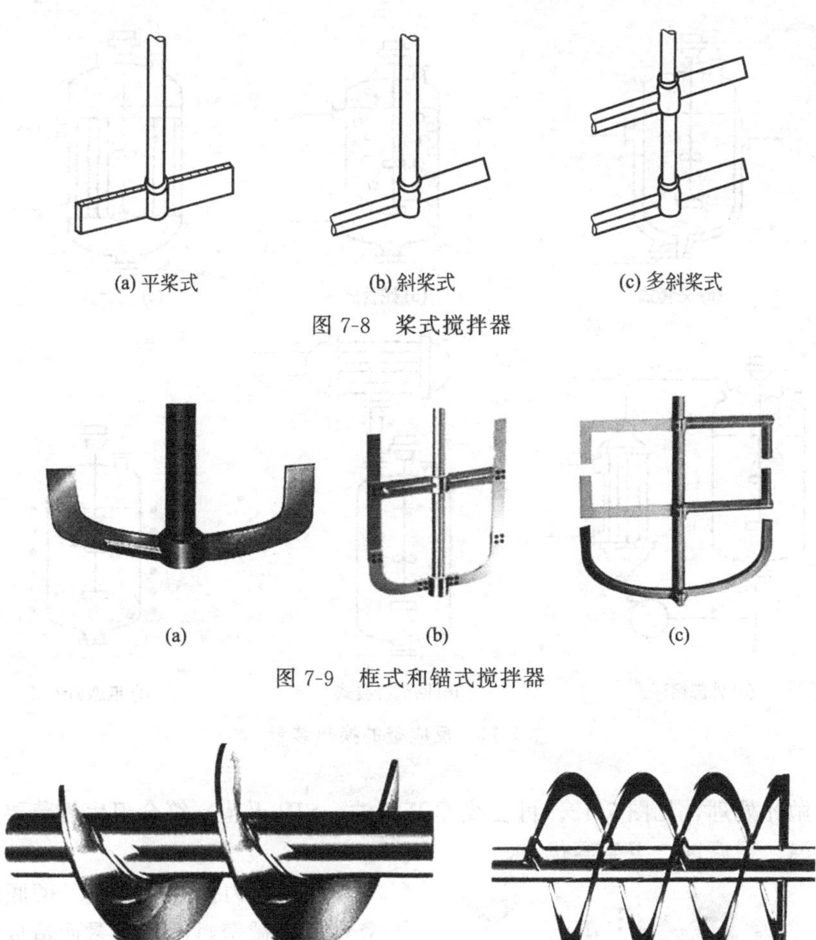
(a) 平桨式　(b) 斜桨式　(c) 多斜桨式

图 7-8 桨式搅拌器

(a)　(b)　(c)

图 7-9 框式和锚式搅拌器

(a)　(b)

图 7-10 螺带式和螺杆式搅拌器

多。对于含有固体颗粒的物料及黏稠的物料，容易引起物料堆积和挂料，影响传热效果。其特点是热损失小，传热效果好，传热系数比夹套高60%，缺点是不适宜含固体颗粒的物料和黏稠物料。

(3) 列管式　对于大型反应釜，需高速传热时，可在釜内安装列管式换热器。

(4) 回流冷凝式　适用于反应在沸腾下进行或蒸发量大的场合。其特点是给热系数高。

(5) 外部循环式　当反应器的夹套和蛇管传热面积仍不能满足工艺要求，或由于工艺的特殊要求无法在反应器内安装蛇管而夹套的传热面积又不能满足工艺要求时，可以通过泵将反应器内的料液抽出，经过外部换热器换热后再循环回反应器内。

(二) 反应釜类型

反应釜有不同的分类方法，按照加热或冷却方式，可分为电加热、热水加热、导热油循环加热、远红外加热、外（内）盘管加热等，夹套冷却和釜内盘管冷却等。根据釜体材质可分为碳钢反应釜、不锈钢反应釜及搪玻璃反应釜（搪瓷反应釜）、钢衬反应釜：

(1) 搪玻璃反应釜　这是应用最广泛的反应釜种类，对各种有机酸、无机酸、有机溶剂均有较好的抗蚀性，对碱性溶液抗蚀性较酸溶液差。

(2) 不锈钢反应釜　内罐体采用不锈钢（SUS304、SUS316L或SUS321）等材料制造，

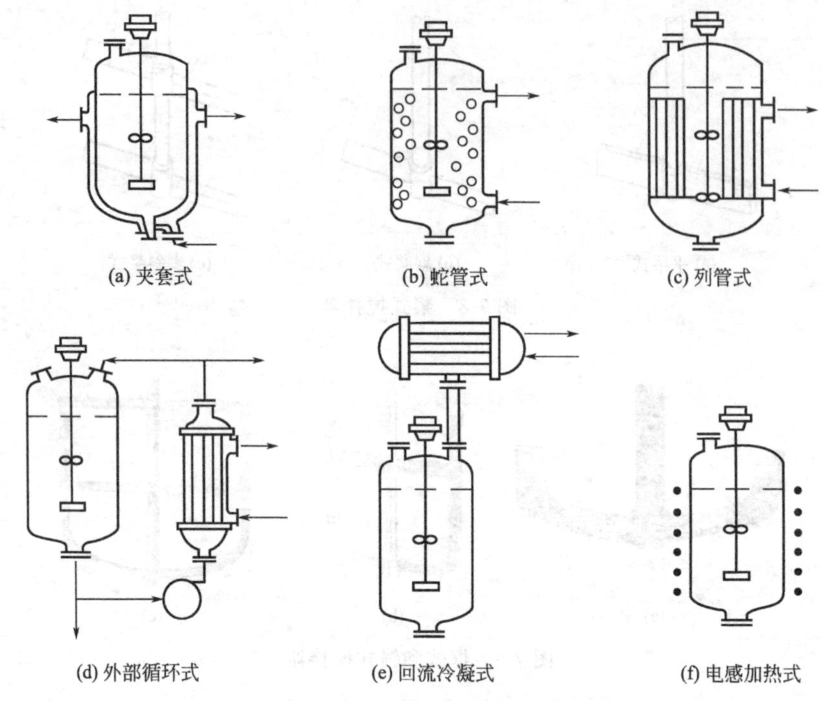

图 7-11 反应釜的换热装置

内表面镜面抛光处理，见图 7-12。可在线 CIP 清洗、SIP 灭菌，符合卫生规范要求。有加热迅速、耐高温、耐腐蚀、卫生等优点。

图 7-12 不锈钢反应釜

(3) 磁力搅拌反应釜 彻底解决了填料密封和机械密封因动密封而造成的无法克服的泄漏问题，使反应介质绝无任何泄漏和污染。是国内目前进行高温、高压下的化学反应最为理想的装置，特别是进行易燃、易爆、有毒介质的化学反应，更加显示出它的优越性。

(4) 钢衬 PE 反应釜 适用酸、碱、盐及大部分醇类。适用液态食品及药品提炼。是衬胶、玻璃钢、不锈钢、钛钢、搪瓷、塑焊板的理想换代品。

(5) 钢衬 ETFE（乙烯-四氟乙烯共聚物，俗称 F-40）反应釜 防腐性能特别优良，能耐各种浓度的酸、碱、盐、强氧化剂、有机化合物及其他所有强腐蚀性化学介质。是解决高温稀硫酸、氢氟酸、盐酸和各种有机酸等老大难腐蚀问题的理想反应釜。

学习任务与训练

1. 哪种反应釜对多种介质具有良好的抗腐蚀性能？
2. 拆装反应釜，画出其结构图，说明密封、搅拌、传热等各部分的结构类型。

二、搅拌功率计算

（一）单层搅拌器、不通气条件下搅拌液体的功率计算

对于牛顿型液体，由因次分析与实验验证，得：

$$N_p = KRe^x Fr^y \tag{7-1}$$

式中 N_p——搅拌准数；

K——系统几何构型的总形状系数；

Re——叶轮雷诺数；

Fr——弗鲁德准数，反映重力的影响。

其中 N_p、Re、Fr 的计算式分别是：

$$N_p = \frac{P}{\rho n^3 d^5}$$

$$Re = \frac{\rho n d^2}{\mu}$$

$$Fr = \frac{n^2 d}{g}$$

式中 P——搅拌功率，W；

ρ——液体密度，kg/m^3；

n——转速，r/s；

d——搅拌器直径，m。

对于典型几何比例（b、d 分别为叶片宽度与叶轮的直径；H 为液体高度；挡板数量为4，宽度为 B；$D/d=3$，$H/d=3$，$B/D=3/10$）的搅拌器，全挡板条件下 Fr 的影响可以忽略时，N_p 可由功率曲线图上查出（无挡板时，纵坐标为功率函数 $\Phi = N_p/Fr$）。图 7-13 为部分型式搅拌器的 N_p（Φ）与雷诺数 Re 关系曲线。

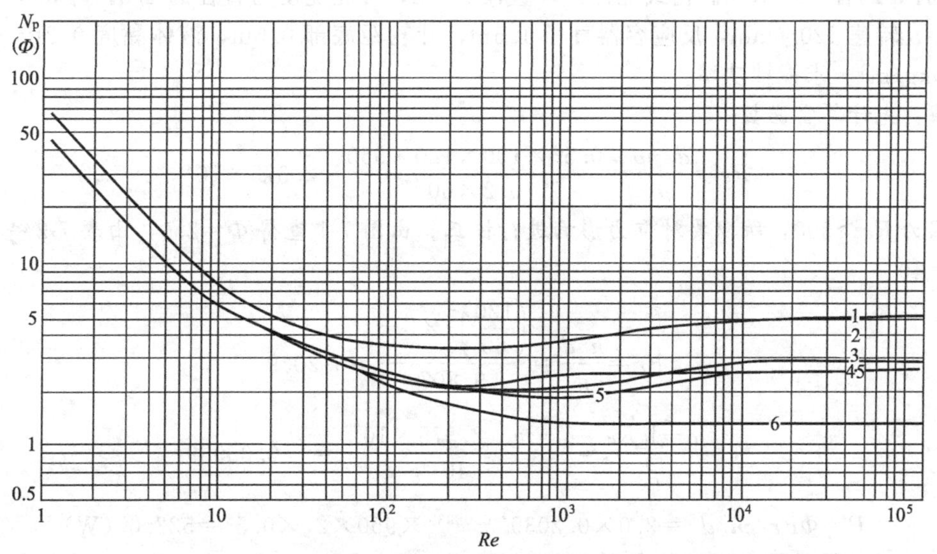

图 7-13 部分型式搅拌器的 N_p 与雷诺数 Re 关系曲线

1—六片平直叶圆盘涡轮，$b/d=1/5$；2—六片平直叶开启涡轮，$b/d=1/5$；3—六片平直叶圆盘涡轮，$b/d=1/8$；4—六片平直叶开启涡轮，$b/d=1/8$；5—六片弯叶开启涡轮，$\alpha=45°$，$b/d=1/8$；6—六片折叶开启涡轮，$\theta=45°$，$b/d=1/8$

或用下述公式计算（其中 k_1、k_2 值见表 7-1）：

当 $Re<10$ 时，搅拌液体处于滞流状态，$x=-1$，这时：

$$p=K_1 \mu n^2 d^3 \tag{7-2}$$

当 $Re>10^4$ 时，搅拌液体处于湍流状态，$x=0$，这时：

$$p=K_2 \rho n^3 d^5 \tag{7-3}$$

表 7-1　部分搅拌器的 K_1 和 K_2 值

搅拌器	K_1	K_2	搅拌器	K_1	K_2
螺旋桨式，三叶片，螺距＝D	41.0	0.32	双叶单平桨式 $b/d=1/4$	43.0	2.25
螺旋桨式，三叶片，螺距＝$2D$	43.5	1.00	双叶单平桨式 $b/d=1/6$	36.5	1.60
涡轮式，四个平片	70.0	4.50	双叶单平桨式 $b/d=1/8$	33.0	1.15
涡轮式，六个平片	71.0	6.10	四叶双平桨式 $b/d=1/6$	49.0	2.75
涡轮式，六个弯片	70.0	4.80	六叶三平桨式 $b/d=1/6$	71.0	3.82
扇形涡轮	70.0	1.65			

对无挡板且 $Re>300$ 的搅拌系统，不能忽略重力影响时，须用式（7-1）计算，此时

$$y=\frac{\alpha-\lg Re}{\beta} \tag{7-4}$$

式中 α、β 的值见表 7-2。

表 7-2　部分搅拌器 $Re>300$ 时搅拌器的 α 和 β 值

型式		螺旋桨式		涡轮式		六个平片	
d/D	0.48	0.37	0.33	0.30	0.20	0.30	0.33
α	2.6	2.3	2.1	1.7	0	1.0	1.0
β	18.0	18.0	18.0	18.0	18.0	40.0	40.0

注：D 为搅拌容器内径。

【例 7-1】有一六平片涡轮式搅拌器，直径 50cm，叶轮宽度为直径的 1/8，叶轮位于反应器中心，转速 120r/min，反应容器直径 1.5m，叶轮距底部 0.5m，液体黏度 0.2Pa·s，密度 950kg/m³。求搅拌功率。

解：先计算雷诺数

$$Re=\frac{d^2 n\rho}{\mu}=\frac{0.5^2\times100\times120\times950}{0.2\times60}=2.375\times10^3$$

因为 $Re>300$，所以要对重力影响进行校正。由图 7-1 查得 $\Phi=2.0$，由表 7-2 查得 $\alpha=1$，$\beta=40$

$$Fr=\frac{n^2 d}{g}=\frac{\left(\frac{120}{60}\right)^2\times0.5}{9.807}=0.2039$$

$$y=\frac{\alpha-\lg Re}{\beta}=\frac{1-\lg(2.375\times10^3)}{40}=-0.05939$$

$$P=\Phi Fr^y \rho n^3 d^5=2.0\times0.2039^{-0.05939}\times950\times2^3\times0.5^5=522.0\ (\mathrm{W})$$

所以，该搅拌器的搅拌功率为 522W。

无挡板时搅拌功率也可以采用永田进治公式计算：

$$N_p=\frac{A}{Re}+B\times\left(\frac{1000+1.2\times Re^{0.66}}{1000+3.2\times Re^{0.66}}\right)^c\left(\frac{H}{D}\right)^{\left(0.35+\frac{b}{D}\right)}\times[\sin(\theta)]^{1.2} \tag{7-5}$$

式中 H——搅拌容器中液体高度，m；

D——搅拌容器内径，m；

b——叶片宽度，m；

d——搅拌器直径，m；

θ——叶片与旋转平面之间的角度。

$$A=14+\left(\frac{b}{D}\right)\left[670\left(\frac{d}{D}-0.6\right)^2+185\right]$$

$$B=10^{\left[1.3-4\left(\frac{b}{d}-0.5\right)^2-1.14\left(\frac{d}{D}\right)\right]}$$

$$c=1.1+4\left(\frac{b}{D}\right)-2.5\left(\frac{d}{D}-0.5\right)^2-7\left(\frac{b}{D}\right)^4$$

（二）形状因素对搅拌功率的影响及校正

当搅拌器的形式在文献上查不到功率曲线；可根据搅拌器的形状因子对构型相近的搅拌器的功率曲线加以校正，估算出该装置的功率值。

1. 叶轮直径与容器内径比的影响

对径向流叶轮（平桨、涡轮），湍流态下：

$$N_p \propto \left(\frac{d}{D}\right)^{-1.2} \tag{7-6}$$

对轴向流叶轮，湍流态下：

$$N_p \propto \left(\frac{d}{D}\right)^{-0.9} \tag{7-7}$$

2. 叶片宽度、数目的影响

（1）叶片宽度的影响

对平桨和涡轮：

$$N_p \propto \left(\frac{b}{d}\right)^{0.3\sim0.4} \tag{7-8}$$

对六叶片盘式涡轮，$b/d=0.2\sim0.5$ 时：

$$N_p \propto \left(\frac{b}{d}\right)^{0.67} \tag{7-9}$$

（2）涡轮叶片数目的影响

随叶片数目的减少，平叶片涡轮的排液量降低，而弯叶片涡轮排液量降低不多，但功率消耗降低。在层流时弯叶片涡轮与平直叶片涡轮的功率消耗相同，但在湍流时弯叶片的功率消耗低于平直叶片。

湍流搅拌：
$$N_p \propto n_b^{0.495} \tag{7-10}$$

层流搅拌：
$$N_p \propto n_b^{0.327} \tag{7-11}$$

式中，n_b 为叶片数目。

3. 液层深度 H 的影响：

$$N_p \propto \left(\frac{H}{D}\right)^{0.6} \tag{7-12}$$

但对高黏度液体，功率消耗与液深无关。

4. 叶轮安装高度 H_j 对功率的影响

对低、中黏度液体，叶轮安装高度 H_j 对功率无影响；对高黏度液体，叶轮近液面

($H_j=0.9$) 时功率消耗低，反之高。

5. 多层涡轮及其叶轮间距 S 对功率输入的影响

(1) 简单计算式

$$P_m=P\ (0.4+0.6m) \tag{7-13}$$

式中 m——搅拌器层数；

P——按单层搅拌器计算的搅拌功率。

(2) 两只涡轮的经验计算式

$$P_2=P\times 2^{0.86}\left[\left(1+\frac{S}{d}\right)\left(1-\frac{S}{H-0.9d}\right)\right]^{0.3} \tag{7-14}$$

式中 S——叶轮间距，m；

d——叶轮直径，m；

H——液体高度，m；

P——按单层搅拌器计算的搅拌功率。

(3) 三只涡轮的经验计算式

$$P_3=P\times 3^{0.86}\left[\left(1+\frac{S}{d}\right)\left(1-\frac{S}{H-0.9d}\right)^{\frac{\lg(4.5)}{\lg(3)}}\right]^{0.3} \tag{7-15}$$

式中各参数与上式相同。

【例 7-2】 双叶轮搅拌器，有四个平直叶片，叶片宽度是叶轮的 1/6，叶轮直径是 50cm，反应器内径为 1.6m，液体深度是 2.4m，两叶轮分别位于 1/3 和 2/3 液深处。反应器内分布四块挡板，宽为内径的 1/10。液体密度为 980kg/m³，黏度为 0.005Pa·s，叶轮转速为 160r/min，求搅拌功率。

解：以图 7-13 中的曲线 2 为依据计算，几何形式是单叶轮，6 个平直叶片，开放式叶轮，$d/D=1/3$，$b/d=1/5$，$H/D=1/1$，挡板宽度与内径比 $B/D=1/10$（不变）。

先计算雷诺数

$$Re=\frac{d^2n\rho}{\mu}=\frac{0.5^2\times 160\times 980}{0.004\times 60}=1.633\times 10^5$$

由图 7-13 查得 $N_p=3.9$

逐一校正 d/D、b/d、n_b、H/D 的影响：

$$N_p'=N_p\left(\frac{50/160}{1/3}\right)^{1.2}\left(\frac{1/6}{1/5}\right)^{0.35}\left(\frac{2.4}{1.6}\right)^{0.6}=4.125$$

$$P=N_p'\rho n^3d^5=4.125\times 980\times\left(\frac{160}{60}\right)^3\times 0.5^5=2.396\times 10^3\ (\mathrm{W})$$

叶轮间距 $S=0.8$m

$$P_2=P\left\{2^{0.86}\left[\left(1+\frac{S}{d}\right)\left(1-\frac{S}{H-0.9d}\right)\right]^{0.3}\right\}=4.943\times 10^3\ (\mathrm{W})$$

所以搅拌功率为 4.94kW。

（三）通气状态下的搅拌功率

通气状态下，搅拌功率会下降，常用 Michel 经验式计算：

$$P_g=C\left(\frac{P^2nd^3}{Q^{0.56}}\right)^{0.45} \tag{7-16}$$

式中 P_g——通气时的搅拌功率，kW；

C——经验常数（当 $d/D=1/3$ 时，$C=0.157$；当 $d/D=2/3$ 时，$C=0.113$；当

$d/D=1/2$ 时，$C=0.101$）；

P——未通气时的搅拌功率，kW；

n——转速，r/min；

d——叶轮直径，m；

Q——通气量，m^3/min。

学习任务与训练

计算实训室或车间中实际反应釜或发酵罐的搅拌功率。

三、搪玻璃反应釜的选择与使用

搪玻璃反应釜是最常用的反应釜，它是将含高二氧化硅的玻璃，衬在钢制容器的内表面，经高温灼烧而牢固地密着于金属表面上成为复合材料制品。所以，它具有玻璃的稳定性和金属强度的双重优点，是一种优良的耐腐蚀设备。搪玻璃反应釜有开式、半开式、闭式三种。

（一）搪玻璃反应釜的性能

（1）使用压力 0.2～0.4MPa。

（2）耐酸性 对各种有机酸、无机酸、有机溶剂均有较好的抗蚀性。普通玻璃釉在温度小于 130℃，浓度小于 30%盐酸溶液中耐酸优良。优质玻璃釉可用于温度 140～170℃的盐酸溶液中。

（3）耐碱性 搪玻璃反应釜对碱性溶液抗蚀性较酸溶液差，但优质玻璃釉置于 1mol/L 氢氧化钠溶液腐蚀，试验温度 80℃时间 48h，腐蚀速率小于 7.0g/（m^2·d）。

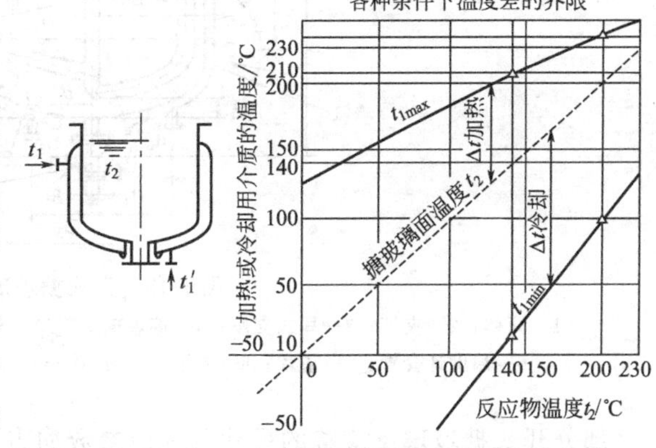

图 7-14 搪玻璃反应釜耐热性能

（4）耐热冲击性能与操作温度 由于玻璃釉的热导率较小，约为钢的 1/40，热膨胀系数较大，所以一般采用蒸汽缓慢加热。使用温度一般为－20～200℃，加热或冷却时能耐受温差如图 7-14 所示。

（5）传热系数 各种工作状态下搪玻璃反应釜的总传热系数如表 7-3 所示。

表 7-3 搪玻璃反应釜总传热系数

传热方式	夹套内介质	容器内介质	总传热系数/[W/(m^2·℃)]
加热	蒸汽	有机液体	350～400
		水系	400～470
	油	有机液体	290～250
		水系	350～400
	热水	有机液体	140～170
		水系	170～210
冷凝	水	有机蒸气	260～290
		水蒸气	290～330
冷却	水	有机蒸气	140～170
		水系	150～190
		气体	6～25
	盐水	水	60～140

（二）搪玻璃开式反应釜

搪玻璃开式反应釜是在筒体上设置等经高颈法兰的带搅拌装置的搪玻璃夹套容器。设计压力不大于1.0MPa，容积为50～5000L，夹套内设计压力不大于0.6MPa，容器和夹套内介质温度为－20～200℃，结构如图7-15所示。

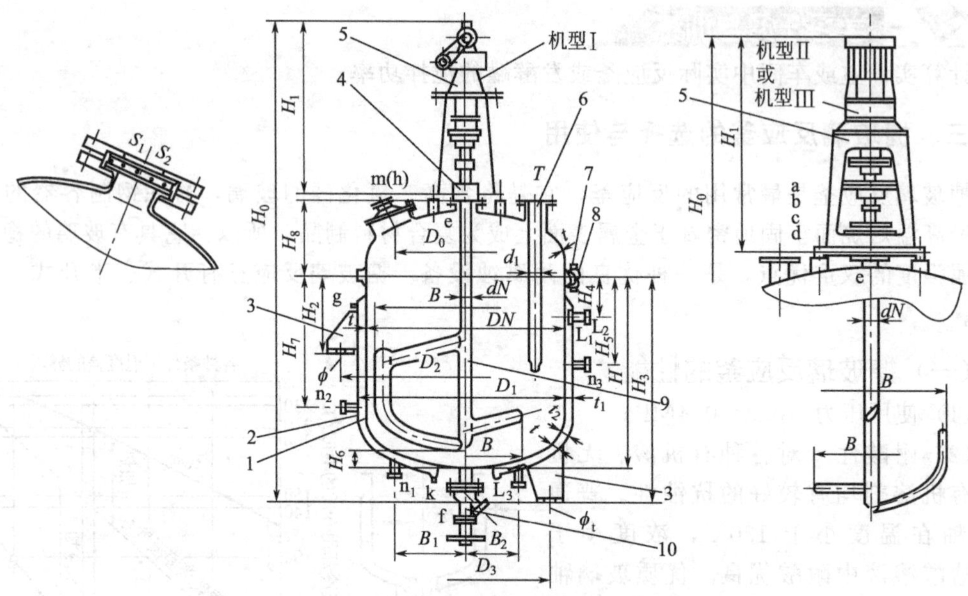

图7-15 开式搪玻璃反应釜

1—筒体；2—夹套；3—耳式支座；4—搪玻璃填料箱或机械密封；5—Ⅰ型、Ⅱ型或Ⅲ型传动装置；6—温度计套管；7—垫片；8—卡子；9—搅拌器；10—搪玻璃上展式放料阀或下展式放料阀

部分开式搪玻璃反应釜的尺寸及其他参数如表7-4所示。

表7-4 部分开式搪玻璃反应釜的尺寸及其他参数

代号	公称容积/L						
	50	100	200	300	500	1000	1500
DN	500	600	700	800	900	1200	1300
D_0	350	420	490	560	630	840	910
D_1	600	700	800	900	1000	1300	1450
D_2	726	828	930	1027	1152	1485	1679
D_3	25	25	25	25	25	30(25)	30(30)
D_4	32×4	32×4	32×4	32×4	32×4	65×5	65×5
D_5	270	270	300	350	350	400	400
D_6	—	—	—	—	—	950	1100
H	465	565	775	875	1075	1275	1475
H_1	310	310	350	350	400	500	600
H_2	265	300	355	385	415	500	530
H_3	—	—	—	—	—	—	507
H_4	250	250	250	250	270	315	315
H_5	220	220	230	240	270	280	330
H_6	—	—	—	—	—	—	1000
H_7	945	945	953	1154	1200	1276	1276
L	2030	2170	2426	2782	3040	3470	3695

续表

代号		公称容积/L						
		50	100	200	300	500	1000	1500
h	锚式及框式	45	60	60	85	80	100	110
	桨式及叶轮式	90	110	130	150	160	210	210
卡子	0.25MPa	BM16/16	BM16/28	BM16/36	BM16/40	BM20/36	BM20/52	BM20/56
	0.6MPa	BM16/28	BM16/36	BM16/41	BM16/48	BM20/40	BM20/56	BM20/70
减速机型号		BLD-12	BLD-12	BLD-15	BLD-18	BLD-18	BLD-18	BLD-18
放料阀规格		65/32	65/32	80/40	80/40	80/40	100/50	100/50
电机功率/W		0.8	0.8	1.1	3	3	4	4
实际容积/m^3		71	128	247	389	588	1250	1720
传热面积/m^2		0.34	0.66	1.26	1.75	2.64	4.54	5.34
设备总重/kg		440	482	707	765	1030	1690	2160

部分开式搪玻璃反应釜的管口方位如图 7-16 所示。

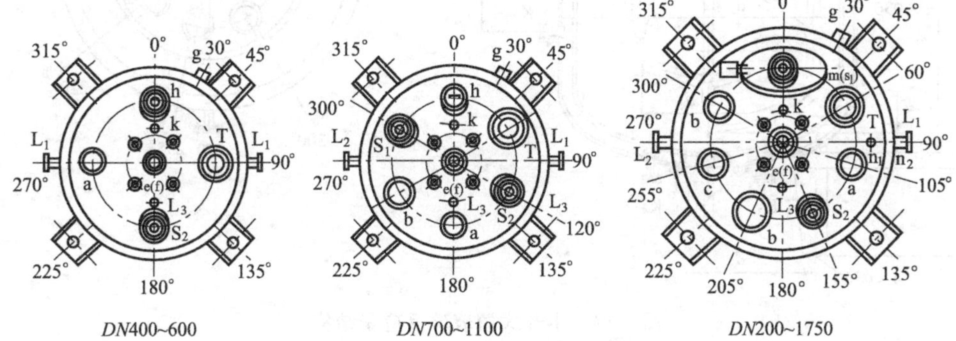

图 7-16 部分开式搪玻璃反应釜的管口方位

部分开式搪玻璃反应釜卡子数量、规格如表 7-5 所示。

表 7-5 部分开式搪玻璃反应釜卡子数量、规格

公称直径 DN /mm	卡子数量及规格 容器设计压力/MPa		
	0.25	0.6	1.0
400	20×BM12	20×AM12	20×AM16
500	24×BM12	24×AM12	24×AM16
600	28×BM12	36×AM12	32×AM16
700	36×BM12	32×AM16	40×AM16
800	40×BM12	36×AM16	36×AM20
900	36×BM16	40×AM16	40×AM20
1000	40×BM16	44×AM16	48×AM20
1100	48×BM16	52×AM16	56×AM20
1200	52×BM16	56×AM16	52×AM24
1300	56×BM16	52×AM20	56×AM24
种类	B 型铸造卡子 材料 KTH350-10	A 型锻钢卡子，材料 35	

（三）搪玻璃半开式反应釜、搪玻璃闭式反应釜

1. 半开式反应釜

半开式反应釜的筒体设计压力为 0.4MPa，夹套内为 0.6MPa，设计温度筒体内为 200℃，夹套内为 160℃，结构如图 7-17 所示。

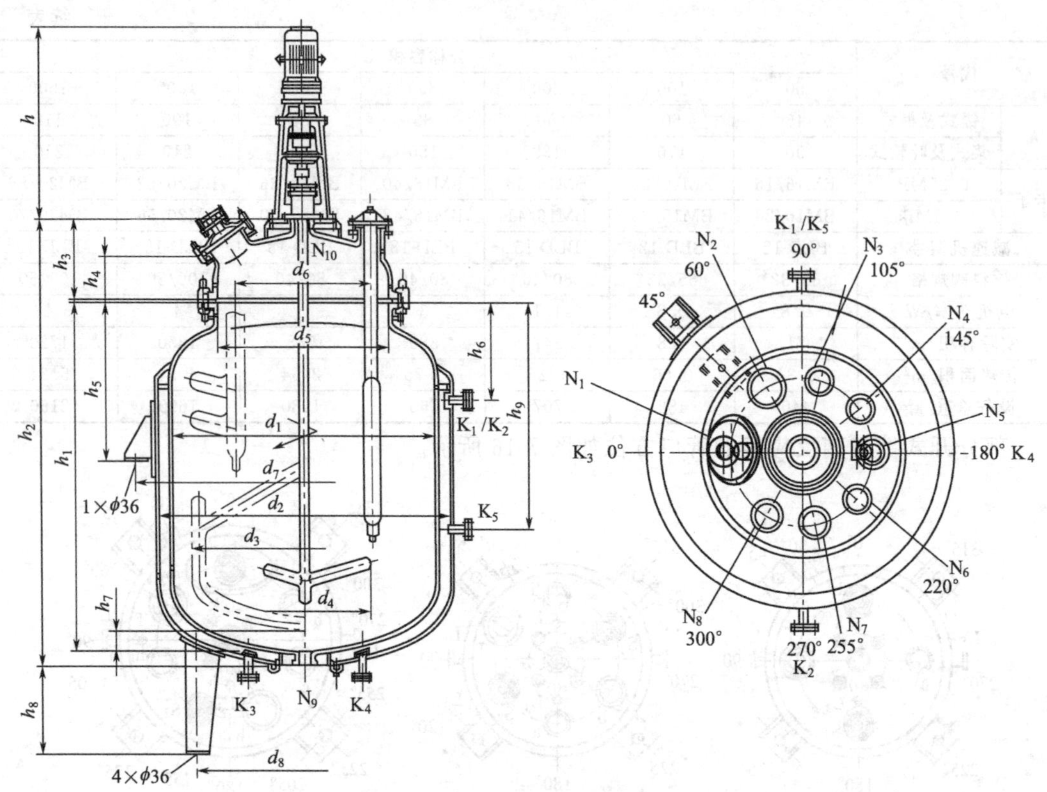

图 7-17 半开式搪玻璃反应釜结构

N_1—带视镜人孔；N_2—挡板或备用口；N_3、N_6、N_7—直型温度计套口；N_4、N_8—备用口；N_5—视镜孔；N_9—出料口；N_{10}—搅拌轴口；K_1～K_5—蒸汽进（出）口、冷凝水出口、液面计口

2. 闭式反应釜

搪玻璃闭式反应釜是在容器封头上设置高颈法兰的带搅拌装置的具有夹套的容器，容器内设计压力不大于 1.0MPa，夹套内设计压力不大于 0.6MPa，容积为 2500～20000L，容器和夹套内介质温度为－20～200℃，结构如图 7-18。

（四）搪玻璃搅拌容器传动装置

搪玻璃搅拌容器传动装置由减速机、联轴器、机架、搪玻璃搅拌器、轴密封装置和安装支座等组成，结构如图 7-19 所示。

现主要介绍减速机。与搪玻璃容器配套的减速机主要有 W 型圆柱蜗杆减速机、ZLD 型摆线针轮减速机和 LC 型圆柱齿轮减速机。

（1）W 型圆柱蜗杆减速机　W 型圆柱蜗杆减速机采用圆弧齿圆柱蜗杆传动，可直接与搪玻璃容器专用机架配套。其特点是效率高、承载能力大、体积小和重量轻。在结构上，输出轴轴承跨距大，增加了刚性。C 型轴头输出采用空心轴套结构，搅拌轴可直接插入减速机。电动机是通过 V 带与减速机相连。

（2）ZLD 型摆线针轮减速机　摆线针轮减速机是采用摆线针齿啮合的减速机构。其特点是减速比大，单级传动为 11～87，双级为 81～5133，运转平稳、承载能力大，传动效率高达 90%以上。搪玻璃搅拌容器采用直联型 ZLD 级立式摆线针轮减速机。

（3）LC 型圆柱齿轮减速机　LC 型圆柱齿轮减速机为两级同轴式硬齿面斜齿圆柱齿轮减速机，具有传动平稳、噪声低、效率高、承载能力强等特点，特别适用于搅拌传动装置。

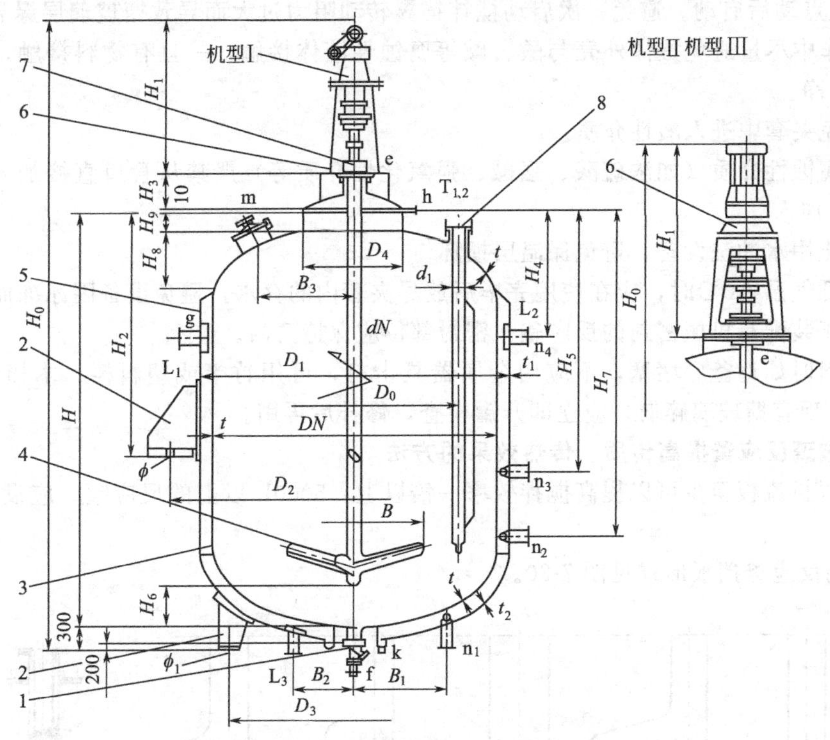

图 7-18 闭式搪玻璃反应釜结构

1—搅拌放料阀；2—支承式支座或耳式支座；3—筒体；4—叶轮式搅拌器或桨式搅拌器；5—夹套；6—Ⅰ型、Ⅱ型或Ⅲ型传动装置；7—搪玻璃填料箱和机械密封；8—搪玻璃温度计套

LC 型圆柱齿轮减速机有直联式、非直联式、双轴式三种，双轴式不带电机。其输出轴Ⅰ型为夹壳式，Ⅱ型为普通圆柱形轴伸。

（五）搪玻璃反应釜的操作与维护

为正确使用、维护、清洁搪玻璃反应釜，使各项操作标准化、规范化，延长设备使用寿命，保障安全生产，稳定产品质量，针对如何正确使用搪玻璃反应釜，提出几点建议。

1. 搪玻璃设备使用注意事项

① 搪玻璃设备不适用以下介质：氢氟酸甚至是少量的氟离子（F^-）；强碱溶液（如果一定要用时，强碱溶液一定要通过插入管加入）；温度＞160℃，浓度＞80%的热浓磷酸。

② 避免 80℃以上的频繁的温度急变冲击，避免热设备或夹套中突然加入冷介质（最危险的操作），或者冷设备或夹套中突然加入热介质。

③ 避免固体物料的冲击，严禁敲击搪玻璃面及其外壳，防止硬物掉入釜内损坏搪玻璃面。

④ 固体物料最好溶解后再加入反应罐内，以避免固体物料磨损和撞击搪玻璃层。

⑤ 搅拌固体物料或黏稠度很高的物料时，启动搅拌

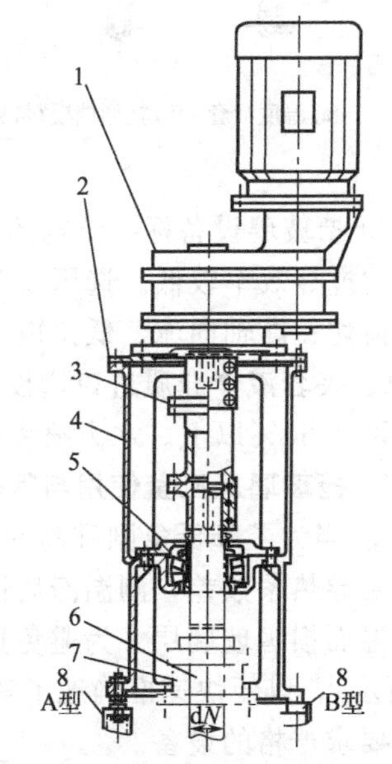

图 7-19 搪玻璃反应釜传动装置

1—减速机；2—过渡板；3—联轴器；4—机架；5—轴承组；6—搪玻璃搅拌器；7—密封装置；8—安装支座

时应多几次点动后启动。避免一次启动搅拌锚翼转动阻力过大而导致搪玻璃层爆裂。

⑥ 操作中尽量避免釜体外壳与酸、碱等腐蚀性液体接触，一旦有物料接触，应及时用抹布擦洗干净。

⑦ 避免夹套中进入酸性介质。

⑧ 强腐蚀性介质（如浓硫酸、强碱、强氧化性介质等）严禁从管口直接加入，一定要通过插入管加入。

⑨ 禁止用水冲洗设备，避免保温层损坏。

⑩ 最低气温≤0℃时，应在使用完毕后放尽夹套内的存水，避免设备因冰冻而损坏。

⑪ 对于装配有机械密封的反应釜，密封部位应保持清洁。

⑫ 出料时如遇釜底堵塞，不应用金属器具击打，可用竹竿或塑料棒、木棒轻轻捅开。出料时如发现有搪玻璃碎屑，应立即开罐检查，修补后再用。

2. 搪玻璃反应釜提高传质、传热效果的方法

① 设置折流板至少可以提高搅拌效率一倍以上，5000L 以上的反应罐，应设置 1～2 个折流板。

搪玻璃反应釜挡板形式见图 7-20。

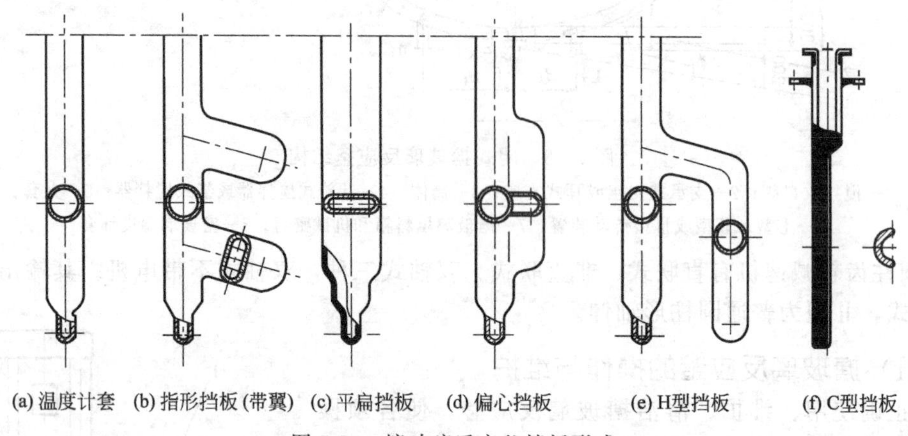

(a) 温度计套　(b) 指形挡板（带翼）　(c) 平扁挡板　(d) 偏心挡板　(e) H型挡板　(f) C型挡板

图 7-20　搪玻璃反应釜挡板形式

② 搪玻璃设备标准结构的搅拌器只有框式、锚式、桨式和叶轮式四种形式，这四种搅拌器的搅拌效率较低。选用新型搪玻璃轴流式搅拌器，可有效提高搅拌效果，该型搅拌器的具低剪切、高轴向流、低扭矩、低功率消耗的优点。

③ 夹套液体介质进口增设水力喷嘴，喷嘴可大大提高夹套内介质的紊流性，提高换热效率可达 50%以上。水力喷嘴的安装见图 7-21。

3. 搪玻璃反应釜使用与保养技巧

① 当为了降低急剧升高的温度而不得不大量通入冷冻介质时，普通温度计套管由于搪玻璃层导热系数差，测温滞后性很严重，导致凭显示温度继续通入冷冻介质，会使反应器急速降温而损害玻璃层。为避免这种现象，应选用一支带快速测温头的温度计套管（如图 7-22 所示），以便快速准确地了解罐内温度。特别是对于罐内介质反应比较剧烈或工艺温度的控制要求严格的设备。

② 厂房空气中的腐蚀性气体会冷凝到设备表面而腐蚀基体金属，上面的设备或管道泄漏，腐蚀性介质滴落到搪玻璃设备上也会使基体金属受到严重腐蚀，引起腐蚀部位爆瓷，应在设备安装好后，在设备外表面做一层树脂防腐层，从一开始就对设备进行保护。如果设备外表面要做保温处理，也应该先做一层防腐层。

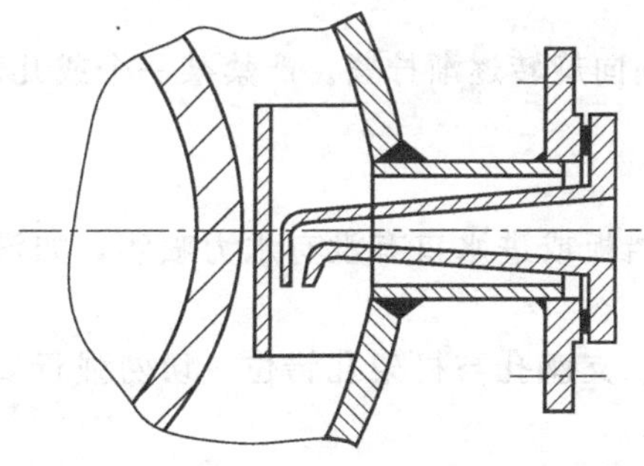
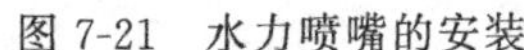

图 7-21 水力喷嘴的安装

图 7-22 快速测温头温度计套管

③ 搪玻璃设备因高温烧制而常引起法兰密封面变形，泄漏现象较为普遍。设备中的腐蚀性介质泄漏出来后，会从法兰的外缘逐渐向内腐蚀金属，引起搪玻璃层逐渐脱落。时间一长，泄漏点密封面的搪玻璃层会全部脱落，法兰金属基体受到严重腐蚀形成残缺和凹坑，导致设备报废。所以发现法兰密封面泄漏应尽快消除。

④ 强腐蚀、强氧化性介质对搪玻璃层危害性较大。尽量不要第一个加入反应罐中。加料时最好用一根加料管直接加入反应罐中，以快速稀释，减小对设备的腐蚀。使用加料管还有另外一个好处，即保护管口搪玻璃层。

⑤ 严禁用人孔做固体物料的加入孔。人孔作为固体物料的加入孔，如时常开启，容易损坏人孔。如果必须要用人孔作为加料孔，则要求制造厂配套人孔保护圈。

⑥ 尽量少设计管口，管口应尽量设计在人孔盖上，一旦损坏，人孔盖的更换费用很低。对于强腐蚀或高温介质的加入管口，为了防止管口搪玻璃层遇高温介质而爆瓷，最好用四氟乙烯塑料加工一个保护套，套装在管口内壁。对于大型设备，人孔一定要配套人孔保护圈。人孔保护圈的更新费用要远远低于整台设备。对经常需要拆装的进、出料管口，应在进、出管口上增加一个搪玻璃的短管，短管一端和搪玻璃设备管口连接（这一端很少拆卸），另一端和管道连接，这样可避免经常拆装管道损坏设备管口。

⑦ 夹套放气孔应保证随时可以打开，设备运行一段时间后，应打开放气孔排除夹套内聚集的气体。

⑧ 对于釜内为高温介质的设备，在做保温层时，下接环里面的放料口周围也应有保温措施。否则，夹套内外区域会因温度差别大而爆瓷。

⑨ 在设备投产前，应以水代替物料，模拟生产过程（温度、压力）进行试运行。使存在的缺陷尽可能暴露出来。如果允许，最好进行多次试运行。试运行结束，正式投料前，应打开人孔盖，仔细检查搪玻璃层是否有脱落和裂纹产生，如没有，可投料正式生产。试运行还可以检查机封、垫片、阀门等在高温下的密封效果。

4. 搪玻璃设备安装、维修注意事项

① 严禁用管口和工艺吊耳起吊设备、滚动设备。

② 拆开的部件、搪玻璃面严禁直接落地，中间要有软物衬垫。

③ 在搪玻璃设备的上方或旁边焊接时，严禁焊渣掉入罐内，烧坏瓷面。

④ 如果安装搅拌器等需要有人进入设备时，应严格做到以下几项：

a. 工人必须穿软底鞋，不能穿有金属拉链的衣服；

b. 严禁将打火机、钢笔等坚硬的东西带入罐内；

c. 严禁将金属工具直接放在搪玻璃层上；

d. 开始安装时，在罐身底部应铺一层软厚粘毯，应保护尽量多的面积，以防止螺帽、工具等金属件不小心掉入罐内砸坏搪玻璃层。

⑤ 拧卡子时，切勿一次拧紧。应两个人对称同向旋转逐渐拧紧。严禁某一个或几个卡子过紧，卡子间距应均匀。

⑥ 严禁用锤子敲打搪玻璃层基体金属。

⑦ 接进水、汽管时，要检查管口有没有冲击挡板或进水口有没有水力喷嘴，如没有，应停止安装。

⑧ 安装减速机时，如果减速机支座变形严重，支座孔与机架孔错位，切勿强行安装，否则会因某一个支座底部局部应力大而损坏瓷面。

⑨ 不要将过重的进料管支撑在管口上。

学习任务与训练

1. 使用仿真软件进行间歇反应釜的操作实训。

2. 编写小型搪玻璃开式反应釜的使用、维护操作规程。

3. 用图表、文字分析实训或生产用反应釜装置的选型和配置是否合理，提出改进意见。

参考文献

[1] 李成飞，颜廷良．化工管路与设备．北京：化学工业出版社，2011.

[2] 王显方．化工管路与仪表．北京：中国纺织出版社，2015.

[3] 凌沛学．制药设备．北京：中国轻工出版社，2007.

[4] 化学工业部人事教育司、化学工业部教育培训中心．工艺流程图与装备布置图．北京：化学工业出版社，1997.

[5] 季阳萍．化工制图．北京：化学工业出版社，2014.

[6] 徐秀娟．化工制图．北京：北京理工大学出版社，2010.

[7] 原学礼．化工机械维修——化工管路分册．北京：化学工业出版社，2015.

[8] 刘国荣．化工管道安装设计．北京：中国石化出版社有限公司，2011.

[9] 王铁三．管道工操作技术要领图解．济南：山东科学技术出版社，2007.

[10] 夏清，贾绍义．化工原理（上册）．天津：天津大学出版社，2012.

[11] 中国机械工程学会设备与维修工程分会《机械设备维修问答丛书》编委会．泵类设备维修问答．北京：机械工业出版社，2007.

[12] 杨雨松．泵维护与检修．北京：化学工业出版社，2012.

[13] 李歆．制药企业设施设备 GMP 验证方法与实务．北京：中国医药科技出版社，2012.

[14] 郑孝英．药物生产环境洁净技术．北京：化学工业出版社，2007.

[15] 冯树根．空气净化器加工工艺技术大全．北京：机械工业出版社，2014.

[16] 国家食品药品监督管理局药品认证管理中心．药品 GMP 指南——厂房设施与设备．北京：中国医药科技出版社，2011.

[17] 王勇．换热器维修手册．北京：化学工业出版社，2010.

[18] 初志会，金鹤．化工设备技术问答丛书——换热器技术问答．北京：化学工业出版社，2009.

[19] 兰州石油机械研究所．换热器．北京：中国石化出版社有限公司，2013.

[20] 冯连芳，王嘉骏．反应器．北京：化学工业出版社，2010.

[21] 马金才，葛亮．化工设备操作与维护．北京：化学工业出版社，2009.

[22] 陈炳和，许宁．化学反应过程与设备．北京：化学工业出版社，2014.